零售管理

（第2版）

林贤福　主编

北京理工大学出版社
BEIJING INSTITUTE OF TECHNOLOGY PRESS

内 容 简 介

《零售管理》是连锁经营的一门核心课程，全书共分为十一个项目：项目一：零售管理入门；项目二：零售战略管理；项目三：商圈调研与分析；项目四：零售地点选择；项目五：店面规划与设计；项目六：商品采购与分类；项目七：商品陈列与展示；项目八：商品定价；项目九：商品促销；项目十：零售企业组织管理；项目十一：零售消费者。

版权专有　侵权必究

图书在版编目（CIP）数据

零售管理／林贤福主编．—2版．—北京：北京理工大学出版社，2022.12重印
ISBN 978-7-5682-4373-5

Ⅰ.①零…　Ⅱ.①林…　Ⅲ.①零售商店-商业管理-教材　Ⅳ.①F713.32

中国版本图书馆CIP数据核字（2017）第171106号

出版发行／	北京理工大学出版社有限责任公司
社　　址／	北京市海淀区中关村南大街5号
邮　　编／	100081
电　　话／	（010）68914775（总编室）
	（010）82562903（教材售后服务热线）
	（010）68944723（其他图书服务热线）
网　　址／	http：//www.bitpress.com.cn
经　　销／	全国各地新华书店
印　　刷／	廊坊市印艺阁数字科技有限公司
开　　本／	710毫米×1000毫米　1/16
印　　张／	20
字　　数／	380千字
版　　次／	2022年12月第2版第5次印刷
定　　价／	45.00元

责任编辑／周　磊
文案编辑／周　磊
责任校对／周瑞红
责任印制／李志强

图书出现印装质量问题，请拨打售后服务热线，本社负责调换

再版前言

近年来，中国零售业正在发生任何人都无法忽视的变革，各类电商快速崛起，传统零售业面临前所未有的变化。我国零售企业创新转型目前主要聚焦在三个方面：一是线上线下深度融合成常态，实体零售与网络电商逐步从独立、对抗向融合协作、优势互补、实现共赢的发展方向。二是多业态跨界发展成主流，零售企业围绕多样化、个性化的消费需求朝多业态、多领域、聚合式、协同化方向转型。三是信息化技术驱动占主导，大数据、物联网、人脸识别、移动支付等信息技术日趋成熟，为企业创新升级提供了技术支撑。

随着供给侧结构性改革持续推进和全球经济逐步复苏，零售业发展的宏观经济环境将继续稳中向好。零售企业在新消费需求引领下，积极推进新技术、新模式探索，发展多元化、全渠道经营，进一步降成本、提效率、优服务，将创新转型继续走向深入。

经济发展以市场为导向，人才的培养也应当以市场需要为主导。中国零售业的转型升级为企业的壮大带了机遇，也为高等教育的发展带来了契机。

教材建设是高等院校教育教学工作的有机组成部分，也是高等院校专业建设中的一项重要内容，高质量的教材是培养高素质应用型人才的基础和保障。目前，社会上针对"零售管理"课程的教材五花八门，编写水平参差不齐，真正体现现代零售管理区域特色的教材在国内还没有。本教材正是基于闽台教育教学交流的成果编写的具有闽台特色的"零售管理"课程教材的尝试。

本教材中的部分动画微课由深圳市新风向科技有限公司（http：//www.newvane.com.cn/）提供技术支持，在此表示感谢。

编　者

目　录

项目一　零售管理入门 …………………………………………………… 001
　　任务一　零售与零售企业 ………………………………………………… 001
　　任务二　零售管理 ………………………………………………………… 006
　　任务三　零售业发展历程及发展趋势 …………………………………… 010

项目二　零售战略管理 …………………………………………………… 025
　　任务一　了解企业战略 …………………………………………………… 025
　　任务二　零售企业总体发展战略 ………………………………………… 033
　　任务三　企业竞争战略 …………………………………………………… 039
　　任务四　企业形象战略 …………………………………………………… 044

项目三　商圈调研与分析 ………………………………………………… 051
　　任务一　认识商圈 ………………………………………………………… 051
　　任务二　商圈调研 ………………………………………………………… 057
　　任务三　商圈划定与分析 ………………………………………………… 065

项目四　零售地点选择 …………………………………………………… 075
　　任务一　影响选址的核心要素及分析方法 ……………………………… 075
　　任务二　零售商店选址步骤 ……………………………………………… 086
　　任务三　租赁合同谈判与签订 …………………………………………… 094

项目五　店面规划与设计 ………………………………………………… 103
　　任务一　制定布局平面图 ………………………………………………… 103
　　任务二　装修设计 ………………………………………………………… 115
　　任务三　货架设计 ………………………………………………………… 122

项目六　商品采购与分类 ………………………………………………… 133
　　任务一　连锁企业的统一采购机制 ……………………………………… 133
　　任务二　连锁企业经营商品结构的确定与优化 ………………………… 138
　　任务三　连锁企业商品采购业务 ………………………………………… 146
　　任务四　零售商品配送 …………………………………………………… 154

项目七　商品陈列与展示 ································· 168
  任务一　常规货架陈列与展示 ····························· 169
  任务二　促销商品陈列与展示 ····························· 179

项目八　商品定价 ····································· 189
  任务一　零售商品定价的影响因素 ························· 190
  任务二　零售商品的定价方法 ····························· 194
  任务三　零售商品的定价策略 ····························· 199
  任务四　零售商品的价格调整 ····························· 207
  任务五　相关法规 ······································· 211
  任务六　网络对商品定价的影响 ··························· 218

项目九　商品促销 ····································· 226
  任务一　了解零售营销概念 ······························· 227
  任务二　制订零售促销计划 ······························· 230
  任务三　设计零售促销组合 ······························· 238
  任务四　零售销售促进策略 ······························· 243

项目十　零售企业组织管理 ····························· 261
  任务一　零售组织的基本内容 ····························· 262
  任务二　零售组织的设立过程 ····························· 265
  任务三　零售组织的类型 ································· 271
  任务四　零售组织文化 ··································· 273
  任务五　零售组织管理信息系统 ··························· 277

项目十一　零售消费者 ································· 288
  任务一　消费者的特征及市场划分 ························· 288
  任务二　消费者的购买动机及决策过程 ····················· 295
  任务三　顾客忠诚与顾客关系管理 ························· 301
  任务四　未来的消费趋势 ································· 303

参考文献 ··· 312

项目一
零售管理入门

 学习目标

1. 知识目标
◎ 掌握零售、零售企业、零售管理及零售战略等基本概念
◎ 理解零售企业的各项功能
◎ 了解零售企业人员管理及业务管理要素
◎ 了解影响零售企业战略制定及实施的因素
◎ 了解零售业发展历程和发展趋势
2. 能力目标
◎ 调查零售企业，熟悉零售管理的步骤
◎ 能初步学会制定零售策略

 项目引导

　　零售是指向最终消费者销售供其个人使用的物品与服务的活动，即将采购到的成品货物出售给那些购买衣食或娱乐等具体产品的消费者。在产品从制造商、生产商或服务商到消费者的过程中，零售商起着关键的作用，所以零售就是货物与服务的分销。零售在营销战略中十分重要，它促进目标过程的实现，确保产品到达特定的消费群体手中。因此，作为零售管理的工作人员首先要认识零售、零售商，零售管理的定义、功能、战略，零售业发展历程等，把自己扮演成两个角色——服务管理者与消费者，从中感悟零售管理的内涵。本项目是学习全书的基础性部分，通过本项目的学习，使学生对零售管理有一个较为全面的概念性认识。

任务一　零售与零售企业

 任务分析

　　零售是一系列的商业活动，它通过向消费者出售供个人及家庭使用的产品和

服务来创造价值。通常，人们认为零售只是在商店里出售商品。事实上，零售业也包括服务，如旅馆的住宿、医院进行的体检、理发、快餐店的外卖、银行柜员机等。当前，互联网、物联网等现代科学技术正在向快速发展的零售业渗透，将引领全国零售企业快速进入智能零售时代，也使更多的零售以无店的形式实现。近年来，人们对零售业的研究有了长足进展，零售业的经营管理与服务也都得到较大改善，但要适应新形势的发展和与国际接轨的需要，提高消费者的消费体验品质，必须提升零售业服务质量与管理水平，发挥零售业在国民经济发展中的重要作用。因此，认识和研究零售与零售业，成为摆在零售服务与管理者面前的重要课题。

情境引入

大部分在本地商店购物的消费者都不知道零售业其实是个高科技、全球化的产业。为了说明零售商所使用的一些复杂的技术，我们试想以下的情况：如果你想买一台笔记本电脑，Best Buy 提供了一个网址（www.bestbuy.com）可以让你了解各种型号笔记本电脑的特色，甚至可以告诉你，商店中哪些型号是有存货的，也可以在网站上订购想要的笔记本电脑，然后把商品直接配送到你家。当然也可以到当地商店购买。如果决定到商店购买，Best Buy 的商店中也可以提供上网信息站亭（Web-enabledKiosks），让顾客可以浏览网站资讯。

当你决定要在商店中购买 iPad，POS 系统会传送关于此次交易的资料到 Best Buy 的物流中心，然后再传送给制造商——苹果电脑（Apple Computer）。当店内存货水平降低到事先规划的水平时，便会自动发送电子通知，核准运送更多的商品到物流中心，然后再运送到此商店。此 iPad 的整个运送过程都能够被追踪，从苹果电脑的制造商到 Best Buy 的物流中心，再运送到指定的当地商店，整个过程都可以通过装在货柜上的微晶片所发送出来的无线电波来加以追踪，你的相关消费资料也会被传送给 Best Buy 的采购人员，他会分析这个信息，以决定应该在此商店储存何种类型的商品与其数量以及订制商品价格。最后，你的相关消费资料会被储存在 Best Buy 的资料仓储，且会被用来为你设计特别的促销活动。

（资料来源：Retailing Management，6e，有部分改动）

知识学习

零售及零售管理是本教材的核心概念，认识零售业首先要从理解概念入手。

一、零售的概念

1. 分析零售的概念

"零售"一词源自法语动词"retailler"，意思是"切碎（cut up）"，是一种基本的零售活动,即大批量买进并小批量卖出。例如,一个便利店可以24箱为单位买进听装可乐,再以单罐听装可乐为单位卖出。但零售企业并非唯一的"拆装(break bulk)"商业实体。批发商也可以大批买进并向消费者小批售出。但将零售企业与其他分销贸易商区分开来的是消费者类型,零售企业的特征是向最终消费者出售,而批发商则是向零售企业或是其他商业组织出售。Baker(1998)将零售企业定义为"任何向个人或家庭消费出售商品并提供售后服务的机构"。有一种倾向,认为零售主要指有形(物质)产品的销售。然而,承认零售是一种包含服务的销售是必要的。一项服务可能是顾客主要购买的东西(如理发或航空旅行),或是顾客购买的一部分(如送货或培训)。零售不一定涉及有形的商品。邮购和电话订购、到消费者家里或办公室直接推销、互联网及自动售货机皆属零售的范畴。最后,零售也不一定只有一个"零售商"。制造商、进口商、非营利性公司和批发商在把商品或服务销售给最终消费者时即充当了零售商的角色。但制造商、批发商和其他组织为本组织使用或再销售需要而进行的购买则不属于零售业务。

2. 掌握零售的概念

零售是指向最终消费者个人或社会集团出售生活消费品及相关服务,以供其最终消费使用的全部活动。在理解这一定义时应注意以下四点:

第一,零售是将商品及相关服务提供给消费者作为最终消费使用的活动。如零售商将汽车轮胎出售给顾客,顾客将之安装于自己的车上,这种交易活动便是零售。若购买者是车商,而车商将之装配于汽车上再将汽车出售给消费者,这种交易活动则不属于零售。

第二,零售活动不仅向最终消费者出售商品,同时也提供相关服务。零售活动常常伴随商品出售提供各种服务,如送货、维修、安装等。多数情形下,顾客在购买商品时,也买到某些服务。

第三,零售活动不一定非在零售店铺中进行,也可以利用一些方便顾客的设施及方式,如上门推销、邮购、自动售货机、网络销售等。无论商品以何种方式出售或在何地出售,都不会改变零售的实质。

第四,零售的顾客不限于个别的消费者,非生产性购买的社会集团也可能是零售顾客。如公司购买办公用品,以供员工办公使用;某学校订购鲜花,以供其会议室或宴会使用。所以,零售活动提供者在寻求顾客时,不可忽视团体对象。在我国,社会集团购买的零售额平均达10%左右。

3. 界定零售范围

零售业以最终消费者为销售对象,但实际上消费者不一定要到商店才能买产品,也可借助无店铺方式来进行购物,例如,电视购物、邮购、多层次直销、自动贩卖机及网络销售等,这些都是无店铺零售形式。再就范围而言,零售包括有形的实体产品以及无形的产品,如金融服务、租车、医疗、理发、清洁工作等,

故零售活动是以多种面貌呈现,例如:

(1) 邮递员骑着摩托车将一份日报送递订户家中;
(2) 星期天提着菜篮到附近的农贸市场买菜;
(3) 假日前到福州火车站排队买返乡的车票;
(4) 安利公司的业务代表正向一位顾客解说如何订购产品;
(5) 一家人正在麦当劳享用超值套餐;
(6) 一位学生在校园商店购买饮料;
(7) 将二万元存入中国工商银行二十四小时开放的自动柜员机;
(8) 永辉超市的店员将顾客购买的洗发精在条码阅读机的扫描器前划过;
(9) 学校书店举办促销活动,一名学生买了三本笔记本及半打原子笔;
(10) 牙医正在为一位小学生治疗蛀牙;
(11) 一名德籍工程师住宿在福州大饭店;
(12) 厦门大学周教授正通过国际互联网向美国的出版社订购书籍。

二、零售企业

零售企业(从生产企业的角度来看,零售企业就是生产企业的零售商)是向消费者出售供其个人或家庭使用的产品和服务的企业。在连接制造商与消费者之间的分销渠道中,零售企业是最后一个环节,如图1-1所示。

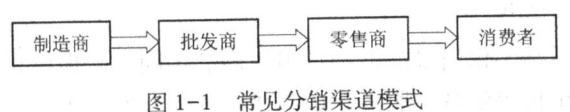

图1-1 常见分销渠道模式

制造商制造产品并出售给零售商或批发商。一些制造商,如戴尔电脑公司和玫琳凯化妆品公司直接将产品销售给消费者,它们既参与了生产活动,又参与了零售活动。批发商从制造商手中购买产品,再出售给零售商,零售商则把产品出售给消费者。批发商和零售商所起的作用大体是一样的。但是批发商满足的是零售商的需求,而零售商则面对的是最终用户的需求。一些零售连锁店既是零售商,又是批发商:当它们向最终消费者销售时是零售商;向其他小便利店销售时就成了批发商。

三、零售企业的功能

1. 提供商品

上规模的零售企业一般经营有几百家公司生产的上万种商品,让顾客在一个地方，在各种品牌、款式、大小、颜色、价格之间有很大的挑选余地。大多数零售商在经营某个大类的多种商品。例如，一般的超市提供各种食品、保健美容产品和日用品，而苏宁电器则经销各种家用电器。大部分消费者都清楚各零售商经营的产品范围，知道到哪去购买不同的产品。

同时也有部分制造商同时扮演零售商角色开设品牌专卖店，以满足品牌忠实度高的顾客能享受到更优质的服务体验。例如，汽车4S店、海尔电器专营店、苹果手机体验店等。

2. 商品分类、组合和配货

消费者为了生存与发展，需要衣、食、住、用、行等多方面的生活用品，但消费者不可能自己寻找制造商去购买自己所需的少量物品。零售商代替消费者，从制造商、批发商那里大量购进商品，并按消费者的需求分类、组合，不仅易于消费者购买，而且还可以在零售店实现多种需求的同时满足。

3. 提供服务

零售商在销售物品的同时也向顾客提供各种服务，通过提供多功能的服务来方便消费者的日常生活，通过服务保持与顾客的良好关系。零售商一般都提供与商品销售直接相关的服务，如咨询、包装、免费送货、电话预约、退换货、维修等；有些零售商还提供停车场、临时保管顾客物品、照看婴儿等服务；有些零售商进行跨行业的扩展服务，如代交电话费、水电费、代收邮递商品和提供金融服务等。

4. 提供融资

零售商采用信用销售商品的方式，对消费者起到了融资的作用。零售商采取的信用销售，主要有赊销、分期付款等方式。赊销是消费者在购买商品时，不必支付货款便可拿走商品，货款在日后的一定时间内偿还。分期付款是在消费者购买比较高档的耐用消费品时实行的一种支付方式。一般是消费者先支付定金，然后将剩下的货款分几次支付。对于消费者来说，信用销售方式可以避免每次购物都要支付现金的麻烦，而且即使手头资金不足，也可以购货，使消费者能用将来的收入购买到现在需要的耐用消费品。零售商通过预付购货款，使制造商和批发商提前得到商品货款，促进了生产和流通的循环。

5. 传递信息

由于零售商直接面对消费市场，所以零售商能够最快地获得消费市场上的信息，并将消费者的需求变化迅速反馈给制造商和批发商，使他们能够及时生产和组织适合消费者需求的商品。另外，零售商可以通过营业现场售货员的销售活动及其他宣传手段将制造商的新产品信息传递给消费者，激发消费者的购买欲望，方便消费者购买。

6. 保持库存

零售企业主要的功能之一——持有存货以便消费者需要时可以买得到，这样，消费者在家中只需保存很少的存货。持有存货使零售商为消费者带来了便利——减少了消费者储备产品的成本，而用在储备产品上的现金会占用消费者本可以存入银行赚取利息或作为其他用途的资金。

此外，消费者的消费需求与生产者的供给在时间上存在矛盾，如常年生产与季节消费（如空调、服装）、季节生产与常年消费（如水果、粮食）。零售商对于前者往往适当储存，并倡导反季节购买，以价格、服务等手段刺激购买力均匀实现；对于后者则常备不懈，随时满足消费者需求。商品生产往往是大量、集中的，而个人消费者的购买往往是小额、零星的，零售商储存、保管种类繁多的商品，较好地解决了供求双方在商品集散上的矛盾。

7. 降低风险

商品在从生产领域转移到流通领域的过程中，客观上存在着诸多风险，如市场变化、商品价格波动、自然灾害、人为事故造成的商品丢失、变质、损坏，等等。由于零售企业需要储存与保管商品，同样要承担商品贬值与变质以及损失的风险。零售企业常常采取市场分析、科学保存、参加保险、优化供应链等方式来减少或转移自己所承担的流通风险。

8. 产品增值

零售企业所进行的各种活动增加了产品与服务的价值，因此零售企业所起的流通功能也属于价值创造的过程。零售商提供产品分类、组合和服务，保持必要的库存，这一切增加了消费者所购买商品的价值。

9. 增强产品体验

在电子商务飞速发展的今天，网购大军在不断点击鼠标的同时，对传统实体门店的一项功能越来越有深刻体会——产品体验。从购物中心常见的试吃、试用、试听，到汽车销售店的试驾、房产销售的样板房，这些都是通过产品体验来增强顾客的消费满足感与安全感。

任务二　零售管理

 任务分析

零售作为连接企业产品与消费者之间的桥梁，实现产品销售是其最重要的作用。对零售进行有效管理，规范员工的行为和各营运流程，统一零售形象，这些有利于保障零售营运有序化，促进销售力的提升。本任务着重探讨零售管理的概念、零售人员管理及零售管理步骤，从而加深对零售管理的认识。

情境引入

仟 村 服 务

仟村百货于1996年年初进入广州市场，仟村百货在服务方面的确下了一番功夫，且看仟村百货的设计：仟村将一楼大厅一半的空间开辟为托儿所，专为逛商场的家长免费照看小孩。里面设置的波波池、电子琴、电视、滑梯、少儿图书等，足以让孩子们尽情玩耍，流连忘返，让家长们免去后顾之忧，从容选购。仟村开设的男士休息厅颇得丈夫们的欢心，当太太们去"疯狂"购物时，他们可以悠闲地坐在这里享受免费供应的茶水、书报、皮鞋刷、纸巾及健康咨询。为此，仟村每天要送出近4 000杯茶水。仟村的售后服务也别出心裁，顾客在购买大件商品时，可以先使用一个月，感觉满意后再付款；对广州顾客提供的售后服务，若24小时内不到位，商场则赔给顾客300元。此外，还有店内外配有服务队，服务项目包括搀扶顾客上步梯、帮顾客拎重物、打伞、打出租车、免费修单车、擦洗汽车等。顾客光临或离开商场，有若干线路的大巴免费接送。然而，上述种种服务措施最终仍然没有抓住消费者，在经营亏损一年之后，仟村被迫关门倒闭。

问题：

（1）仟村的服务设计是否合理？

（2）百货商店在服务设计时要考虑哪些因素？要注意避免什么问题？

（资料来源：http://zhidao.baidu.com/question/444899384.html）

 知识学习

一、零售管理的定义、任务及内容

1. 掌握零售管理定义

所谓零售管理就是为了保持零售企业正常运行与发展而开展计划、组织、领导与控制等活动，也就是为了实现零售企业的目标，而对零售企业开展的管理活动。

2. 了解零售管理的任务

零售管理的基本任务是通过对零售企业的人力、物力、财力实行有效的计划、组织、领导和控制，合理地组织经营活动，保证商品流通过程的顺利进行，力争以比较少的劳动耗费实现企业的经营目标和经营计划，取得最大的经济效益。零售企业管理要为实现零售企业的基本任务服务。零售企业管理的具体任务包括以下三个方面。

(1) 合理组织商品经营活动。零售企业管理要通过科学的方法和手段，制订经营计划，组织购销活动，改进经营方式，努力开拓市场，扩大商品销售，从而保证商品流通过程的顺利进行，保证企业经营目标的顺利实现。

(2) 优化企业资源配置。企业是以营利为直接目的的经济组织，追求最大经济效益是企业在激烈的市场竞争中的立足之本，是经济活动本身的客观要求。要追求最大经济效益，零售企业管理必须合理地分配和使用企业的人力、物力、财力等资源，使之达到最优配置。企业必须有效、合理地使用资金、技术和设备，通过提高设备利用率，降低物化劳动消耗，减少商品损耗；通过提高劳动效率，减少活劳动消耗，以高效率与低消耗的结合的方式取得最大的经济效益。

(3) 协调企业内外关系。在零售企业经营过程中，必然要与企业内外各方发生各种关系，零售企业管理要采取适当措施，注重调整和完善企业与各方面的关系。通过协调企业与国家行政管理、司法机构的关系，适应外部经济环境，更好地履行法人权利；通过协调管理主体和管理客体的关系，增强企业凝聚力，充分调动全体员工的主观能动性，提高经营管理效率；通过协调企业与消费者的关系，树立企业的良好形象，提高企业信誉，提高市场占有率；通过协调企业与供货商的关系，保证购销渠道的畅通和经营活动的顺利进行；通过协调企业与其他零售企业的关系，促进横向联合，保证企业的长远发展。

3. 理解零售管理的内容

无论是小零售商还是大型零售企业，在进行管理时都必须以正确的观念为指导。零售企业始终要坚持的管理观念是：在确定目标市场需求的基础上比竞争对手更有效地满足这些需求。由此可见，零售企业的管理需要围绕着分析目标市场、确定目标市场、实现目标市场展开。因此一

大润发卖场的秘密

般零售企业管理的内容就可划分为零售顾客分析、零售战略制定、零售组织管理和零售作业管理。

(1) 零售顾客分析。进行零售顾客分析就是要求零售企业管理者首先要了解自己所面对的顾客，需要掌握的是：零售顾客的类型、零售顾客的购买心理、零售顾客的购买行为与决策。在了解顾客的基础上，对顾客进行细分，从中找到自己所要服务的目标市场。

(2) 零售战略制定。战略是对企业未来活动的指导，决定企业未来的行动方向。在明确了目标市场的基础上，零售企业就可以制定自己的发展战略了。零售企业通过制定战略来明确行动方向。

(3) 零售组织管理。为了能够实现零售战略，企业必须要在人、财、物上进行组织和配置，为此企业需要进行组织结构的设计，明确各部门之间的分工，在责权比较明确的基础上对财务、人力资源和信息进行管理。零售组织管理主要包括：组织结构设计、人力资源管理、财务管理和信息管理等。

（4）零售作业管理。为了能够实现零售战略，不仅要在组织层面上进行管理，还要在具体的操作层面上进行管理。从操作流程来看，零售企业的主要作业环节包括：零售店址选择、零售商品的分类和采购、零售商品的陈列、零售商品价格的确定、零售商品的促销。零售作业管理体现了零售企业的特色，需要零售企业重点关注。零售企业管理内容之间的关系如图1-2所示。

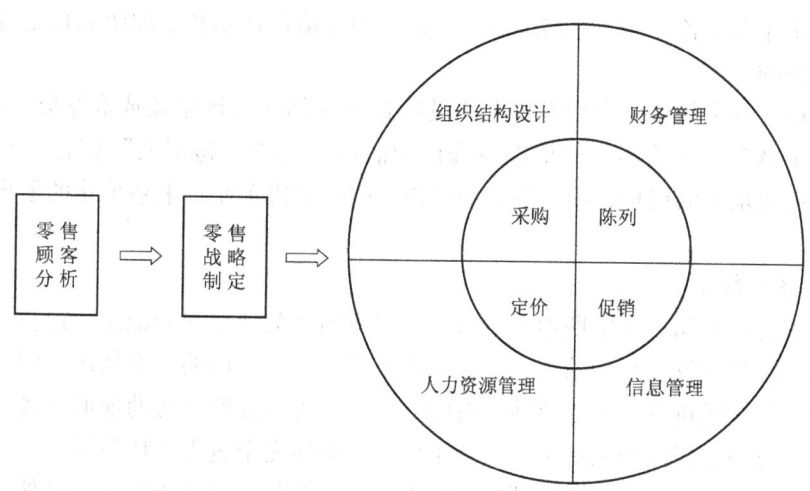

图1-2 零售企业管理内容之间的关系

零售企业在进行零售顾客分析、确定目标市场的基础上，制定本企业发展的零售战略，然后围绕以采购、陈列、定价、促销为主要内容的零售作业管理开展组织结构设计、财务管理、人力资源管理和信息管理等各项管理活动，并将它们协调一致，以实现零售企业的目标。

二、学会对零售工作人员的管理

对厂家来讲，只有在零售终端完成的销售，才是销售的最终实现。对销售部门来讲，零售终端工作的好坏，影响着商品被顾客接受的程度、销售目标的完成。因此，对零售终端的规范和管理是销售工作中最基础的工作内容，也是销售里最基本的体现。由于销售工作的特殊性，终端工作人员70%以上的工作是在办公室以外进行的，因此，企业对终端工作人员的有效管理是零售终端管理中的首要环节。企业对终端工作人员的管理表现在以下四个方面：

1. 报表管理

运用工作报表追踪终端人员的工作情况，是规范终端工作人员行为的一种行之有效的方法。严格的报表制度，可以使终端工作人员产生压力，督促他们克服惰性，使他们做事有目标、有计划、有规则。工作报表主要有：工作日报表、周报表、月总结表、竞争市场调查表、岗位KPI考核表、样品及礼品派送记录表、滞销商品汇总表等。

2. 终端人员的培养和锻炼

一方面加强在岗培训，增强终端工作人员的责任感和成就感，放手让他们独立工作；另一方面，给予终端工作人员以理论和实践的指导，发现问题及时解决，使他们的业务水平不断提高，以适应更高的工作要求。同时，增进主管人员对终端工作人员各方面工作情况的了解，对制订培训计划和增加团队稳定性也有不可忽视的作用。

目前，越来越多的大型零售企业设置企业内部的培训学校或商学院。同时，也有越来越多专业的零售业培训咨询机构涌现，例如"超市人"就是一个专业从事零售业培训的机构，而这些咨询机构为中小零售企业带来系统化的零售管理课程。

3. 终端监督

管理者要定期、不定期地走访市场，对市场情况做客观的记录、评估，并公布结果。终端市场检查的结果，直接反映了终端工作人员的工作情况。同时，建立健全竞争激励机制，对于成绩一般的人员，主管一方面要帮助他们改进工作方法，另一方面要督促他们更加努力地工作；对那些完全丧失工作热情、应付工作的人员，要坚决辞退；对于成绩突出的人员，要充分肯定其成绩并鼓励他们向更高的目标冲击。

各零售企业的具体终端监督渠道除管理者巡视外，还可能包括：神秘顾客调查机制、与专业调查机构合作、开放顾客监督投诉机制、供应商等合作方反馈等。

4. 终端协调

终端工作人员作为与顾客最接近的群体，他们最了解顾客的需求变化，最了解各项制度与措施在实际工作中产生的效果。所以，企业对终端工作人员所反映的问题，一定要给予高度重视，摸清情况后尽力解决。这样既可体现终端工作人员的价值，增强其归属感、认同感，又可提高其工作积极性，鼓励他们更深入全面地思考问题。沃尔玛创始人山姆·沃尔顿最喜欢通过与终端工作人员沟通，提炼出好点子，然后推广运用到各个门店，其中迎宾员计划就是一个典型的案例。

任务三　零售业发展历程及发展趋势

 任务分析

零售业采用的业态就像零售企业销售的产品一样一直在发展变化之中。刚出现时看起来具有革命意义的零售概念可能会在二十年内变得过时，因此零售企业必须根据购物公众不断变化的需求和期望时刻调整它们的零售业态，并对它们所处的政治和法律环境所造成的限制采取对策。本任务主要评述零售业发展历程及发展趋势。

情境引入

中国零售业信息化发展的方向

零售业信息化的发展必将很快地走向整个供应链管理，即内部连锁经营的全流程管理，包括企业内部商品订货、调拨、验收、销售和库存等以及企业外部的物流配送和电子商务。比如，世界零售业第一的沃尔玛在供应链管理中，积极致力于与供应商建立伙伴关系，供应商可以通过沃尔玛的零售链，监视其产品在沃尔玛各分店的销售及存货情况，然后据此调整他们的生产及运销计划，从而大幅提高经营效率。可以这么说，国际"零售巨头"的形成，得益于信息技术在整个供应链中的应用，而采用全球统一的系统和通用商务标准这一编码技术，使得整个供应链的数据共享成为现实。

（资料来源：http://www.yibool.com/thread-16353-1-1.html）

 知识学习

一、了解零售业四次变革

零售业是一个古老的行业，并随着社会和经济的发展而发展。我国在商朝时期就有关于商人和零售业活动的记载，西方的商行出现较晚，但在近代发展较快。研究零售业发展的过程，有助于促进我国零售业的快速发展。现代零售业经历了四次大的变革。

1. 第一次变革——百货商店的产生与发展

关于百货商店的产生时间，西方学者有不同的看法。有的学者认为，随着工业的发展以及村镇发展成为城市，普通商店逐渐增加所经营商品的花色、品种、规格，逐渐发展成为百货商店；还有些学者认为，百货商店是从纺织品商店脱胎而来的，因为许多百货商店的创办人最初都是经营纺织品商店的。

美国管理学家彼得·德鲁克认为，百货商店最早于1650年左右在日本产生。日本三井家族的一个成员在东京创办了世界上第一家百货商店，"当地顾客的采购员"把丰富多彩的商品供应给顾客，实行"保证满意，否则原款奉还"的经营原则。

西方学者普遍认为，百货商店最早在1852年产生于法国巴黎，有一位名叫A. 布西哥的人开办了一家名为"邦·马尔谢"的商店。这是世界商业史上第一

个实行新经营方法的百货商店,这家百货商店的新经营方法,概括起来有如下五点:

（1）顾客可以毫无顾虑地、自由自在地进出商店；

（2）商品销售实行"明码标价",商品都有价格标签,按价出售,对任何人都以相同的价钱出售；

（3）陈列大量的商品,采用柜台销售,以便顾客挑选；

（4）顾客购买的商品,如果不满意,可以退换；

（5）商品销售采取"薄利多销",即"低盈利、高周转"的经营方针。

A.布西哥的新经营方法改变了传统的不明码标价、讨价还价、不能随意挑选、货物出门概不退换等经营方式,是对旧的零售商业经营方式的一次重大改革。

邦·马尔谢百货商店建立后,立刻获得了成功,1852年营业额为45万法郎,1863年为700万法郎,1877年为6700万法郎。紧接着,巴黎相继出现了卢浮百货商店（1855年）、市府百货商店（1856年）、春天百货商店（1865年）、撒马利亚百货商店（1869年）。

1880—1914年是百货商店发展期。在这个时期,百货商店的营业额迅速增长,坚持实行薄利多销策略,毛利率限定在14%～20%,经营的商品以日常用品为主,并开始注重店堂布置和商品展示。

1914—1950年是百货商店成熟期。这期间经历了两次世界大战和1929—1933年的世界性经济危机,许多新的零售业形式纷纷出现,如连锁商店、杂货商店等。百货商店面临威胁,但仍保持着优势地位。在此期间,百货商店为了应对威胁而采取了一些新的措施,如增加向顾客提供的服务,百货商店实行集中采购,开办各种分店和特许经营店等。

1950年以后,百货商店逐渐衰弱。在此期间,百货商店之间竞争激烈,其他销售形式蚕食着百货商店的市场,如廉价商店、专业商店、超级市场等业态的发展势如破竹,使百货商店面临着困境。一些百货商店的销售面积越来越小,有的不得不关门倒闭。目前,西方的百货商店大多是在维持生存,仍未出现复兴的迹象。

在百货商店的发展演化过程中,商品价格由低价走向高价；顾客由普通百姓走向中产阶级；商品由日用品走向中高档品；服务由单一走向多元化；柜台由封闭走向敞开；经营由自营走向兼有出租柜台。

2.第二次变革——连锁商店的产生与发展

（1）连锁商店的产生。1859年,美国人吉尔曼与哈弗特在纽约开办了一家专门经营红茶的商店,他们一改往常从进口商进货的方式,直接从中国或日本进货,减少了中间环节,大大降低了进货成本,吸引了大批回头客,从而迅速占领了市场。在此之前,红茶的销售渠道是从出口国到代理进口商,再从进口商转到批发商，最后再从批发商转到零售商。

吉尔曼与哈弗特二人在流通领域的变革，引发了一场全球性的商业革命，开创了连锁店的先河，成为连锁店之父。由于直接进货，使零售价下降了一半，从而大获成功。随后，他们在同一条街上开了第二、第三家分店。到 1865 年，已经发展到 25 家分店，全部设在百老汇大街和华尔街一带，都经营茶叶。1880 年，该公司已经有了 100 家分店。1900 年，该公司的经营范围横跨太平洋和大西洋之间的整个大陆，店铺已多达 200 多家，销售额已达 560 万美元，销售品种已突破单一的茶叶，开始经营咖啡、可可茶、糖、浓缩汁、发酵粉、面包和奶油等。

（2）连锁商店在美国的发展。连锁经营是生产力发展水平提高和经营方式进步的产物。生产力的发展水平决定着流通规模和组织形式。两次世界大战时期，美国经济实力倍增，一跃成为世界超级大国和最发达国家。美国连锁店的发展是伴随着美国经济和社会的发展而发展的。消费的增长、交通的发达、科技的进步和市场的竞争推动了连锁店快速发展。连锁店的发展经历了起步、发展、停滞、繁荣发展四个阶段。

① 起步阶段。连锁店在美国内战以前已初具规模，并且有了最初的顺利成长，但是直到第一次世界大战结束，它仍没有成为美国主要的零售经营形式。到 1918 年，全美国连锁经营公司只有 845 家，营业额只有 10 亿美元，占全美国零售业销售额的比重不足 4%。连锁店首先出现在那些大零售商还无暇顾及的行业和部门，如杂货业、药品业和家具业，并没有进入大零售商所垄断的纺织业。连锁店大都分布在小城镇和大城市的郊区，在起步时，连锁店几乎全是地区性的。

② 发展阶段。20 世纪初，在所有行业中，连锁店保持着快速增长势头。1900 年，美国共有 58 家连锁店机构，到 1920 年猛增到 800 多家，近 5 万个连锁分店。这些连锁店成为全美国各大城市主要的商店。在中小城镇，它们也控制着大部分零售业，并把成千上万的杂货店和小商贩从零售业中排挤出去。

连锁店迅速发展，很快占领了广大日用品消费市场。20 世纪 20 年代连锁店就开始在数量上和销售额的增长上超过了美国传统的百货公司和邮购公司等大型零售企业，与之形成了三足鼎立之势。其后由于汽车制造业的发展及汽车的迅速普及，美国兴起了"汽车文化"。"汽车文化"最大的特点是使人的活动范围大大扩展，活动半径达 200 千米。1902 年创办的宾尼连锁公司，到 1925 年已发展到 100 家分店；同年，主要的邮购公司也组织了零售连锁店以阻止其乡村市场的衰退，两家大邮购公司西尔斯·罗巴克公司和蒙哥马利·沃德公司是这次邮购公司连锁组织运动的领导者，它们仅用了 4 年时间（1925—1929 年），就组成了数以万计的连锁零售店。20 世纪 30 年代，百货公司受到影响和启发，也开始在城市郊区设立分店；汽车制造商和饮料公司也纷纷效仿，成立了相应的连锁经营组织。

到 1930 年，美国首家连锁店太平洋与大西洋茶叶公司已发展成当时美国最大的连锁店，拥有15 500家分店，年销售额达10亿美元。与此同时，美国所有连锁店的销售额占总零售额的22%，有11%的零售店加入了连锁组织，32%的食品销售额是由连锁店经营完成的。

随着连锁店的普及和扩展，美国在零售经营方式上也发生了彻底的改革，其显著特征是明码标价的"一价制"和商品可退换的"商品保证制"。

③ 停滞阶段。由于受20世纪30年代经济大萧条的影响以及第二次世界大战消耗了大量财力、物力，连锁店发展中途受挫。连锁店在20世纪30—50年代不但没有新的发展，而且数量还有所下降。尽管受经济形势和战争气氛双重影响，连锁店数量有所下降，但就销售额来看，依然是稳步上升的，这也足见连锁店的强大生命力，这为以后的发展积累了力量，也积累了经营管理经验。

④ 繁荣阶段。第二次世界大战结束后，美国经济开始复苏，连锁店的数量和销售额开始快速增加，再次掀起了连锁店数量大幅增长的浪潮。连锁经济组织在美国各种类型的零售业中均已占据主导地位，成为经济发展的主角。

20世纪50年代末至80年代，美国经济进入了繁荣发展的黄金时期，人口大量增长，城市迅速扩张，消费水平大幅提高，商品市场和服务市场逐步走向多样化和成熟化，这些为连锁经营的发展提供了肥沃的土壤。特别是20世纪70年代以后，美国铁路、航空和公路运输发展迅猛，高速公路贯穿全美国。交通运输现代化保证了在全美范围内及时、快捷的货物配送，保证了商品的供应。

现代高科技日新月异的发展，计算机的普及、运用，更为连锁店的发展插上了翅膀。总部同各连锁分店的计算机联成网络，商品使用条形码、电子扫描、电子出纳等现代化设备的出现，使连锁店的发展更加成熟和完善。

3. 第三次变革——超级市场的产生与发展

（1）超级市场在美国的产生与发展。自1930年美国诞生了第一家超级市场后，1932年已发展到300家，1939年达到5 000家，1941年发展到8 000家。第二次世界大战曾一度阻碍了美国超级市场的发展，但战后超级市场又迅速发展，直至20世纪60年代达到成熟阶段，其发展速度才逐步放慢。

1965年超级市场的食品销售额已占到全美国食品销售总额的76%。1977年超级市场发展到30 831家（包括采用自助销售方式的便利店和杂货店），占全部食品杂货店总数的17.2%。1980年超级市场发展到37 000多家，年食品销售额占全美国食品销售总额的76%，占零售总额的18%。1984年超级市场的店数下降至26 947家，但仍占食品杂货店总数的16.4%，食品销售额仍占食品销售总额的75%。

上述数据说明，超级市场经得起经济周期的考验，成为零售业中的主要经营形式，并成为消费者购买食品和杂货的主要去处。超级市场这种业态具有很强的生命力，市场发展空间和前景广阔。

进入20世纪80年代后，美国超级市场的发展发生了重要的改变：① 超级市场向大型化发展；② 所供应的商品和服务多样化、综合化，如包含了影像制品店、书店、服装专卖店、洗衣店、食品商店、酒店、百货店、妇女用品专卖店等，经营业态更加细化和多样化。

美国超级市场当今的发展将更多地使用电脑管理系统为顾客服务，如自动存取款机、商品目录电脑查询、商品功能和使用的电脑建议；为顾客提供更多的速食品、微波炉食品、素食品、健康食品和绿色食品；为顾客提供快速结算的服务、更好的包装服务。

（2）超级市场在日本的发展。日本是亚洲最先从美国引入超级市场这一零售业态的国家，1953年12月，日本东京青山区开设了全日本第一家超级市场——纪国屋。开办人经过无数次的失败，终于使超级市场在日本扎下了根。到1957年，他开设了144家超级市场，此后超级市场在日本遍地开花。

日本超级市场经历了1958—1961年的成长和纷乱期，1962—1966年的连锁期，1967—1970年的连锁扩张期，1971—1974年的配送企业创立期和1975年至今的调整期。期间虽有保守的零售业态的抵制和反对以及政府的法律限制，但通过具有雄厚实力的资本介入，政府政策的引导和经营者将超级市场经营方针、经营技术本土化的艰辛努力，日本超级市场的规模、管理水平和经营技术已达到世界一流水平。日本成功的经验中，可供我国借鉴的主要有以下三点。

① 超级市场的经营不同于传统的零售业，其中的许多专用技术需要从国外引进，但更需要经营者努力探索，并进行更适合于本国实际的嫁接与改造。

② 超级市场的发展离不开政府的推进政策。1965年12月，日本的国际贸易部发布了改进资源加盟连锁业者计划，并于1966年成立日本自愿加盟连锁店协会，对促进超级市场运用现代化的信息管理手段起了很大作用。日本政府还规定，超市企业从国外购买先进设备可以免税，并得到政府周期长、利率低的优惠贷款。

日本的法律还规定，超级市场的营业面积必须在1 000平方米以上，其中必须有50%的面积采用的是自助式销售方式。这一规定体现了推进超级市场发展要切合本国实际的精神，也有效保证了超级市场开设的成功率。

③ 富有竞争力的采购系统和稳定的配送系统。由于大量进货，超级市场具有很强的议价和压价能力，保证了低价销售，吸引了大批顾客。此外，超级市场建立了稳定的配送系统，大大提高了商品的库存周转率，充分体现了超级市场的规模经济性。

（3）中国香港地区超级市场的发展。20世纪50年代初，香港地区出现了第一家超级市场。到1973年年底，全香港只有50家左右的超级市场。20年间，超级市场在香港的发展相当缓慢，其主要原因是：第一，当时超级市场中出售的冷冻食品与中国人的传统饮食习惯不符，绝大多数消费者喜欢吃新鲜的蔬菜、肉类和鱼类；第二，当时香港居民的消费水平还很低，家用冰柜少，购买食品的数量大多以满足当天或第二天食用为限。当时香港超级市场的目标顾客只限于西方人与习惯西方生活方式的少数高收入者,店址大多集中在中环、九龙塘、尖沙咀等高消费地区。

1973年起,香港地区的超级市场迅速发展,至1982年达到了300多家,1984年达到500多家,1988年已发展到800多家。进入20世纪90年代,香港地区的超级市场已发展到1 000多家。香港地区超级市场迅速发展的原因主要是:20世纪70年代以后,香港地区经济高速增长,经济的发展带来了居民收入水平的迅速提高,居民生活水平明显提高。此外,20世纪50年代出生的职业青年饮食和生活习惯的西方化,也为超级市场带来了新的发展机会。

4. 第四次变革——信息技术孵化零售业第四次变革

信息技术的发展对零售业的影响是巨大的,它的影响绝不亚于前三次生产方面的技术革新对零售业影响的深度和广度。信息技术引发了零售业的第四次变革,它甚至改变了整个零售业。这种影响具体表现在以下四方面:

(1) 信息技术打破了零售市场时空界限,店面选择不再重要。店面选择在传统零售商经营中,曾占据了极其重要的地位,有人甚至将传统零售企业经营成功的首要因素归结为"Place, Place, Place"(选址,选址,还是选址),因为没有客流就没有商流,客流量的多少,成了零售经营至关重要的因素。连锁商店之所以迅速崛起,正是打破了单体商店的空间限制,赢得了更大的商圈范围。而信息技术突破了这一地理限制,任何零售商只要通过一定的努力,都可以将目标市场扩展到全国乃至全世界,市场真正国际化使得零售竞争更趋激烈。对传统商店来说,地理位置的重要性将大大下降,要立足市场必须更多地依靠经营管理的创新。

(2) 销售方式发生变化,新型业态崛起。信息时代,人们的购物方式将发生巨大变化,消费者将从过去的"进店购物"演变为"坐家购物",足不出户,便能轻松在网上完成过去要花费大量时间和精力的购物过程。购物方式的变化必然导致商店销售方式的变化,一种崭新的零售组织形式——网络商店应运而生,其具有的无可比拟的优越性将成为全球商业的主流模式,并与传统的有店铺商业展开全方位的竞争。而传统零售商为适应新的形势,也将引入新型经营模式和新型组织形式来改造传统经营模式,尝试在网上开展电子商务,结合网络商店的商流长处和传统商业的物流长处综合发挥最大的功效。零售业的变革不再是一种小打小闹的局部创新,而是一场真正意义上的革命。

(3) 零售商内部组织面临重组。信息时代,零售业不仅会出现一种新型零售组织——网络商店,同时,传统零售组织也将面临重组。网络商店代替零售商原有的一部分渠道和信息源,并对零售商的企业组织造成重大影响。这些影响包括:业务人员与销售人员的减少,企业组织的层次减少,企业管理的幅度增大,零售门店的数量减少,虚拟门店和虚拟部门等企业内外部虚拟组织盛行。这些影响与变化,促使零售商意识到组织再造工程的迫切需要。尤其是电子商务的兴起，改变了企业内部作业方式以及员工学习成长的方式，个人工作者的独立性与专业性进一步提升。这些都迫使零售商进行组织的重整。

（4）经营费用大大下降，零售利润进一步降低。信息时代，零售商的网络化经营，实际上是新的交易工具和新的交易方式形成过程。零售商在网络化经营中，内外交易费用都会下降，就一家零售商而言，如果完全实现了网络化经营，可以节省的费用包括：企业内部的联系与沟通费用，企业人力成本费用，大量进货的资金占用成本、保管费用和场地费用，通过虚拟商店或虚拟商店街销售的店面租金费用，通过互联网进行宣传的营销费用和获取消费者信息的调查费用等。另外，由于网络技术大大克服了信息沟通的障碍，人们可以在网络上漫游、搜寻，直到最佳价格显示出来，因而将使市场竞争更趋激烈，导致零售利润将进一步降低。

二、了解我国零售业的变革历程

第一阶段：改革开放初至1989年年底，传统百货商店占零售市场绝对主导地位。

零售业即将迎来第四次零售革命

第二阶段：1990—1992年年底，超级市场开始涌现，动摇了传统百货商店的市场基础。

第三阶段：1993—1995年年底，各种新型零售组织崭露头角，出现百花齐放的局面。

第四阶段：1996—1999年，跨国零售商进入，加速了零售业现代化进程。

第五阶段：1999年，零售竞争日益加剧，例如以福建省"农改超"为代表的生鲜超市颠覆了传统商超生鲜部门利润低的观念。同时，连锁经营趋势增强，区域性民营连锁企业蓬勃发展。网络购物悄然兴起，并随后迅速成为年青群体的热捧对象。

知识链接

中国零售业变革的动因

对于中国这场正在进行的深入而广泛的零售变革，目前有三种说法可以解释其背后引发的原因和源动力。

第一种说法，零售业的变革源于技术进步力量的推动。近代以来，西方零售业的发展经历了三次重大变革，并在信息技术的催化下正在酝酿第四次重大变革，如今西方国家发达的现代零售业就是这几次零售革命的必然结果。近代零售业的多次变革，每一次都能找到技术力量推动的影子，它是伴随着同期技术革命所引发的产业革命而诞生的孪生兄弟。尤其是信息技术在社会、经济各个领域的广泛运用，电子商务的兴起，迫使传统零售企业从管理观念、管理模式、组织结构和作业流程都将发生相应变革。而在中国，引发前三次零售革命的技术条件均已成熟，信息技术也已逐渐渗透到社会经济生活的各个角落，因而中国零售业变革是大势所趋。与西方发达国家不同的是，中国零售业是多项变革同时进行，而不是呈阶段性发展，这就导致这场变革的复杂性和急剧性。

第二种说法，零售业外部市场环境变化导致零售业内部做出相应调整。根据"零售组织进化论"的"适者生存"观点：零售企业必须同社会经济环境的变化相适应，才能继续存在和发展，否则就将不可避免地被淘汰。经过多年的经济体制改革，中国市场环境已经发生了根本性的变化。在从卖方市场向买方市场转化过程中，消费者逐渐成为控制市场的主导力量。信息技术的发展，使得消费者的个性化和多样化需求得到充分满足。如果零售商不相应地调整经营方式，则制造商极有可能越过中间商直接向消费者提供商品和服务。同时，跨国零售集团的进入，以更先进的管理方式提供更优质的顾客服务，使中国零售竞争在更高平台上展开，这些都迫使中国零售商为赢得生存空间而进行全方位的变革与创新。

第三种说法，经济发展进程中，零售业自身发展规律所引发的内部结构调整。从近代西方发达国家零售业发展路径来看，零售业有着自身的发展规律，如西方学者总结的"零售轮转学说""零售综合化和专业化循环学说""零售辩证学说"和"零售组织生命周期学说"等，都从不同角度阐释了零售业发展演变规律，说明商品流通系统通过自身的发展变革，能够在大量生产与多样化消费之间，通过创造新的组织形式，充分发挥协调生产与消费的功能。在中国经济高速发展时期，零售组织的自我更新引起了零售业的嬗变，西方新型组织形式和经营方式的引入促进了中国零售业内部进行着质的变化。

三、关注我国零售业发展趋势

1. 批发市场建设开始进入一个相对的低潮

随着超市、百货、专业店的不断发展，传统的批发市场不断地受到挑战，消费升级、批发商转型、批发市场过多等问题将进一步突显。批发市场的建设和发展相对进入一个停滞期，甚至开始萎缩。

2. 百货业向超市业学习，开始走自营商品的道路

百货业在我国远比超市业历史悠久，但是目前发展相对缓慢，原因有两点：① 百货业近十几年来水平不是高了，而是低了。从自营逐步转向为物业管理商，降低了百货业从业人员的能力要求和负担，从而最终降低了对于商品、市场的分析和掌控能力。② 百货业连锁管理的能力、复制的能力、规范化管理的能力相对于超市业落后，也严重制约了百货业的发展。从提升自我的管理水平，应对市场要求以及规模化、连锁化、集约化运作的要求来看，百货业将不得不向超市学

习，逐步开始自营商品。消费升级将成为百货业的机遇。

3. 大城市超市并购加剧，小城市成为重点争夺市场

一、二线城市因为大型超市布点过密，导致单店销售和盈利能力无法提升，结果就是重新的并购和整合，优势向资金大、规模大、管理水平高的企业集中，最终可能形成几个国际品牌和极少数国内品牌占据市场的结果。

三、四线城市（沿海县级城市和内地地级或以下城市）因为还有一定的市场和盈利空间，所以会成为争夺的目标。因为其市场空间有限，中等规模（3 000～7 000平方米以内）的超市将成为主流。

4. 便利店进入一个相对上升的阶段

消费升级的一个特点就是人们对于购买便利性要求上升和对于价格敏感度的降低。随着收入的增加和城市交通的成本增高以及时间成本变得越来越高，便利店会相对进入一个比较好的发展时期。但是便利店经营的复杂性将成为经营中最大的障碍。如果不解决好这个问题，那么便利店的盈利能力将受到非常大的限制。

5. 专业店将进入第二个发展高潮

类似苏宁、国美的专业店将进入第二个发展高潮，形态将更加多元化，比如服装超市、办公用品超市、食品超市、洗化用品超市等将不断出现和壮大。它们通常将扮演"价格杀手"的形象，而且具有很强的渠道整合能力，形成对于大型综合超市和百货的强有力的挑战。

便利店高速增长引业内瞩目

6. 资本市场将更多地投资零售业

IT产业发展的不确定性，工业企业受经济不景气而更多地寻求销售渠道等，导致零售业作为销售终端的能力进一步强化。从2008年开始，已经有很多国内外的风险投资收购零售终端。资本市场将更多地看重稳定性，从而具有高成长性，且有巨大现金流的零售终端。金融业、风险投资、房地产业和零售商的联合将进入一个全新的时代。

信息链接

中国500强零售企业生存现状

中国500强排行榜出炉，又到了几家欢喜几家愁的时候。由财富中文网发布的2013年中国500强排行榜显示，共有29家商超、服装品牌等商业企业入榜，其中20家较去年排名下降，占总体的69%。王府井百货、北京华联、首商集团、京客隆四家京籍企业排名集体下滑。中国商业企业发展的颓势刺激着行业洗牌与变革的到来。

一、商业企业整体下滑

没有了高速增长的障眼法，商业企业发展中的问题开始渐渐显露出来。北京

商报记者查询发现，在今年500家上榜企业中有29家商业企业，占总数的5.8%。其中华润万家品牌持有者华润创业有限公司以1031.9亿元位列商业企业榜首，在500强中排名37名，较去年46名上升9名。

但华润的上升掩盖不了商业企业整体的下滑趋势。29家企业中有20家排名下滑，占总体的66.7%。如果按照"升一名加一分，反之减一分"的法则，那么今年500强中的商业企业得分为-426分。在规模方面，商业企业也显得捉襟见肘。在前100名中，只有华润创业和苏宁云商两家企业，而半数商业企业排名均在300名开外。

二、专家点评

中国商业企业排名整体下滑是一种正常反应。目前，商业企业还在使用传统的、相对粗犷的经营模式，一直没有经过大的变革。经济发展比较顺利时，商业企业表现稳健，甚至与经济同步增长。但当经济不振、增长相对放缓时，商业企业自身的问题就暴露出来了。中国商业企业自身竞争力不足，创新不够，主要靠模仿成功的案例进行发展，个性化的东西非常少。未来市场细分程度越来越高，经济长期高速增长的概率不大，中国商业企业还需创新，按国际商业企业的发展规律与国际接轨。

三、永辉超市成业绩黑马

本次公布的排行榜中，商超企业的表现集体疲软。不管是全国性的联华超市、大商股份、北京华联等行业大鳄，还是区域性的人人乐、北京物美、京客隆等连锁超市，排名均有所下滑。其中，大商股份以318.6亿元位列第152名，联华超市以316.6亿元紧随其后，两者排名均下滑5位。人人乐、京客隆则下降超过20名。

作为内地第一家将生鲜农产品引进现代超市的流通企业，永辉以246.8亿元排名197名，上升了27名，成为29家商业企业中排名上升最高的一家。虽然营业额猛增，但永辉的净利润只有5.02亿元，低于排名更靠后的北京物美。后者虽然营业额仅为175亿元，但利润达到6.02亿元。

（资料来源：http://www.efu.com.cn/data/2013/2013-07-30/542426.shtml（商业周刊））

（中购联产业资讯中心主任 郭增利）

项目实施

认识零售及零售管理可以从下列六个方面的步骤展开，如图1-3所示。

在相关知识学习的基础上，通过选择本地某些零售企业，开展零售管理调查活动，进一步熟悉零售业，并对零售及零售管理产生感性认识。其学习活动工单，如表1-1所示。

项目一 零售管理入门

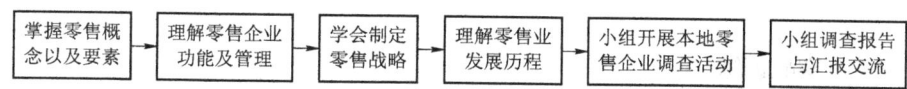

图1-3 零售管理认识的学习程序

表1-1 零售管理认识的学习活动工单

学习小组			参考学时	
任务描述	通过相关知识的学习和实地调查分析，明确零售及零售管理的概念和零售企业的功能，掌握零售管理的内涵及步骤，学会制定零售战略，理解零售业发展历程，从而全面理解和掌握零售及零售管理，为零售的服务与管理的学习打好基础			
活动方案策划					
活动步骤	活动环节	记录内容		完成时间
现场调查	零售企业功能			
	零售管理的步骤			
	零售企业人力资源情况			
	所采用零售战略			
资料搜集	零售企业相关资料与图片			
	零售企业管理项目资料			
	零售企业的经营发展状况			
分析整理	零售企业经营现状			
	内外部环境分析			
	零售业战略及发展方向			

 项目总结

本项目活动从零售及零售管理的基本概念着手，在分析零售企业功能基础上，理解零售管理的步骤，学会制定零售战略，评述了零售业的发展历程与发展趋势，从而全面地对零售及零售管理进行认知。

 实战训练

一、实训目标

1. 通过实训对零售及零售管理的概念能够正确理解，对零售业产生感性认识。
2. 访问、调查本地某些零售企业，分析零售企业功能和零售企业管理步骤。
3. 了解本地零售企业的零售战略，并初步学会制定零售战略。
4. 培养学生分组协作调查的能力和对材料数据等信息整理分析的能力。

二、内容与要求

选择本地一些具有代表性的零售进行实地调查。以实地调查为主，结合资料文献的查找，收集相关数据和图文。小组组织讨论，形成调查报告和班级交流汇报材料。

三、组织与实施

1. 以学习小组为单位进行实训，小组规模一般为4~6人，分组时要注意小组成员的地域分布、知识技能、兴趣性格的互补性，合理分组，并定出小组长，由小组长协调工作。
2. 全体成员共同参与，分工协作完成任务，并组织讨论、交流。
3. 根据实训的调查报告和汇报情况，相互点评，进行实训成效评价。

四、评价与标准

实训评分指标与标准，如表1-2所示。

表1-2 实训评价评分表

评分指标	评分标准	好（80~100分）	中（60~80分）	差（60分以下）	自评	组评	总评
项目实训准备（10分)		分工明确，能对实训内容事先进行精心准备	分工明确，能对实训内容进行准备，但不够充分	分工不够明确，事先无准备			
相关知识运用（30分)		能够熟练、自如地运用所学的知识进行分析	基本能够运用所学知识进行分析，分析基本准确，但不够充分	不能够运用所学知识分析实际			

续表

评分指标	好（80~100分）	中（60~80分）	差（60分以下）	自评	组评	总评
实训报告质量（30分）	报告结构完整，论点正确，论据充分，分析准确、透彻	报告基本完整，能够根据实际情况进行分析	报告不完整，分析缺乏个人观点			
实训汇报情况（20分）	报告结构完整，逻辑性强，语言表达清晰，言简意赅，讲演形象好	报告结构基本完整，有一定的逻辑性，语言表达清晰，讲演形象较好	汇报材料组织一般，条理不强，讲演不够严谨			
学习实训态度（10分）	热情高，态度认真，能够出色地完成任务	有一定热情，基本能够完成任务	敷衍了事，不能完成任务			

复习检测

一、名词解释

1. 零售
2. 零售企业
3. 零售管理

二、选择题

下列不属于零售范围的有（　　）。

A. 邮递员骑着摩托车将一份日报送递订户家中
B. 消费者在家里享受的快餐
C. 三星公司生产的液晶显示屏
D. 到理发店理发

三、简答题

1. 如何理解零售企业功能？
2. 零售管理的步骤是什么？如何加强对零售工作人员的管理？
3. 说说我国零售业的发展趋势。

四、能力训练题

有人说,像美国电气通用公司,日本的丰田、东芝等公司是世界知名产业领导者,而另一个零售商7-11虽然名气较不响亮,但也是一个以高科技而成功的便利商店的案例。你对此看法如何?

项目二
零售战略管理

 学习目标

1. 知识目标
◎ 掌握企业战略的基本概念和特征
◎ 理解影响企业战略决策的主要因素
◎ 理解企业战略与企业策略的差异
◎ 理解零售企业的发展战略
◎ 掌握企业的基本竞争战略
◎ 理解企业形象战略的重要性及其实施
2. 能力目标
◎ 能分析零售企业的战略选择及其作用
◎ 学会采用内外环境分析的手段来选择战略

 项目引导

从一定意义上说,零售企业战略的制定与实施决定着企业的发展。如何在激烈的市场竞争中生存并求得长期发展?这是零售经营组织及决策者面临的课题。解决这一问题的根本途径就是要在零售企业中树立战略观念,并科学地制定和实施经营战略。因此,作为零售管理人员,首先要认识企业战略的重要性,认真对待自己战略执行者的角色,从而实现与企业的共同成长。

任务一 了解企业战略

 任务分析

零售是我们日常生活中相当常见的一部分,因此通常被视为理所当然。零售管理人员在选择目标市场与零售场地,决定提供何种商品及服务,与供应商谈判,物流配送,训练与激励销售人员以及如何定价、促销与展示商品方面,都必须做出十分复杂的决策。为了做出有效的决策，必须以零售战略的眼光去分析解决问题。本任务主要是介绍并分析零售战略相关的内容。

情境引入

联华超市的五年发展战略

2011年，联华超市成立20周年、上市8周年的"给力联华，成就价值"宣布联华股份新五年战略规划中，上海、浙江将作为其巩固强势市场地位的区域，广西、河南将成为其转化具有强势市场地位的区域，从而逐步实现联华超市"区域领先，全国占优"的发展战略目标。

1. 巩固沪浙　转强桂豫

据介绍，联华超市新五年战略期的第一要务依然是发展，按照其"区域领先、全国占优"的战略目标，联华超市将依托区域公司和业态公司集中发展区域市场，加强业态创新和技术创新，持续提升基础管理水平，确保联华超市的可持续发展，真正将联华超市打造成为中国快消领域的现代化大型超商企业。

据联华超市相关人士披露，联华超市目前在上海、浙江两省市以及河南的郑州、广西的柳州地区已经确立了市场领先的地位。在上海，联华超市拥有世纪联华大卖场35家，联华、华联标超约2 000家，快客便利门店约1 300家。各业态门店规模和销售规模都处于市场第一地位。在浙江，联华超市约有超过200家门店和过百亿元销售，同样处于市场第一的地位。

在广西以柳州为中心的地区，联华超市拥有近200家各类门店，门店规模和销售规模居柳州市场前茅。在河南郑州，联华超市拥有6家大卖场，销售规模居于郑州市场前三甲。

2. 规划发展　区域增长

根据联华超市新5年发展战略规划，上海、浙江两省市将作为其巩固强势市场地位的两个区域。在上海、浙江这两个竞争最为激烈的区域，联华超市一方面要通过直营店打造"旗舰店"，加盟店加强"直营化"管理的措施，增强既存门店的市场竞争能力；另一方面，要以比竞争对手更快的速度去发展，确保目前的市场地位。

而在广西、河南两省区，联华超市在新5年发展期间要将其转化为具有强势市场地位的两个区域。在这两个区域，联华超市的门店将主要以大卖场业态开拓市场，从目前的柳州、郑州两大中心城市逐步向其周边的二、三级城市拓展，发展策略强调集中度，以点带面，稳步推进。

联华超市目前在江苏、安徽两省及华北大区拥有810家门店，业态包括大卖场、标超和便利店，在当地市场排名比较靠后，但增长势头良好。联华超市将这些市场定位为稳步增长的地区。联华目前在西南、华南、东北三个大区和福建拥有 522 家门店，业态包括大卖场和便利店。联华将这些战略性布局的地区定位为市场培育区域，择机寻找并购对象，最终实现并购目标与战略布局网点的完全对接，力争在新 5 年发展期内有 1~2 个区域向增长区域发展。

在新 5 年战略期内，联华超市将尝试推出若干个业态创新和经营手段。包括开拓药妆店、快捷店、电子商务、批发与团购业务，还有上下游产业战略投资、百货型卖场、生鲜超市、生活馆、高端便利店、小型购物中心等。

3. 做强配送　参与购并

据介绍，联华超市在新 5 年发展期间，将在物流配送、商品体系、管理体系等方面采取一系列举措。上海配送中心建设方面，力争在 2013 年年底建成 20 万平方米的上海江桥物流中心，与现有的桃浦物流中心，构建起上海区域大卖场、标超、便利店和生鲜食品的集中配送体系，大幅提高现有集中配送比例。浙江配送中心建设方面，将在浙江建立更大规模的常温配送中心，与目前即将启动的杭州勾庄生鲜加工配送中心，构建起浙江区域大卖场、标超、便利和生鲜的集中配送体系，以适应浙江地区迅速膨胀的市场规模。同时，还将在联华超市的其他增长区域形成若干个物流中转中心，通过上海和浙江区域的配送中心，对现有增长区域形成强有力的配送支持。

商品体系建设方面，将彻底改变以往以业态为基础的商品采购体系，联华将增强区域集中采购的能力，第一步将形成上海、浙江和广西三大区域的集中采购组织体系，在增长区域进入到强势区域之后，建立集中采购组织体系。

在管理体系建设方面，将按照制度化、流程化、透明化和信息化的要求，建立联华的经营管理体系。总部集中资源优势，业态强化销售。也就是说，总部将重点通过现代技术集中管理商品和物流资源，获得更具竞争力的商品、设备、技术和服务，门店重点做强销售，通过制定有效的战略，提升单店竞争能力。

（资料来源：http://finance.sina.com.cn/roll/20110628/105810058930.shtml）

 知识学习

一、掌握零售战略

零售战略，也可称为零售发展战略，指零售企业在变化的环境中为了有效地利用企业资源，求得生存与发展，而建立的长期发展目标以及实现目标的行动纲领。具体来说，零售战略就是确定零售商的目标市场，零售商计划采用的用以满足目标市场需求的方式，零售商为建立起一个长期的竞争优势而制订计划的方式。

1. 掌握企业战略管理的含义

战略管理一词最早由美国学者安索夫于 1976 年在其所著的《从战略计划走

向战略管理》一书中提出。他认为，企业战略管理是将企业日常业务决策同长期计划决策相结合的一系列经营管理业务。而斯塔纳认为，企业战略管理是确立企业使命，根据企业外部环境和内部经营要素设定企业目标，保证目标正确落实，并使企业使命最终实现的一个动态过程。企业战略管理是关系到企业长期性、全局性和方向性的重大决策问题，它关系到企业在复杂多变的环境中的生存与发展，是零售企业在充分分析企业外部环境和内部条件的基础上，确定企业的目标，保证目标落实，并使企业使命最终得以实现的一个动态过程。

2. 理解零售战略管理的特征

零售企业有效地利用资源以实现其长期目标的过程就是零售战略管理。在市场竞争日益激烈，消费者行为模式变化迅速的营销环境下，零售企业逐渐认识到了长远规划与事务性的日常规划的关系：短期性的问题当然要先解决，但企业管理如果过多地着眼于这些眼前的问题，就会变得鼠目寸光，看不到未来，无法应对变幻不定的外部市场情况，从而错失发展机会。因此，零售企业的战略管理问题越来越受到公司管理层的重视。

零售战略管理具有以下四个显著的特征。

（1）外向性。战略管理的首要任务是连续不断地监督外部环境，并确定企业如何对环境的变化做出反应。

（2）未来性。战略管理是针对未来的。它设想如果既定行动措施得以执行，未来会产生怎样的结果，并且按照预期的未来情况确定对行动措施进行的改变。

（3）整合性。战略管理整合了企业的所有职能，各个部门都必须朝一个共同的目标努力。战略管理能够实现全局性的协调，为企业提供引导各项活动的总体目标。

（4）匹配性。为了利用市场机会，企业必须创造和保持相对于竞争对手的差别优势。战略管理的一个重要任务是甄别增长机会。它必须是企业的资源和能力范围内企业可以获得的机会和要求，特别是要与最有吸引力的机会相匹配。

3. 了解零售战略管理的步骤

战略管理是一个科学的逻辑过程，该过程主要包括三个关键部分：战略分析、战略选择和战略实施。战略管理的上述过程可以具体化为以下六个步骤。

（1）确认市场机会。确认市场机会就是对市场进行分析，包括消费者分析、行业分析和竞争者分析。这里特别强调竞争者分析。零售企业的竞争不能仅强调以消费者为中心，而是要走以消费者和竞争者同为中心的道路，否则，就不能塑造企业的特色，而特色恰恰是与竞争者比较的结果。现在一些企业仍然认为，只要拉近与消费者的距离就可以获得竞争优势。但如果每个企业都以此为出发点，各个零售企业就失去了差异和特色。所以，企业必须进行竞争者分析，通过比较和研究，找到自己的优势、劣势和市场机会，最终确定企业的市场目标。在进行市场分析的过程中，还应该注意长期的市场环境研究，对未来5年、10年甚至更长远的未来趋势进行预测，从而制定企业中长期发展战略。

（2）设定企业方针和目标。经过详细的市场研究之后，要确定企业的经营方针和目标。零售企业在制定发展战略的过程中，首先要考虑目标顾客是谁，商店给谁开，满足他们何种需求。确定目标顾客的过程是指企业进行经营定位的过程。随着行业竞争愈发激烈，每一个商店、每一个企业都不可能争取所有的顾客、服务所有的顾客。因此，零售企业必须进行选择，找到最终的目标顾客群，确定经营方针和中长期的发展战略。

（3）设计商业战略。商业战略包括商业定位、行业定位、业态定位、规模选择、空间选择、时间选择和扩展策略。

（4）建立组织保障体系。企业必须建立一套完善的组织保障体系，才能使发展战略得以实施。

（5）制定战略实施计划。战略管理一定要包括具体的战略实施计划，否则，会导致战略实施的盲目化和低效化。

（6）企业战略的说明。企业的发展战略一旦确定，就应适时地向员工公布、说明，使员工对企业的前景、发展目标有清晰准确的了解和认识，这样才能保证战略实施的顺畅。

二、理解零售企业的战略任务

所有零售企业都必须满足市场的需求以获得生存和发展，但各个零售企业满足这些需求的方式各不相同，这些方式反映了每个零售企业的经营思想以及经营风格。零售企业的任务概括了零售企业将进行的活动类型范围和指导这些活动的经营思想。

零售企业的任务不应随时间和商品的不同而变化，而应相对固定。也就是说，不仅在今天是适用的，而且在今后一段时间仍然是适用的。例如，化妆品商店的任务不应是出售"潘婷""玉兰油""欧莱雅"等品牌，甚至也不是出售化妆品，而是帮助消费者实现美容的需要。这是因为顾客光顾商店不是为了获得商品本身，而是为了获得需要的满足。因此，女装店的任务是使女士们更加美丽动人；书店的主要任务是帮助各年龄段的人们拥有丰富的精神世界；礼品店的任务是帮助人们更好地表达他们的心意；汽车4S店的任务是使人们的交通变得快捷、舒适和安全。

三、了解零售企业的战略目标

对于零售企业而言，要想制定正确的战略，仅有明确的企业使命还不够，还必须把这些共同的愿景和良好构想转化为战略目标，这样才能保证战略具有可操作性。

零售企业战略目标是指在一定时期内，根据其外部环境的变化和内部条件的可能，为完成使命所预期达到的效果。战略目标是企业战略的重要内容，指明了企业的发展方向和操作标准。

对于零售企业而言，其战略目标主要包括以下四方面的内容。

1. 企业的盈利能力

盈利是企业的终极目的，一个盈利能力强的零售企业，就能够保证企业获得较多的利润，从而为企业的发展提供资金的支持。因此，零售企业的盈利能力是制定战略目标所考虑的最重要的因素。盈利能力往往用资产利润率、投资收益率、销售利润率三个指标来衡量。

2. 市场能力

市场能力是企业与竞争对手进行竞争的过程中赢得顾客青睐的能力。能够赢得顾客青睐的零售商就能够在市场竞争中占据有利的地位，因此零售商的市场能力是企业制定战略目标时，需要考虑的另一个重要因素。市场能力往往用市场占有率、销售额或销售量来衡量。

3. 公众满意度

任何一个企业都不能够把自己的目标仅仅定位在获取利润上。因为企业往往要面对众多公众，这里面不仅仅有股东，还有政府、供应商、企业员工以及媒体等。让众多公众满意就要考虑不同公众对企业的期望，要尽可能地达到各类公众的期望，这样才能使众多公众满意。公众满意度往往也可以用顾客满意度、纳税额、提供的就业岗位数、是否及时付款等指标来反映。

4. 企业形象

形象是顾客、社会对零售企业的评价。好的企业形象是一种非常重要的无形资产，是竞争优势的来源。良好的企业形象能使顾客慕名而来，生意长盛不衰。因此，获取良好的企业形象也是零售企业的重要战略目标之一。良好的企业形象主要表现为高的美誉度和知名度。

知识拓展

企业战略与企业策略的区别

企业战略就是企业在市场经济的条件下，为了求得生存与发展，对于实现的总体目标及对策所做出的全局性的、长远的谋划。企业策略是实现战略任务所采取的措施和手段，如同战略与战术的关系那样。企业战略与企业策略之间的关系，是全局与局部、长远利益与短期利益之间的关系。战略具有全局性和长远性，策略具有局部性和短期性，战略指导策略，战略目标要通过各种各样的策略予以保证和实现。策略服从战略，为战略服务。

四、零售经营战略管理的常见分析办法

（一）确定企业宗旨及目标

战略管理的第一步是确定企业宗旨或公司使命。经营宗旨是对企业目标及业务范围的简单描述，主要是确定企业将提供的产品和服务以及服务的顾客，还要说明如何利用企业的资源和能力让顾客满意等内容。

一般地，企业创建者在创立零售企业初期都会相应地确定企业宗旨或公司使命以及发展目标，但随着时间的推移，这种发展目标可能会发生变化。管理者还需要根据未来企业的能力、资源状况、发展机会和面临问题等因素，重新确定企业的发展方向和目标。明确企业宗旨为零售企业经营确定了重要的指导性原则。

（二）环境与机会分析

1. 外部环境分析

（1）宏观环境分析（PEST）。宏观环境因素可以概括为政治、经济、社会、技术四种。

① 政治法律环境的变化显著地影响着零售企业的经营行为和利益。例如，地方政府的商业规划会影响零售企业的选址策略，竞争政策决定着零售企业的扩张能否采取收购策略等。随着企业的不断发展，越来越多的企业意识到必须具备从法律和政治角度处理问题的能力。企业管理者正花费更多的时间预测和影响国家的政策；将更多的时间用于会见政府官员，参加政府组织的会议。

② 经济环境的变化直接影响顾客购买商品和服务的能力和意愿，也影响零售企业的竞争成本。经济因素包括利率、消费者收入水平和支出结构、通货膨胀率、税率、财政政策、货币政策、国民生产总值、汇率、进出口总量、关税、欧洲统一货币、世贸组织协议等。随着经济全球化的不断推进，它使世界各国的经济更紧密地联系在一起，互相制约，互相依存，形成一个共涨共落的经济浪潮。

③ 社会、文化与人口环境的变化实际上对产品、服务、市场和消费者都会产生重大影响，所有行业中的组织都将遇到由这些变化带来的机会与威胁、震撼与挑战，零售企业更是首当其冲。社会、文化、人口因素，例如人口总量、年龄结构、地理分布、家庭组成、性别结构、教育水平、宗教信仰、价值观念、生活习俗、消费潮流、购买习惯等，这些因素的变化趋势正在不断重塑当代人的生活、工作、生产和消费方式。消费者习惯的改变，需要零售企业不断在产品、服务和经营战略方面做出调整。

④ 技术变革与创新可以创造新的服务市场，带来新的零售业务，降低企业经营成本，改变物流方式和物流效率，并创设新的、更有效的企业管理方法。毫

无疑问，技术进步使零售企业和供应商之间、零售企业和顾客之间的信息交流更加流畅，交易更加便利，使企业运营效率更高，决策更加快速而有洞察力，存货管理更好，员工工作效率更高。

（2）行业结构分析。行业结构状态直接影响行业竞争程度和行业的获利性。美国哈佛商学院的迈克尔·波特教授提出的"五因素模型"是分析行业结构的最主要工具之一。

按照波特的五因素模型，一个行业存在着五种基本的竞争力量，即潜在的进入者、替代品的威胁、购买者的议价能力、供应商的议价能力以及现有竞争对手之间的抗衡。这五种基本竞争力量的状况及其综合强度，决定着行业竞争的激烈程度，同时也决定了行业最终的获利能力，如图2-1所示。

但是，在不同的零售行业或某一零售行业的不同时期，各种力量的作用是不同的，常常是某一种或两种力量起支配性作用，其他力量处于较次要的地位。例如，今天国内家电制造商与家电零售商之间的力量对比与十年前相比，已经发生了巨大变化，电子商务零售企业的崛起使其在这一行业的竞争结构中起着支配作用。

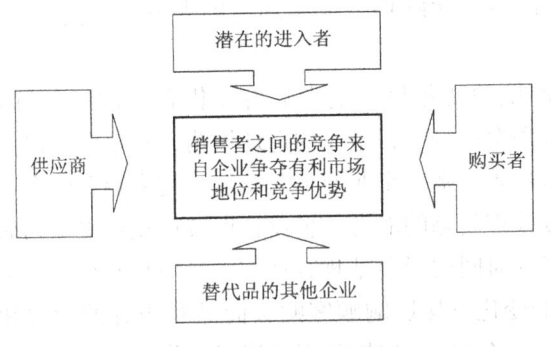

图 2-1　波特五因素模型

2. 内部环境分析

内部环境分析的目的是考察现有资源的质量和数量、资源使用的有效程度与这些资源的独特性和竞争者的模仿难度以及评价零售企业的战略能力。资源可以分为实物资产、人力资源、财务资源和无形资源。无形资源包括蕴含在零售企业自有品牌和企业形象中的信誉。

通过对自身情况的分析能清楚地认识到，无论是多么强大的组织，都会在资源和技能方面受到某些限制，这些限制包括资金、人才、管理基础、声誉、与供应商的关系等。通过对企业内部资源的分析，管理者基本上可以对零售企业的优势和劣势做出明确的评价，从而能够识别什么是企业与众不同的能力，即决定作为企业竞争武器的独特技能和资源。再结合上面对外部环境分析的结果，管理层便可以识别企业的机会，挖掘具有潜力的细分市场，并在这一市场确定自己的竞争地位和竞争战略。

任务二　零售企业总体发展战略

 任务分析

零售企业的发展战略主要是指零售企业在经营过程中，根据企业特点和经营模式，针对零售企业发展过程中的发展资金、发展方向、发展方式、发展速度、发展风险规避等问题制定的一种零售企业战略。企业发展战略不是企业发展中长期计划。企业发展战略是企业发展中长期计划的灵魂与纲领。企业发展战略指导企业发展中长期计划，企业发展中长期计划落实企业发展战略。

情境引入

2012年苏宁易购启动地区市场扩张战略

2012年8月8日，苏宁易购在北京发布消息称，将正式启动地区市场扩张战略。该战略实施的首站是北京市场，苏宁易购将率先试水线上线下协同模式。

苏宁的地区攻略在一线市场，在北京、上海、广州、深圳等一线网购市场中，苏宁将进行重点品类的突破，加快产品和仓储配送快递服务网络的建设等；在三四线市场，由于配送网络的局限性，苏宁易购将成为苏宁多渠道扩展的重要组成部分，充当空白区域扩张的先行军，提升整体市场占有率。

地区攻略核心是线上线下同价策略的实施。从8月中旬开始，苏宁电器线下门店将率先启动3C产品的线上线下同价促销，所有价格将以在线上线下同时具有竞争力为准，消费者购物时也可以进行网络比价，对于低于门店实售价格的商品立即调价。

北京攻略的线上部分主攻方向是开放平台。针对北京地区的供应商，苏宁易购将提供最短7天的结算周期，彻底颠覆电商平台现行的60～90天结算周期的潜规则，以吸引最优秀的供应商入驻，加快产品的周转和SKU的扩充。

孙为民表示，北京攻略作为全国试点，目标是在年内达成北京线上线下总规模第一，北京苏宁易购从当时到2013年年底实现百亿销售规模，成为电商区域份额第一。同时试点北京攻略也将形成系统的线上线下协同经营模式，后期将向上海、广州、深圳等地区复制。

（资料来源：21世纪经济报道）

 知识学习

一、零售企业发展战略

1. 含义

企业的发展战略对零售企业来说同营运战略和竞争战略一样重要，是企业零售经营战略里不可缺少的一部分。

2. 制定零售企业发展战略必须遵循的原则

（1）零售企业发展战略是企业在现有实力基础上制定的，不能脱离实际。不能一味地只顾扩张、盲目增加开店数量、不顾企业实际资金状况。

（2）零售企业发展战略是面向未来企业发展而制定的，必须有一定的超前性。

（3）零售企业发展战略制定必须考虑企业全局利益，它是企业的一种整体战略，具有全局性特点。

（4）制定零售企业发展战略，必须以满足和实现经济效益、社会效益、环境效益的目的为前提，同时也要考虑企业投资人、所有者的利益。

（5）零售企业发展战略是关系全体员工利益的战略，不是管理者单独制定的战略，其制定需要企业全体员工共同参与。

3. 零售企业发展战略的制定

不同的零售企业选择的发展方式、发展模式是不同的，因此，制定企业发展战略时必须对企业自身和外部环境进行评估。一般说来，零售企业的发展战略制定主要从以下四个方面考虑：

（1）资本发展。零售店要扩张发展，必须有一定量的资本，所以首先要解决扩张的资本来源。例如，直营零售店要扩张，就需要大量的资本。零售店可以用自己创业经营的积累作为资金来源。但仅靠创业者自身积累和企业积累，扩张的步子难以迈大。扩张资本来源常见的有以下四种：一是通过股票筹资和股票上市扩大资本；二是举借外债；三是风险投资；四是兼并、重组、合作。

（2）发展方向。发展方向是指业态的选择和区域的选择。如果零售企业准备进入的业态市场已经高度饱和，或者该业态的成长潜力极小，则可以考虑向其他业态扩张。区域扩张主要取决于两个因素：一是所要扩张区域的市场情况与竞争水平；二是零售体系的门店分布（布点策略）与其扩张区域联系是否紧密。

（3）发展方式。零售企业主要有三种扩张方式供选择。第一种是自身不断开出分店，即直营扩张；第二种是兼并，通过对小型零售商店或独立零售商实施兼并，以扩大零售规模；第三种是特许加盟。

（4）扩张速度。零售企业的扩张速度要根据零售企业的实际情况，如零售

模式、规模、资金等问题进行合理分析而定。直营零售扩张速度不宜过快，否则会出现资金供应紧张、债务负担过重、管理难度加大问题。特许零售由于是低成本扩张，速度可以快很多，但要注意新开门店的质量保证，同时要考虑规模的迅速扩大，如果管理不到位，会引起企业一系列不良反应。所以，最好选择稳扎稳打的、开一家成功一家的策略。如肯德基的特许扩张是把一家成熟的、正在盈利的餐厅转售给加盟者，这样，可以使加盟店较快地融入肯德基的运作系统，以保证零售企业的整体形象和利益。

二、零售企业的总体发展战略

零售企业战略通常分为两种类型：增长战略和收缩战略。

（一）增长战略

图 2-2 展示了零售商可把握的四种类型的发展机会（市场渗透、市场扩张、零售业态开发及多元化战略）。

1. **市场渗透**

市场渗透机会与利用现有的零售业态直接与现有顾客的投资有关。企业通过更大的市场营销努力，提高现有产品或服务在现有市场上的市场份额。尝试通过吸引现有顾客更加频繁地光顾商店，或吸引那些零售商目标市场中不在其商店购物的顾客来提高销售量。例如，零售企业可以采取广泛的促销手段或增加广告和公关努力，吸引现有顾客更经常地光顾，或吸引他们每次购买更多的商品和服务，或从竞争对手那里直接抢夺顾客。

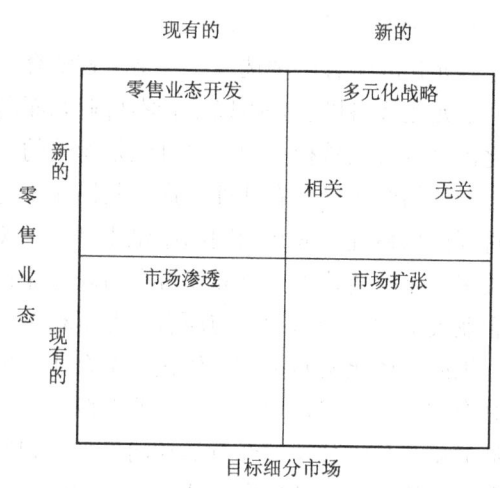

图 2-2 零售商的发展战略

加强市场渗透的一条途径是在目标市场开设更多的商店来吸引更多的顾客以及延长营业时间，另一条途径就是展示商品以增加冲动型购买以及培训销售人员进行交叉销售。交叉销售是指一个部门的销售人员要尝试将其他部门的互补商品卖给自己的顾客。

这种战略的适用条件是：当前市场尚未达到饱和；顾客的购买潜力尚未充分挖掘出来；销售额与营销费用高度相关；规模的提高可带来很大的竞争优势；竞争对手存在明确缺陷。

2. 市场扩张

市场扩张机会存在于新开发的细分市场部分，适用于现有零售业态。是零售企业将现有的商品或服务打入新的地区市场或新的细分市场。

在形式上，零售企业可以在国内进行地域扩张或瞄准以前没有瞄准过的细分市场。瞄准新的细分市场，就不可避免地要对所售商品和服务做出某种调整。市场开发战略比市场渗透战略使用更多的资本，面临更大的风险。

这种战略适用条件是：企业所在经营的领域非常成功；存在未开发或未饱和市场；企业拥有扩张所需要资金和人力资源。

3. 零售业态开发

零售业态开发机会就是为顾客提供一个新的零售业态。例如，苏宁电器在开设实体店铺外，还涉足网上商城开发了一种新的零售业态。另一个关于零售业态开发机会的例子就是零售商增加其商品的类别和数量。例如亚马逊公司除了售图书外，还出售服饰、食品和化妆品等。调整商品或所提供的服务只需做出小的投资，而要提供一个完全不同的形式（如从一个店面零售商转型为电子零售商）就需要一笔很大的投资。

4. 多元化战略

多元化战略有两种选择：一是垂直整合多元化；二是无关联多元化。

多元化战略机会是指以全新零售业态面向以前并未涉足的细分市场。这种多元化机会有可能是相关的，也可能是无关的。在相关多元化机会中，现有的零售业态和新的商业机会有共性。这种共性在于适用相同的供应商，适用相同的分销或管理信息系统，或在相同的报纸上登广告对相似的目标市场进行宣传。相反，无关多元化机会缺乏现有商业机会与新商业行为之间的共性。无关联多元化是零售企业投资到完全新的、与原有事业不相关的产品和服务领域。

纵向一体化又叫垂直一体化，指企业将生产与原料供应，或者生产与产品销售联合在一起的战略形式，是企业在两个可能的方向上扩展现有经营业务的一种发展战略，是将公司的经营活动向后扩展到原材料供应或向前扩展到销售终端的一种战略体系，包括后向一体化战略和前向一体化战略，也就是将经营领域向深度发展的战略。

（二）收缩战略

企业的资源是有限的，由于采取了某种战略进入了新的行业或扩大了经营范围，零售企业可能在必要时必须退出某些业务领域；或者由于经营环境的变化，致使现有的一些经营领域已经没有了多大的吸引力，而放弃某些业务领域。这些情况的发生，都会迫使零售企业退出这些领域，这就是收缩战略。

收缩战略，是企业从目前的战略经营领域收缩或撤退，且偏离战略起点较大的一种战略。收缩战略是一种消极的发展战略，其目的是"以退为进"，是"退一进二"的缓兵之计。收缩战略的基本特征是：对企业现有商品或市场领域实行收缩、调整和撤退战略，放弃某些商品和市场的经营；对企业现有资源的配置严格控制，消减费用开支。这一战略的实施往往伴随企业的裁员及一些大额资产的暂停购买。收缩战略具有短期性，它是一种过渡战略，是为今后的发展积蓄力量。收缩战略主要包括以下三种形式。

1. 抽资转向战略

抽资转向战略是企业在现有业务领域不能维持原有的市场规模，或发现新的、更好的发展机遇的情况下，对原有业务领域压缩投资、控制成本的战略。一般情况下，抽资转向战略的具体方式有：调整组织结构、降低成本和投资、加快回收企业资产。在此需要注意的是，抽资转向战略往往会使企业的经营主方向发生转变，可能会涉及公司使命的变化，这时公司最高管理层必须有明确的战略意图，即决断是保留现有业务还是重新确定企业使命。

2. 放弃战略

放弃战略是将企业一个或多个部门转让、出售或停止经营的战略。对于零售商而言，主要表现为放弃某些店铺、出售某些配送中心等。当然，放弃战略往往会遭到各方面的阻力，如公司管理层和普通员工的阻力等。

3. 清算战略

清算战略是指卖掉其资产或终止整个企业的运行的战略。显然，选择这种战略的企业等于承认失败，是一种感情上最难以接受的战略，也是企业在无药可救的情况下才采取的一种战略。

三、战略制定主要流程

零售经营战略的制定是零售企业在对外部环境和内部条件进行科学分析的基础上，根据零售经营的特点和要求，按照一定程序，经企业经营者和全体职工反复论证和比较后才形成的。其主要内容如下：

1. 确定战略理念

战略理念是关于零售企业长远发展方向的指导思想，它是零售企业制定和实施零售经营战略的基本思路和观念，是确定战略目标、战略重点、战略部署和战略对策的指导性纲领。零售企业在制定经营战略时，应根据市场的发展变化和零售经营特点，注意树立顾客满意、大众化、流通主导、大批量、规模化、科学化和标准化等现代零售经营的战略理念。

2. 建立战略规划组织

制定战略规划是一项复杂的系统工程，必须有相应的组织和人员保证，所以零售企业应设置专门从事战略规划的部门负责此项工作。战略规划部门的任务是：预测和研究零售经营环境的变化以及各种环境因素对零售经营的影响；研究零售经营目标,发现各种战略性问题,并拟订出零售经营战略方案;评价和选择所提出的各项战略方案,并根据环境的变化,适时地进行零售经营战略的修改和完善。

3. 科学制定战略规划

正确的战略规划依赖于科学的规划程序。零售经营战略规划的制定程序应按下列步骤进行:① 树立正确的战略理念;② 进行战略环境分析;③ 确定战略宗旨;④ 确定战略目标;⑤ 划分战略阶段;⑥ 明确战略重点;⑦ 制定战略对策;⑧ 评价战略方案;⑨ 审定批准战略规划;⑩ 组织战略规划实施并在实践中检验修正。

4. 零售经营战略的实施

制定经营战略是基础,实施经营战略是关键,为了保证零售经营战略的有效实施,零售企业主要应做好以下两项工作:

(1) 建立实施经营战略的组织机构。经营战略是通过一定的组织机构来实施的。经营战略的组织机构必须具备三个基本条件:一是目标明确。只有明确战略目标,并且能够为实现该目标而努力的组织机构,才能高效率地工作。二是相互协调。各组织层次应该相互协调、相互信任,以保障在战略实施过程中的行动一致性。三是合理授权。以调动各部门、各岗位的积极性。

(2) 实行目标管理和经济责任制。为了有效地实施零售经营战略,在零售经营战略实施的过程中,应着重抓好以下工作:

① 内容分解,层层落实。这是指将战略方案的内容和要求进行合理分解,落实到各层次、各部门以及各岗位,以保证战略目标的实现。这主要可从两方面进行分解落实:一是在空间上进行分解,即将战略方案按层次进行分解,制定出一系列实施性分战略,分别落实到高层管理人员(企业主管领导)、中层管理人员(各职能业务部门负责人)以及基层岗位和个人;二是在时间上进行分解,即将企业战略规划的总目标按时间分解为各阶段目标,分步实施。

② 以战略目标为中心建立目标责任制。它要遵循责、权、利相结合的原则,将各项管理工作围绕战略目标组织起来,并形成一个整体。这主要可从两方面着手:一是以战略目标为中心,形成动态责任系统。动态责任,就是随着时间变化而变化的责任,将不同时期的各种指标和内容通过分解层层落实到部门、岗位和个人,成为各单位和个人的行动目标。二是以战略目标为中心,建立静态责任系统。它是按照战略目标的要求来设计和改革各项综合管理和专业管理,并通过业务分解法则层层分解,落实到部门、岗位和个人,形成保证经营战略实现的管理系统。静态责任与动态责任相结合,就形成了以战略目标为中心的责任系统。

根据这一系统的要求,再分配保证战略目标实现的权力,形成了责权系统。为了检查经营战略实施情况并加以督促,就应当进行合理的奖励或惩罚,这又形成利益系统。三者结合就形成了以实现战略目标为中心的经济责任制体系,从而使经营战略的实施有了可靠保证。

5. 战略控制

零售企业在实施经营战略的过程中，还必须对经营战略进行控制。所谓控制是指管理者将预定的目标或标准与反馈回来的实现成效进行比较，以检查偏差的程度，并采取措施进行修正的活动。控制是经营战略管理的重要环节，是保证实施结果与战略目标趋于一致的重要手段。控制过程可分为三个步骤：

（1）确定评价标准。评价标准是检验工作成效的基础，用来确定是否达到战略目标以及成效的大小。评价标准既要有定性标准，又要有定量标准。

（2）衡量成效。衡量成效就是将实施成果与预定的目标或标准进行比较，找出两者之间的差距及其产生的原因。

（3）纠正偏差。通过衡量成效发现的问题，必须要对其产生的原因采取纠正措施，才能真正达到战略控制的目的。纠正的措施可能是改变战略实施过程中的活动、行为，也可能是改变战略规划本身。

知识链接

海王星辰的发展战略

海王星辰通过资本运营的方式发展零售。目前，海王星辰除了健康药店以外，还有同仁堂与美信两个品牌共同扩展市场。健康药店以便利化、多元化的思路迅速扩展；同仁堂坚持以中药经营为特色；而美信则定位于专业药房，通过加盟零售的方式抢占市场。海王星辰一直在思考，只有将超市的零售技术、药店的便利、医生的专业、护士的爱心、高科技的精巧结合在一起，才能满足消费者的需求。其老总朱丹想到了创办一个更接近消费者需求、更有中国文化特色的健康广场，这种健康广场必须重点突出品种、质量、服务"三位一体"。对中等工薪阶层，以品牌诉求为主；对老年家庭阶层，加强送药服务；对产后妇女、婴儿、残障人等加强护理服务，从而拓展品牌的服务内涵。海王星辰健康广场从多个方面大胆创新，做足便民文章，一举突破传统药店单一销售药品的惯例，引入商业运营"一站购足"的概念，以新颖的"五心"概念——爱心、舒心、放心、开心、关心，用专业的精神、优质的产品为顾客服务。所有与"健康"有关的产品、服务、文化全部囊括其中。

任务三 企业竞争战略

 任务分析

基本竞争战略是由美国哈佛商学院著名的战略管理学家迈克尔·波特提出。

基本竞争战略有三种：成本领先战略、差异化战略、目标集中战略。企业必须从这三种战略中选择一种，作为其主导战略。要么把成本控制到比竞争者更低的程度；要么在企业产品和服务中形成与众不同的特色，让顾客感觉到你提供了比其他竞争者更多的价值；要么企业致力于服务于某一特定的市场细分、某一特定的产品种类或某一特定的地理范围。这三种战略架构上差异很大，成功地实施它们需要不同的资源和技能。

情境引入

沃尔玛零售战略管理

沃尔玛在店铺零售领域上的优势，很大程度上取决于其无与伦比的供应链。这个供应链使沃尔玛的零售店能够以低廉的价格向美国消费者提供中国制造的产品。然而在中国本土市场，沃尔玛却一直在努力，想做得好一些。

这种局面也许不久就会改变，因为中国消费者在经济增速放缓的形势下，开始渴望打折商品了。中国政府已经批准了由沃尔玛主控中国一家主要电子商务网站的计划，从而为沃尔玛提供了扩张市场的数码平台。

沃尔玛目前在中国拥有370家店面，这些店面分属于几个不同的品牌，包括其标志性的Supercenters（超级购物中心）、Sam's Clubs（山姆俱乐部）以及较小的Neighborhood Market Stores（社区店）。沃尔玛很少公布其在国外各国的销售数据，但曾声称其当时在中国的329家店总收入为75亿美元，平均每家店不到2 300万美元。沃尔玛于1996年开了其在中国的第一家店，即位于深圳的山姆俱乐部。相比之下，位于美国本土的3 800多家沃尔玛店铺去年的销售总额为2 640亿美元，平均每家店约为7 000万美元。

沃尔玛在中国市场上所面临的挑战，并不简单地等同于美国。在美国，这个总部设在阿肯色州本顿维尔的大型连锁店几乎是一个神话般的角色，对其他竞争者，包括那些规模很小的夫妻店而言，它是不可战胜的低价杀手。在中国，为了赢得中国的消费者，沃尔玛与来自欧洲和中国国内的零售商们展开了激烈的争夺。沃尔玛在重庆市的几家店铺由于被控将普通猪肉的标签标成了有机食品，被重庆市当局强令关闭，几十名雇员被拘留，沃尔玛的形象也受到严重影响。

1号店是一个成熟的中国网上零售商，主要经营食品和日用品。沃尔玛对1号店的掌控，使其能立刻运用这个为成千上万的中国网上购物者所熟知的成熟品牌。尤其是在目前经济增长缓慢的形势下，中国的消费者们很快对打折商品产生了兴趣，网上购物和寻求打折商品的消费者人数迅速上升。

既然互联网使人们所在之处与购物之处变得几乎毫不相干，价格就成了唯一的游戏规则。沃尔玛是最擅长玩这种游戏的。因此，在不久的将来，一个过去曾经以低廉的价格在美国销售中国产品而跻身世界最强之列的公司，会通过以低廉的价格将同样的商品返销给它们的制造者，而变得更加强大。

（资料来源：http://info.china.alibaba.com/news/detail/v5003013-d1043843841.html）

 知识学习

一、成本领先战略

成本领先战略是通过设计一整套行动，以最低的成本生产并提供为客户所接受的产品或服务。成功地执行成本领先战略要求公司持续地把成本降到低于竞争对手的水平，甚至是在同行业中最低的成本，从而获取竞争优势的一种战略。总成本领先战略也称为低成本战略，其理论基石是规模效益和经验效益理论。

零售企业创造成本优势的主要途径有五个。

第一，进行成本分析，找出对企业经营成本影响最大的因素。零售企业首先要了解本企业的成本现状，看自己有没有成本优势，是否可能造出成本优势，以及创造成本优势的关键环节是什么，找出那些对企业经营成本影响最大或降低成本潜力最大的因素。

第二，进行系统的成本控制。制定成本控制目标和成本控制计划，动员全体员工积极参与，从而实施系统的成本控制。

第三，努力创造规模经济效益。零售企业通过扩大零售经营规模，提高组织化程度，大规模地购销，使成本降下来，提高市场占有率；同时市场占有率提高，代表着销量增加，又形成成本降低的优势，这样形成良性循环，实现规模效应。

第四，产销合作。产销合作是指利用零售经营优势与供应商建立合作关系，努力降低采购成本。

第五，建立自有品牌。企业把自己开发的质量有保证的产品委托生产，成本就可以降下来，然后在自己的零售网络中以较低的价格销售，有利于提高零售企业的知名度和竞争实力。

二、差异化战略

对于差异化战略而言，为顾客带来价值的是企业产品独特的属性或特征（而非成本）。差异化战略的重点不是成本，而是不断地投资和开发顾客认为重要的产品或服务的差异化特征。人们普遍认为的差异化产品包括丰田的凌志、Tommy Hilfiger的

差异化战略

服装以及麦肯锡咨询公司。

实行差异化战略，首先，要了解市场竞争是围绕什么进行的，这是实行差异化的出发点，也是差异化的要点所在。顾客是感觉企业间差别、识别企业优势的主体，所以，企业实行差异化战略，必须着眼于顾客的需求，把顾客的需求作为差别的关键。以顾客需求为中心的差异化战略很容易取得成功。其次，要深入了解企业的竞争者状况，以便企业确定在哪些方面或要素进行差异化，成功显示企业的特色。最后，结合自己企业的实际情况和优势，制定出差异化竞争战略。例如，同样是经营电器的国美和苏宁零售企业，国美早期采取了薄利多销战略，后期则采取以规模做低成本的"价格战"竞争战略；而苏宁电器则是采取"至真至诚、服务为王"的竞争战略。

三、目标集中战略

便利店之争

目标集中战略，即确定企业的主要目标，然后通过长期集中的资源投入来追求主要目标的实现。例如，集中全部力量来满足某个特定的顾客群、某产品系列的一个细分区隔或一个地区市场，为自己建立起一个良好的竞争战略体系，带动企业整个经营活动的开展。

集中可以降低成本，支持价格策略。集中是地区上、顾客群上以及产品与服务上的集中。地区集中战略是指零售店集中资源于特定地区内开店，可以使有限的广告投入、配送能力在该区域发挥作用，从而使零售店在特定区域内站稳脚跟，稳定地占有该市场，获得地区范围内的竞争优势，如永辉超市早期集中在福州及周边地区发展。顾客集中实质上是零售店把主要资源集中在特定的顾客上，把他们作为诉求的对象，调查和了解他们的主要需求，针对他们提供有效的产品与服务，如美容零售店立足于特定顾客群展开经营与发展。产品与服务的集中战略是指主要经营一种或一类产品或服务，适合于专业店、专卖店。例如，服装品牌的专卖店、苹果专卖店正是由于在产品与服务上的集中形成了专业优势。

目标集中战略优点有：能够通过目标市场的选择，帮助零售企业寻找市场最薄弱环节来切入；避开与势力强大的竞争者正面冲突，因此特别适合那些实力相对较弱的零售企业；企业能够以有限资源，以更高的效率、更好的效果为特定客户服务，从而在较小范围内超过竞争对手。如 iPad，iPhone 在最初推出的几年间快速发展就是一个例证。

纵观所有取得成功的企业，正是由于正确实施某一种基本竞争战略，取得了某种竞争优势，才得以在市场上占有一席之地。因此，通常企业必须在三种基本竞争战略中做出抉择。表 2-1 所示为波特五力与一般战略的关系。

表 2-1　波特五力与一般战略的关系

行业内的五种力量	一般战略		
	成本领先战略	产品差异化战略	目标集中战略
潜在的进入者	具备杀价能力以阻止潜在对手的进入	培育顾客忠诚度以挫伤潜在进入者的信心	通过目标集中战略建立核心能力以阻止潜在对手的进入
购买者的议价能力	具备向大买家出更低价格的能力	因为选择范围小而削弱了大买家的谈判能力	因为没有选择范围使大买家丧失谈判能力
供应商的议价能力	更好地抑制大卖家的砍价能力	更好地将供应商的涨价部分转嫁给购买者	进货量低供应商的砍价能力就高，但集中差异化的公司能更好地将供应商的涨价部分转嫁出去
替代品的威胁	能够利用低价抵御替代品	购买者习惯于一种独特的产品或服务因而降低了替代品的威胁	特殊的产品和核心能力能够防止替代品的威胁
行业内对手的竞争	能更好地进行价格竞争	品牌忠诚度能使购买者不理睬竞争对手	竞争对手无法满足集中差异化顾客的要求

知识拓展

"零售转轮（The Wheel of Retailing）"理论

零售创新者通常先以低成本、低毛利、低价格的形态出现并取得成功，因而引起众多企业的效仿，促使竞争加剧，企业需要增加经营品质更好的商品以及提供承诺退货退款、送货上门等附加服务，随之商品价位上升。新的创新者则以成本更低的经营形态出现，一种新型低价零售形态又进入低端市场。这就是零售转轮。

任务四 企业形象战略

任务分析

实施企业形象战略是塑造零售企业形象的主要手段。消费者和社会公众是通过零售企业的形象识别系统来认识零售企业的,因此,塑造和完善本企业的形象识别系统成为零售企业战略的基础。

情境引入

企业形象识别理论的发源地一般认为是在美国。20世纪50年代中期,美国IBM公司在其设计顾问"透过一些设计来传达IBM的优点和特点,并使公司的设计在应用统一化"的倡导下,首先推行了CI设计。20世纪60年代初,美国一些大中型企业纷纷将能够完整树立和代表形象的具体要素作为一种企业经营战略,并希望它成为企业形象传播的有效手段。它包含了企业形象向各个领域渗透的整个宣传策略与措施,这种完整的规划与设计在经过相当长的一段时间后被人们广泛认知并正式冠以企业形象识别系统的名称。

(资料来源: http://baike.baidu.com/view/654097.htm)

知识学习

一、品牌形象与企业形象识别系统

品牌形象战略是指企业管理者对零售企业品牌形象进行策划、设计及系统化,将企业的经营理念、管理特色、社会使命感、商店风格及营销策略等因素融入其中,通过整体传播手段将其传达给消费者,使消费者对品牌形象产生一致的认同感和价值观,以赢得消费者的信赖和忠诚的一种规划活动。

企业形象识别系统(Corporate Identity System,CIS)是指将企业经营理念和精神文化,运用统一的整体传达系统(特别是视觉传达设计),传达给企业周边的关系或团体(包括企业内部和社会大众),并使其对企业产生一致的认同感和价值观。CIS的主要构成要素有三个:理念识别系统、行为识别系统和视觉识别系统。三要素相辅相成,相互支持。零售企业的形象战略,是指零售企业对其理念、行为、视觉形象及一切可感受形象实行的统一化、标准化、规范化管理的战略。

零售企业的品牌形象有强势品牌形象和弱势品牌形象之分。强势品牌形象是指大部分消费者对商店形象的看法是趋于一致,该品牌在消费者头脑中具有鲜明的形象特点并足以影响其购买行为。弱势品牌形象是指众多消费者对商店形象的看法不太一致,该品牌在消费者头脑中印象模糊,没有突出的特色。例如,麦当劳就是一个强势品牌,其形象在全球各地的消费者头脑中基本一致,即全世界的麦当劳都较好地体现了总部设计的"品质、服务、清洁、价值"的经营理念。

二、品牌形象战略实施

1. 旗舰店的建设

旗舰店是表达商店新形象的一个最佳手段,虽然旗舰店目前还没有一个得到广泛认可的定义,但这是大多数零售企业都熟悉的一个词。对于管理者而言,旗舰店就是将商店形象设计的所有元素都完美地体现出来的一个标准店或样板店。它往往设在人流量最大的购物中心或大城市繁华的商业中心,向人们展示该企业的最新品牌理念,出售该企业几乎所有商品,有精心设计的商品陈列和卖场氛围,卖场规模比一般门店大得多。旗舰店的建设往往是零售企业导入品牌形象战略的第一步。

国外许多知名零售企业都会选择在伦敦、巴黎和纽约这些国际性城市的大型购物中心建造自己的旗舰店,这些商店的作用与其说是销售商品,不如说是推广企业的品牌形象战略。旗舰店发挥着公关的功能,为行业和大众媒体观察新的商店概念和产品系列提供了便利的场所,也为开展特许经营的零售企业展示了一个可视化的商店经营模式。

旗舰店最初在服装零售店中普遍运用,后来,超市、百货商店、专业店也陆续使用这一概念推出自己的品牌形象战略,展示新的视觉销售计划,并试销新的产品线。当然,旗舰店已经不局限于商品零售企业,许多服务零售企业也纷纷效仿,甚至一些制造商也采用旗舰店提升品牌价值,如伦敦、纽约和芝加哥的耐克城就是这方面最著名的例子。

2. 品牌形象战略推广

(1)内部推广。当旗舰店成功地树立起商店新形象的样板时,下一步就是将这一样板向所有零售门店推广。如果零售公司想让商店新形象在顾客心中深深扎下根来,必须先在所有门店的员工心中深深扎下根来。如果员工对商店形象缺乏认识或对为什么这样做不理解,在心理上没有做好准备,就不可能以适当的态度和行为来表现商店形象理念,通过行为传达企业精神。因此,零售企业品牌形象战略在向外推广时,必须在企业内部得到广泛的理解和认同。

内部推广首先是品牌形象战略理念的推广,要让员工了解零售企业管理者希望把商店塑造成为什么形象，让各层次人员理解和接受零售企业的使命、战略方针、战术及各项形象战略的具体行动。其次是管理手册中行为准则的推广，要采取系统的培训措施让所有员工掌握管理手册中的每一个细节，并严格按各种执行标准来操作，以达到支持商店形象的目的。最后是确保员工受到激励，以主动的态度配合商店新形象的树立。

（2）外部推广。外部推广首先是将旗舰店所展现的商店形象推广到所有门店中，让各地的消费者都能够切实感受到商店鲜明的形象特征。这就要求总部对每一家门店的视觉系统都按旗舰店的标准进行改造和适当调整，使公众从视觉角度识别独具特色的零售企业形象。其次是总部有计划地落实公益性活动、公关活动及广告宣传活动，将企业品牌形象信息通过多途径向外传递，力求迅速获得公众认同。

3. 品牌形象战略监控

（1）督导制度。为了保证品牌形象战略的实施，许多零售企业设置了督导制度，设立专门的督导员对门店工作进行指导和沟通。一方面督导员起着上传下达的作用，将总部的各项精神传达到门店，并将门店运营的具体情况向总部汇报，使双方信息得到有效沟通；另一方面督导员负责对门店各项工作进行指导并监督实施，尤其是对员工的作业流程进行监督，以保证其行为严格按照管理手册上的操作标准执行，保证商店形象得到有效维护。

（2）考核制度。完善的门店考核制度有助于品牌形象战略的实施。一般零售企业对门店的考核由督导员执行，但门店人员对督导员十分熟悉，难免会有弄虚作假的行为。现在，一些企业开始实施"神秘顾客"考核制度，即由新招进的员工或聘请的专家装扮成"神秘顾客"来门店购物或消费，然后根据门店人员的服务行为匿名打分。这种做法在门店人员不知情的情况下进行，相对公正可靠。

下面介绍一下麦当劳实行多年的匿名打分制度。

麦当劳向来有顾客考核制度，但是过去的考核制度不够科学。例如，从两个不同的顾客给出相同的几个分数中，谁能辨别出他们是否获得了相同质量的服务？因而考核的结果只不过是"轶事趣闻"而已。公司决定建立一种人人都能明了的餐馆打分制度，把原来的顾客打分改为聘用独立的、专门从事调研的公司人员上门匿名打分。他们在预先设计好的表格上就以下项目给出分数：服务速度，食品温度，服务态度，食品味道，柜台、餐桌和摆放调味品的地方的清洁度，服务人员是否对顾客实行微笑服务。打分的结果每 4 个月在公司内部的网站公布，年底还公布年终积分。所有这些被打分的项目都事先向各门店公开，使各门店能集中精力在这些项目上下功夫。这样，各门店负责人可以随时将自己取得的分数与地区平均分数对比，起到有力的刺激作用。与此同时，公司总部先后派出 900 人次到各门店去，帮助"微调"各项营业操作，并举办各门店负责人讲演，传授和交流经营管理经验。这种"微调"和经验传授详细到包括怎样设置工作人员的岗位，以提高整体工作效率。

考核的目的不在于区分谁好谁差，关键在于促进门店的各项工作。因此，麦当劳的考核结果公布在网站上，一方面帮助各门店认识自己的不足；另一方面可以由总部派人进行调整和指导，并传授和交流经验，提高门店的服务质量，使企业形象得以真正贯彻。这才是设立考核制度的最终目的。

认识零售业战略可以从下列六个方面的步骤展开，如图 2-3 所示。

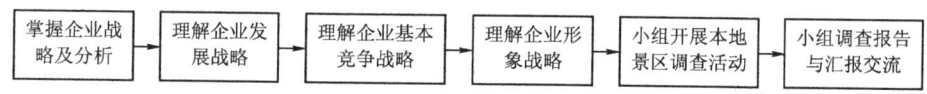

图 2-3　制定零售战略流程

在相关知识学习的基础上，通过选择本地某些零售企业，开展企业战略调查活动，进一步熟悉企业战略，并对这些企业及其战略产生感性认识。其学习活动工单，如表 2-2 所示。

表 2-2　零售战略的学习活动工单

学习小组			参考学时	
任务描述	通过相关知识的学习和实地调查分析，明确零售战略的意义及作用，掌握常见的零售发展、竞争及形象战略，学会运用内外环境分析手段和 SWOT 分析理解企业战略的选择，熟悉企业战略的制定及实施，从而全面理解和掌握零售战略的相关知识，为后续的学习打好基础			
活动方案策划				
活动步骤	活动环节	记录内容		完成时间
现场调查	企业的形象战略			
	企业的竞争战略			

续表

活动步骤	活动环节	记录内容	完成时间
资料搜集	企业相关资料与图片		
	企业发展战略的选择		
	企业的经营发展状况		
分析整理	战略选择的依据		
	不同战略的特点		
	本行业主要竞争对手概况		

项目总结

近年来我国的零售行业一直保持着高速增长,中国的零售市场引得众多外资品牌竞相进入。本项目活动从零售企业战略的基本概念着手,在分析企业战略影响因素的基础上,理解企业战略选择的重要性。阐述了企业营运及发展战略、竞争战略和形象战略在零售企业中的重要地位,介绍了战略实施的主要过程,从而全面地认识零售战略。

一、实训目标

1. 通过实训对战略管理的概念能够正确理解。
2. 访问调查本地某些熟悉的零售企业,分析内外环境后分析其竞争战略。

二、内容与要求

选择本地一些具有代表性的零售企业进行实地调查。以实地调查为主,结合资料文献的查找,收集相关数据和图文。小组组织讨论,形成调查报告和班级交流汇报材料。

三、组织与实施

1. 以学习小组为单位进行实训,小组规模一般为4~6人,分组要注意小组成员的地域分布、知识技能、兴趣性格的互补性,合理分组,并定出小组长,由小组长协调工作。
2. 全体成员共同参与,分工协作完成任务,并组织讨论、交流。
3. 根据实训的调查报告和汇报情况,相互点评,进行实训成效评价。

四、评价与标准

实训评分指标与标准,如表2-3所示。

表 2-3　企业战略管理实训评价评分表

评分标准 评分指标	好（80~100分）	中（60~80分）	差（60分以下）	自评	组评	总评
项目实训准备 （10分）	分工明确，能对实训内容事先进行精心准备	分工明确，能对实训内容进行准备，但不够充分	分工不够明确，事先无准备			
相关知识运用 （30分）	能够熟练、自如地运用所学的知识进行分析	基本能够运用所学知识进行分析，分析基本准确，但不够充分	不能够运用所学知识分析实际			
实训报告质量 （30分）	报告结构完整，论点正确，论据充分，分析准确、透彻	报告基本完整，能够根据实际情况进行分析	报告不完整，分析缺乏个人观点			
实训汇报情况 （20分）	报告结构完整，逻辑性强，语言表达清晰，言简意赅，讲演形象好	报告结构基本完整，有一定的逻辑性，语言表达清晰，讲演形象较好	汇报材料组织一般，条理不强，讲演不够严谨			
学习实训态度 （10分）	热情高，态度认真，能够出色地完成任务	有一定热情，基本能够完成任务	敷衍了事，不能完成任务			

复习检测

一、名词解释

1. 企业战略
2. 企业形象战略
3. 零售战略管理

二、选择题

1. 企业的基本竞争战略包括（　　）。

　A. 成本领先战略　　　　　　　B. 目标集中战略

　C. 一体化战略　　　　　　　　D. 差异化战略

2. 企业形象战略的推广包括（　　）。
A. 内部推广　　　　B. 外部推广
3. 下列属于零售战略管理特征的是（　　）
A. 外向性　　　　B. 未来性　　　　C. 整合性　　　　D. 匹配性

三、简答题
1. 企业战略和企业策略的区别是什么？
2. 成本领先战略、目标集中战略和差异化战略的基本特征是什么？
3. 企业应如何选择竞争战略？
4. 什么是企业形象识别系统？
5. 说说企业形象战略开展与实施中的重点。

四、能力训练题
1. 列举几个当地的知名零售企业，根据其竞争战略和形象战略的实施，说明其战略的主要优势和存在的问题，并尝试提出相应的改善建议。
2. 企业的战略是随着竞争环境的改变而改变的，那么企业是否没有必要制定战略了呢？你对此看法如何？

项目三
商圈调研与分析

 学习目标

1. 知识目标
◎ 了解商圈的基本概念
◎ 掌握商圈的组成
◎ 理解商圈的分类及主要特征
◎ 掌握商圈调研的方法
◎ 掌握商圈划定的方法
2. 能力目标
◎ 学会商圈的调研和商圈划定的方法

 项目引导

店址选择都对商店的经营成功与否关系重大,俗话说"一步差三市",好的选址可以使门店兴旺发达,而差的选址则容易造成商店经营困难,甚至倒闭关门。商店选址建设后的资金投入大,且长期被占用。即便企业为追求投资最小化选择租赁的方式,而不是购买土地自己兴建,投入依然很大。许多人把商店经营成功的首要因素归结为"Place,Place,Place"(选址,选址,还是选址),可见店址选择是举足轻重的。

任务一 认识商圈

 任务分析

零售企业选址主要应考虑稳定顾客群的流量,同时兼顾流动的顾客群。零售企业一般对某种特定业态的门店都规定卖场面积标准及卖场结构标准,这一方面是为了树立统一的企业形象,另一方面也是为了使商品的平面布置、立体陈列、设备安置等店铺设计项目上套用标准化模式,以降低设计费用。为了稳定而有效地扩展企业规模，提高经济效益，零售企业在选址前必须先对商圈进行调研。

情境引入

浦上商圈浮出　福州商圈格局将改变

　　继台江金融街商圈形成后，福州商圈扩容步伐继续加快。2011年，随着TESCO乐都汇购物广场的整体开业，加上仓山万达广场、红星美凯龙等大型城市综合体的相继开业，福州仓山浦上商圈的形成已是必然，现有商圈四雄争霸格局将改变。

　　TESCO乐都汇购物广场是全球三大零售商之一——英国特易购集团全资控股子公司特易购地产公司旗下的大型综合性购物商场，也是特易购集团在中国南区开设的首家Lifespace乐都汇购物广场，项目于2009年年初开工，总投资5亿多元，涉及超市、百货、餐饮等。

　　经过几十年的发展，福州已经形成自己的独特商圈，很长一段时间内，包括早期的东街口商圈、中亭街商圈以及后起之秀万宝商圈形成三足鼎立之势。但随着台江金融街万达广场开业后，已经创下日客流量超过30万人次的商圈客流量新高，福州商圈三足鼎立的格局也由此正式进入四雄争霸时代。

　　两年来，福州老商贸中心加紧升级改造，前有大洋百货投资逾亿元对冠亚广场大洋乌山店进行内外改造并更名为大洋晶典店以及东方百货东街店斥资两三千万元改造外立面形象，后有今年宝龙广场斥资千万元进行硬件翻新等升级改造。来自业内的解读是，随着万达、红星美凯龙等大型商贸项目的落地，福州商业竞争正日渐加剧。

　　福州商业先后历经了三个发展历程，即由五四路、中亭街传统街区商业时代到东街口及平移台江MALL商业时代，再到如今的城市综合体时代。

　　（资料来源：福州日报）

 知识学习

一、商圈的基本概念

　　商圈（Trading Area）是指以连锁分店所在地为中心向四周扩展，吸引顾客的辐射范围，即零售店吸引其顾客的地理区域，形成商业圈。

　　简单地说，商圈就是对顾客吸引力所能达到的范围。商圈调查的基本目的是了解商圈范围内顾客及竞争对手的状况，以及可能影响销售的其他因素，从而测定门店的未来销售额。

商圈包括主要商圈、次要商圈和边际商圈。主要商圈（Primary Trading Area），这是最接近门店、拥有高密度顾客群的区域，通常门店55%～70%的顾客来自主要商圈；次要商圈（Secondary Trading Area），位于主要商圈之外，是顾客密度较稀的区域，拥有门店15%～25%的顾客；边际商圈（Fringe Trading Area），是位于次要商圈以外的区域，顾客分布最稀，门店吸引力较弱，规模较小的门店在此区域内几乎没有顾客。门店商圈如图3-1所示。

实际上，商圈常常受各种因素的影响，形状并非呈同心圆形，而表现为各种不规则的多角形，其范围大小需要连锁企业认真划定。即便位于同一商业区或购物中心内，商店类型不同，其商圈的范围也会有所不同。商圈的大小常受到诸如商店规模及信誉、门店促销策略、竞争对手、交通状况、居民购物行为等多种因素的影响。例如，一些中小型城市居民出行时会将乘坐10分钟公交车认定为"很远"，而同样距离在大型城市居民则会认定为"很近"。而对于距离的认定影响到顾客对于"便利性"的感知，从而影响到顾客购买频率。

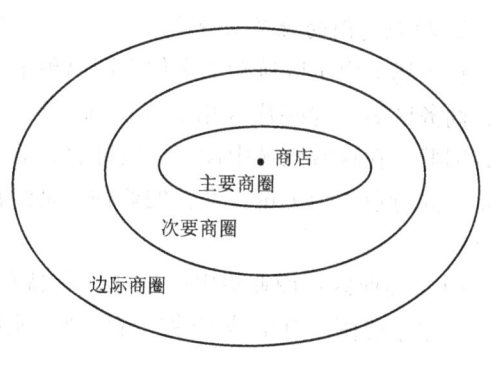

图3-1　门店商圈图

二、商圈的类型

1. 按区域市场的发育程度分类

经济发展的不平衡造成了特定地区人口规模、购买力和购买欲望上的差异，也就形成了区域市场发育的不均衡。按照市场的发育程度，通常可以将区域市场划分为以下三种类型。

（1）一线市场。一线市场由所有的直辖市、绝大部分省会城市、重要的沿海开放城市及部分内地经济发达的地级市等城市的核心部分组成。这些地区是我国经济最发达的中心城市，其市场发育程度也最为完善。例如，我国传统的三个特大型商业中心——北京、上海和广州就是环渤海、长三角和珠三角经济圈的中心城市，具有久远的商业文化和商业发展历程。

（2）二线市场。二线市场包括绝大部分地级市、个别县级城市和个别落后的省会城市。这些城市都是某个地区的中心城市，但其经济实力较一线市场弱，商业发展水平较一线市场低，因此，这些区域市场上存在的商机较一线市场少。

（3）三线市场。三线市场指的是绝大多数县级市场，包括其管辖的村镇等，通常也直接称为农村市场。与一、二线市场不同，三级市场是在农村地区存在的市场，这些地方经济发展水平、商业环境、交通状况等都还不够完备，居民消费实力总体上比较弱，因此市场总体发育还不够成熟。

通常，对于跨地区经营连锁经营的零售企业而言，区分区域市场的级别可以依据行业经验加以判断，也可以通过对各个区域市场的整体考察得出结论。需要注意的是，尽管二、三线市场在诸多方面的表现还不尽如人意，但并不意味着在这些区域市场就不存在拓展的机会。

2. 按照商圈的性质来分类

在市场上由于区域功能定位不同出现了一批特定消费片区，如文教区、住宅区、商务区等。这些片区相对其他部分具有明显的同一消费群体高度聚集的特征，因此，在这些区域中设立的店铺服务对象指向非常明确，目标顾客群体容易界定，同行业店铺无论在经营的业种还是经营的风格、方式上也都存在很高的相似度。

（1）商业区：商业集中的地区，其特色为商圈大、流动人口多、各种商店林立、繁华热闹。其消费习性具有快速、流行、娱乐、冲动购买及消费金额比较高等特色。

（2）住宅区：周边主要是居民居住区，商店分散，来往人群稳定。其消费习性为：消费群稳定，讲究便利性、亲切感，家庭用品购买率高。

（3）文教区：附近大学、中学集中的区域，有较强的独立性，人口流动较少，顾客的忠诚度比较高，该区消费群以学生居多，消费金额普遍不高。

（4）办公区：主要是工厂集聚或写字楼集聚的区域，人们往来的主要目的是工作而非购物。其消费习性为：便利性、人口多、消费水平较高。

（5）工业区：工业区的消费者一般为打工一族，消费水平较低，但消费总量较大。

（6）混合区：分为住商混合、住教混合、工商混合等。混合区具备单一商圈形态的消费特色，一个商圈内往往含有多种商圈类型，属于多元化的消费习性。

3. 按商圈的成熟度分类

按商圈的成熟度来划分，商圈可分为成熟商圈、未成熟商圈和成长型商圈。

（1）成熟商圈。成熟商圈是指早已形成的比较固定的商业区域，一般不受个别门店开设的影响。

（2）未成熟商圈。未成熟是指尚未成形的商圈，某一门店的进入会对其范围大小产生一定影响。

（3）成长型商圈。成长型商圈的特征是：中心商圈已形成街区，硬件设施较好，但仍然扩张迅速；多层次主流客户群的光顾之地；辐射范围日益扩大。

三、商圈特点

（1）商业活动频度高的地区。在闹市区，商业活动极为频繁，把店铺设在这样的地区，营业额必然高。这样的店址就是"寸土寸金"之地。相反如果在客流量较小的地方设店，营业额就很难提高。

（2）人口密度高的地区。居民聚居、人口集中的地方是适宜设置店铺的地方。在人口集中的地方，人们有着各种各样的对于商品的大量需要。如果店铺能够设在这样的地方，致力于满足人们的需要，那肯定会生意兴隆。另外，此处店铺收入通常也比较稳定。

（3）面向客流量多的街道。店铺处在客流量最多的街道上，可使多数人购物都较为方便。

（4）交通便利的地区。比如在旅客上车、下车最多的车站，或者在几个主要车站的附近，也可以在顾客步行距离很近的街道设店。

（5）接近人们聚集的场所。比如电影院、公园、游乐场、舞厅等娱乐场所，或者大工厂、机关的附近。

（6）同类商店聚集的街区。大量事实证明，对于那些经营选购品、耐用品的商店来说，若能集中在某一个地段或街区，则更能招揽顾客。从顾客的角度来看，店面众多表示货品齐全，可比较参考，选择也较多，不怕价钱不公道，是有心购物时的当然选择。所以创业者不需害怕竞争，同业愈多，人气愈旺，业绩就愈好，因此店面也就会愈来愈多。

四、影响商圈的因素

1. 店铺开设形态

通常来讲，店铺的开设有两种最常见的形态：一种是地铺店，即店铺直接开设在街道上，顾客直接进入店铺中，如福州的津泰路、上海的南京路、厦门的中山路等；另一种则是店铺依附在某大型的商业网点中，顾客购物时先对大型商业网点产生光顾兴趣，然后再进入店铺购物，这种大型商业网点最常见的代表就是百货公司、购物中心等。这两种开店方式在商圈界定方式上存在明显差异。独立开设的地铺店，可以直接以该店为中心再根据辐射半径划分商圈范围，而对于依附在大型商业网点中的寄生店，其商圈的界定应以该大型商业网点的商业范围为标准。

2. 店铺的经营规模

一般来说，随着店铺经营规模的扩大，它的商圈也随之扩大。因为规模越大，它供应的商品范围越宽，花色品种也越齐全，因此可以吸引顾客的空间范围也就越大。商圈范围虽因经营规模而增大，但并非成比例增加，因为商圈范围的大小还受其他因素的影响。

3. 店铺的商品经营种类

对于经营传统商品、日用品的店铺，一般商圈较小，仅限于附近的几个街区。这些商品购买频率高，顾客购买此类商品，常要求方便，不愿意在比较价格或在品牌上花费太多的时间。而经营选择性强、技术性强的商品，需提供售后服务的商品及满足特殊需求的商品，如服装、珠宝、电器、家具等，由于顾客购买此类商品时需要花费较多的时间，精心比较商品的适用性、品质、价格及式样之后才能确认购买，甚至只认准某一个品牌，因此店铺需要以数千米或更大的半径作为其商圈范围。

4. 店铺经营水平及信誉

一个经营水平高、信誉好的店铺，由于其具有较高的知名度和信誉度，吸引许多慕名前来的顾客，因此可以扩大自己的商圈。即使两家规模相同，又坐落在同一地区、街道的店铺，因其经营水平不同，吸引力也完全不一样。例如，一家店铺经营水平高、商圈齐全、服务优良，并在消费者中建立了良好的形象，声誉较好，其商圈范围可能比另一家店铺大好多倍。

5. 竞争店铺的位置

相互竞争的两店之间距离越小，它们各自的商圈反而越大。如潜在顾客居于两家同行业店铺之间，各自店铺分别会吸引一部分潜在顾客，造成客流分散，商圈都会因此而缩小。但有些相互竞争的店铺毗邻而设，顾客因有较多的比较、选择机会而被吸引过来，则商圈反而会因竞争而扩大。

6. 顾客的流动性

随着顾客流动性的增长，光顾店铺的顾客来源会更广泛，边际商圈因此而扩大，店铺的整个商圈规模也就会扩大。

7. 交通地理状况

交通地理条件是影响商圈规模的一个主要因素。位于交通便利地区的店铺，商圈规模会因此扩大，反之则限制了商圈范围的延伸。自然和人为的地理障碍，如山脉、河流、铁路以及高速公路会无情地截断商圈的界限，成为商圈规模扩大的巨大障碍。

8. 店铺的促销手段

店铺可以通过广告宣传、开展公关活动以及广泛的人员推销与营业推广活动不断扩大知名度和影响力，吸引更多的边际商圈顾客慕名光顾，随之店铺的商圈规模会骤然扩张。

9. 时间因素

无论采取哪种方法划定商圈，都要考虑时间因素。例如，平日和节假日的顾客来源构成比重不同；节假日前后与节假日期间顾客来源构成不同；开业不久的店铺在开业期间可能吸引较远的顾客,在此之后商圈范围则可能逐渐缩小。所以要正确估计商圈的范围,必须经常不断地进行调查。

任务二 商 圈 调 研

 任务分析

零售企业在准备选址前,必须确定具有值得进入的商圈,以吸引目标顾客前来购物。因此,在进行详细、深入的调查前,企业往往需要进行商圈的规划,以明确进入的方向。

情境引入

肯德基选址中的商圈分析

肯德基计划进入某城市,就先通过有关部门或专业调查公司收集这个地区的资料,这些既有免费的,也有付费的,获得相应资料后就开始规划商圈。

1. 商圈的划分与选择

(1) 商圈规划。肯德基的商圈规划采取的是计分的方法。例如,这个地区有一个大型商场,商场营业额在1 000万元算1分,5 000万元算5分,有一条公交线路加多少分,有一条地铁线路加多少分。这些分值标准是多年平均下来的一个较准确经验值。通过打分把商圈分成好几大类,以北京为例,有市级商业型(西单、王府井等)、区级商业型、定点(目标)消费型,还有社区型、社区商务两用型、旅游型等。

(2) 确定目前重点在哪个商圈开店,主要目标是哪些。在商圈选择的标准上,一方面要考虑餐馆自身的市场定位,另一方面要考虑商圈的稳定度和成熟度。餐馆的市场定位不同,吸引的顾客群不一样,商圈的选择也就不同。商圈的成熟度和稳定度也非常重要。比如规划局说某条路要开,在什么地方设立地址,将来这里有可能成为成熟商圈。但肯德基一定要等到商圈成熟稳定后才进入,无论这家店三年以后效益会多好,对现今没有帮助,这三年难道要亏损?肯德基投入一家店要花费好几百万,当然不会冒这种险,一定是比较稳健的原则,保证开一家成功一家。

2. 聚客点的测算与选择

(1) 要确定这个商圈内,最主要的聚客点在哪。开店的选址跟人流动线(人流活动的线路)有关,可能有人走到这,该拐弯,则这个地方就是客人到不了的地方,差了不一个小胡同,但生意差很多。这些在选址时都要考虑进去。例如，北京西单是很成熟的商圈，但不可能西单任何位置都是聚客点，肯定有最主要的聚集顾客的位置。肯德基开店的原则是：努力争取在最聚客的地方和其附近开店。人流动线是怎么样的，在这个区域里，人从地铁出来后是往哪个方向走，等等，这些都派人去掐表、去测量，有一套完整的数据之后才能据此确定地址。比如，在店门前人流量的测定，是在计划开店的地点掐表记录经过的人流，测算单位时间内有多少人经过该位置。除了该位置所在人行道上的人流外，还要测马路中间的和马路对面的人流量。马路中间的只能计算骑自行车的，开车的不算。是否算马路对面的人流量要看马路宽度，路较窄就算，路宽超过一定标准，一般就是隔离带，顾客就不可能再过来消费，就不算对面的人流量。

（2）聚客点的选择影响到商圈选择。一个商圈有没有主要聚客点是这个商圈成熟度的重要标志。比如北京某新兴的居民小区，居民非常多，人口素质也很高，但如果据调查显示，找不到该小区哪里是主要聚客点，这时最好先不去开店，当什么时候这个社区成熟了或比较成熟了，知道其中某个地方确实是主要聚客点后才开。为了规划好商圈，肯德基开发部门投入了巨大的努力。以北京肯德基公司而言，其开发部人员常年跑遍北京各个角落，对这个每年建筑和道路变化极大，连当地人都易迷路的地方了如指掌。经常发生这种情况，北京肯德基公司接到某顾客电话，建议肯德基在他所在地方设点，开发人员一听地址就能随口说出当地的商业环境特征，是否适合开店。在北京，肯德基已经根据自己的调查划分出的商圈，成功开出了 56 家餐厅。肯德基与麦当劳市场定位相似，顾客群基本上重合，所以我们经常看到一条街道一边是麦当劳，一边是 KFC，这就是 KFC 采取的跟进策略。因为麦当劳在选择店址前已做过大量细致的市场调查，挨着它开店不仅可省去考察场地的时间和精力，还可以节省许多选址成本。当然，KFC 除了跟进策略外，它自己对店址的选择也很有优秀之处值得借鉴。有了店址的评估标准和一些成功案例，我们就可以开发出一套店址的评估工具，它主要由下面几个表格组成：租赁条件表、商圈及竞争条件表、现场情况表、综合评估表。它们是我们进行连锁经营店址评估的标准化管理工具。

（资料来源：http：//info.china.alibaba.com/news/detail/v5003000-d1008108446.html）

 知识学习

一、商圈调查与分析的目的

商圈分析是经营者对商圈的构成情况、特点、范围以及影响商圈规模变化的因素进行实地调查和分析，为选择店址，制定和调整经营方针和策略提供依据。

1. 商圈分析是新设零售店进行合理选址的前提

新设零售店在选择店址时，力求较大的目标市场，以吸引更多的目标顾客，这首先就需要经营者明确商圈范围，了解商圈内人口的分布状况及市场、非市场因素的有关资料，在此基础上，进行经营效益的评估，衡量店址的使用价值，按照设计的基本原则，选定适宜的地点，使商圈、店址、经营条件协调融合，创造经营优势。

2. 商圈分析有助于零售店制定竞争经营策略

零售店为取得竞争优势，广泛采取了非价格竞争手段，如改善形象、完善服务、加强与顾客的沟通等，这些都需要经营者通过商圈分析，掌握客流性质、了解顾客需求、采取针对性的经营策略，赢得顾客信任。

3. 商圈分析有助于零售店制定市场开拓战略

商业企业经营方针、经营策略的制定或调整，总要立足于商圈内各种环境因素的现状及其发展规律、趋势。通过商圈分析，零售店铺可以很快地确定其商圈的范围和层次，可以帮助经营者明确哪些是本店铺的基本顾客群，哪些是潜在顾客群。力求在保持基本顾客群的同时，大力吸引潜在顾客群，制定市场开拓战略，不断延伸经营触角，扩大商圈范围，提高市场占有率。

4. 商圈分析有助于零售店加快资金周转

零售店经营的一大特点是资金占用多，要求资金周转速度快。零售店的经营规模受到商圈规模的制约，商圈规模又会随着经营环境的变化而变化。商圈规模收缩时，零售店规模不变，会导致流动资金积压，影响资金周转。因此，经营者通过商圈分析，了解经营环境及由此引起的商圈变化，就可以适时调整，积极应对。

二、商圈调查指标设计

商圈调查工作中用到的评估指标可以分为两大类，即测量指标和分析指标。这两大指标共同构成一个完整的体系，并在该系统中分别完成不同的工作，如表 3-1 所示。

表 3-1　选址评估体系的指标分类构成

指标类型	指标构成	指标作用
测量指标	直接测量指标	反映考评项目发展状况
	间接测量指标	
分析指标	多方面、多层次的指标集合	用以对测量指标数据进行综合分析、对比，以便最终得出结论

1. 测量指标

测量指标由直接测量指标和间接测量指标构成，用以反映考评对象的发展情况。直接测量指标可以用数据化的形式表达，其来源包括：一是直接引用统计资料或其他公开出版物上的信息，如某地区人口数量、GDP 发展水平等；二是选址人员的实地勘察，如店铺面积、人流数量等。间接测量指标是指无法用数量化的形式进行表达，而需要借助中间形式进行转化的指标，通常用来反映特定任务的态度、意见和看法。

2. 分析指标

分析指标是选址人员根据选址评估工作的需要，在分析评估的过程中将测量指标进行分类、整合和计算时采用的二次指标，它是进行项目考评的全面综合的分析工具。在分析过程中，选址人员需要从各个方面对考评对象进行评估，这时作为原始数据存在的测量指标往往不能满足需要，因此必须进行转化以便分析工作的进行。

指标的选择直接关系到分析结果是否能真实地反映商圈调研的真实状况，因此，选址人员应在正式开展调研前作出统筹，合理地选择指标，并构建一个针对性强、综合性高、逻辑关系明显又方便数据采集及计算的指标体系。

三、商圈资料的来源及获取途径

选址的第一步是搜集有关资料，这是进行商圈分析的前提。无论是区域的选择还是具体店址的选择，决策都必须建立在掌握详细资料的基础上。但对企业管理者或专业选址员而言，更重要的是如何准确得到这些数据和资料，或者采取什么方式可以低成本地得到这些资料。

1. 公开信息渠道

零售企业可以利用商店记录（二手资料）和专门研究结果（一手资料）来测量商圈。此外，许多公司还专门提供可按公司需求定制的人口资料数据库和绘图软件。企业可以通过办理会员卡业务、开展问卷调查的形式，充分利用已有资料，降低成本。零售企业还可以从一些已经公开的文献中收集有用的第二手信息。使用第二手信息可以节约大量时间和经费，而且对问题的研究可以提供一些有效的解释。有很多渠道可以收集二手数据，如我国每 10 年进行一次人口普查，普查结果以各种形式发布，但时效性差，每 10 年才进行一次，而且不能及时公布，因而很难满足商圈分析的需要。零售企业更应重视的是从各地的统计年报中得到相关信息，这类信息比较及时，并具有权威性，但信息量较小。此外，一些学者的有关研究报告有时也会公开发表在各种媒体上，这类信息虽然并未针对具体项目研究，但由于其对某些问题的深入探讨，会给人更多的启示，因此也常常成为企业搜集的对象。

2. 市场调研公司

零售企业可以请专门的市场调研公司帮助收集相关信息，这是目前常用的一种方法。事实上，各种市场调研公司依然是基本数据信息的主要来源，其较高的专业性有助于获得项目研究所需的准确资料。现在的问题是，中国有 500 多家市场调研公司，而它们的水平参差不齐。大型市场调研公司的信誉高，组织能力也较强，拥有自己的信息库，但它们的收费也较高；当地的小公司收费较低，但它们的信息搜集能力又值得怀疑。要甄别这些公司的能力，就要求选址人员有相当丰富的经验。

零售企业对于市场调研公司的收费报价要非常小心，因为收费项目的详细程度也是检验一家市场调研公司服务水平的标准之一，诸如调查问卷印刷费、数据录入费和协调人员费用等都应该出现在收费报价表中。为保证企业初期选址的保密性，零售企业还需注意保密性，隐蔽某些委托调研的真实目的。或者将调研内容拆成几部分，由不同的市场调研公司负责。在选择市场调研公司时，还要包括各个城市统计局下属的城市调查队，它们对商圈的调查方法很普通，也很有效。城市调查队的有利之处是它们与统计局的关系，这使它们可以得到当地长时段的基本数据，而且可以具体到区、城乡接合部，甚至街道。还可以去街道办事处和社区服务中心调研，从而获得对于本街区或社区居民的详细状况。

3. 政府部门和有关专家

政府部门也是信息的一大来源，如城市规划部门。事实证明，如果选址人员对该城市的 5 年或 10 年建设规划不熟悉的话，将导致灾难性后果。选址人员最好能经常接触政府有关部门的负责人，以便及时得到最新的有关规划或政策动向。一般在中国的大型跨国公司都设有与政府打交道的部门或负责人，如在麦当劳中国公司的各地分公司中，专门设置了"政府公共关系部"。国内企业一般也设公关部，但与选址工作关系不大。此外，选址人员在获取政府信息时最便捷的方式是接触各行业的专家，他们与相应的政府部门保持着密切的关系，而且与专家的交流有时会达到意想不到的效果，专家对某些市场信息的分析可能给人一种茅塞顿开的感觉。据有经验的选址人员透露，规划专家对于城市商业中心转移等方面的冷静预测要比大部分业内人士的分析更加准确。

4. 房地产等相关行业

选址人员常常可以从房地产商、制造商、代理商等相关领域获得有价值的信息。零售企业与房地产业密切相关，部分企业没有足够的选址人员，干脆就委托房地产中介代为选址。面向不同消费群体的零售企业，应该将店址选在有相应租/售价格的房屋集中区。许多人都不理解家乐福当初为什么会将两家店都开在北京南城，这里在人们印象中是贫困地区。随着北京旧城区危房改造工程拉开，这里却成为最后一块市区宝地，它原有的大部分居民将被转至四环外的危改赔付低价楼区居住，而新来的居民从新建物业的高价格上就可看出其身份。在对购房目的的调查中发现，在北京南城购房者中85%以上是买房自住，他们将成为稳定的日用品消费群体。另外一项调查结果表明，到南城购房的人有60%希望居住在大社区内，因为大社区更容易得到政府的关注，进一步得到更完善的市政配套设施。家乐福迅速捕捉到这一趋势，抢在地价上涨之前进入北京南城。

5. 零售企业自身积累或市场调查的数据资料

零售企业可以依据自身多年经营的数据积累对某些指标进行选择性的类比替代或直接进行市场调查来获取资料。实地调查是企业常用的信息收集方法之一，尤其是在无法搜集到全面的二手信息，企业又无法找到可以信任、收费适宜的市场调研公司时，进行实地调查是唯一可以采取的方法。

（1）试买调查。为了了解当地竞争店的经营动向和消费者购物习惯，选址人员经常到竞争店进行考察。试买调查是作为实际的顾客在竞争店买东西，然后调查其店内的陈列状况、店铺布局、商品结构、顾客层、价格水平、接客态度和服务状况等。

（2）观察访问。选址人员可以站在拟选店址前，或站在竞争店的店前，观察拟选店址的特征、顾客人数、促销状况、商品陈列，推算主要商品的销售额；也可以访问前往竞争店购买商品的顾客，了解顾客住址及所购商品，以此推断将来新店的商圈范围。这是唯一的面对面交谈的方法，成功访问的百分比很大，还可借此对商圈内的顾客情况进一步了解分析，但需耗费过多的人力与时间。

（3）小组面谈。这也称作焦点小组法，是将有关人员（如潜在目标顾客）召集起来，以小组讨论的形式听取参与人员的意见以收集信息。调查结果受到小组的规模、组成、参与人的个性、所担任的角色、会议的具体安排、访谈者与小组或个人的关系等影响。由于这种调查方式需要一定的组织能力，往往由专门的调查员进行。

（4）电话调查。电话调查即通过电话了解顾客的住址和购买情况。这种方法获得资料速度快，调查的成本低，但易打扰被调查者，可能引起调查对象的反感而不易获得合作。由于电话调查的时间不能太长，所以必须准备一个简明扼要的调查提纲。

（5）邮寄问卷。邮寄问卷即通过邮寄方式询问当地潜在顾客，由返回的资料分析拟开设商店的地理区域、顾客特征、顾客需求和对竞争店的态度等。这种方法邮费不贵，可广泛了解受询问者的分布情况，不受时间和地点的限制；缺点是收回率很低，且花费时间较长。为克服收回的数量及时间难以控制等问题，可随之附上赠品来诱导回应。表3-2为竞争环境调查表，表3-3为店铺周边环境调查表，表3-4为店铺周边市场调查表。

表 3-2 竞争环境调查表

竞争环境调查	店名＼内容	竞争对手1	竞争对手2	竞争对手3
	店铺地址			
	店面面积			
	店铺类型			
	开业时间			
	员工人数			
	营业额/月（预计）			
	服务特色			
	距您意向店铺距离（米）			
	顾客认知度			
	是否经常进行宣传、促销活动			
	其他			

表 3-3 店铺周边环境调查表

您的店铺（或意向中的店铺）					
地址		面积		年租金	
房屋类型	自有□ 租赁□	5 年内有无拆迁可能		有□ 无□	
A. 请绘出店铺内部结构图（可附页）					
B. 请绘出店铺外部及周边图（相邻店面、街道、单位等）（可附页）					

续表

C. 请绘出店铺区域（半径500米内）的商圈图（包括居民区、机关、学校、公司公布及名称）（可附页）
D. 请提供标明有店铺位置的城市地图（以作为加盟后给您网上推广用）（可附页）

表 3-4　店铺周边市场调查表

市县名		总人口		城市类别		城市面积	
加盟店店址							
加盟店所在城市/地区经济发展水平			□高　　□中　　□一般　　□低					

	小区名称	小区档次（注明价格）	居民户数	距店距离（步行）	中低档居民所占比例	中高档居民所占比例
小区资料						

消费者情况分析	
年龄层次	□老年　□中年　□中青年　□青年
收入水平（月）	□5 000元以上　□3 000~5 000元　□2 000~3 000元　□2 000元以下
职业情况	□白领　□工薪　□公务人员　□工商业人士　□其他
消费特征	□注重品牌　□注重价格　□注重服务　□注重流行风尚 高档品牌服装店数量：□非常多　□不是很多
出入工具	① 私家车_____%　② 公交_____%　③ 其他
距店距离情况（步行）占人口总数的比例	① 5分钟内_____%　② 10分钟内_____%　③ 15分钟内_____%

续表

加盟店所在位置的交通和车流量情况	车流情况	（　　）辆/小时
	店周围交通情况	□便利　□好　□一般　□门前是否有隔离栏
	红绿灯情况（若有请注明地点）	□无　□有　数量　地点：
	店门前是否停车	□可　□不可

商圈内其他服务行业和企事业单位情况		
类型	数量	详细情况（规模、人流量、经营情况）
社区服务类		
机关、院校情况		
金融单位		
医院等其他事业单位		
写字楼		
工厂类		
消费休闲类		

任务三　商圈划定与分析

 任务分析

商圈划定方法对于已经开设店铺和新开设店铺是不同的，如何依据商圈调研的数据来正确划分商圈，并进行有效的分析，对于后续店铺的开设及运营具有重要作用。学生通过本任务的学习将掌握利用 GIS 或手工绘制商圈的基本思路和方法，明确商圈分析中的要点。

情境引入

福州商业网点规划：未来 10 年重点打造 4 大商圈

海峡都市报 7 月 21 日讯（记者　阙文龙）福州北江滨中央商务区内，将建一条台湾风情街；东街口——南门兜城市商业中心，将新建一处大型现代化购物中心……记者昨日获悉，经福州市政府批准，《福州市城市商业网点规划（2011—

2020)》正式出炉。根据此规划，未来10年，福州重点打造4大商圈，分别是五四路中央商务区商圈、二环西商务区商圈、鳌峰路商务区商圈、东部新城商务区商圈。此外，福州还将打造多个区域商业中心。

二环西商务区商圈重点建台湾风情街

据了解，五四路中央商务区商圈以华林路和五四路为核心，东至金鸡山公园、西至屏东路、北至北二环、南到湖东路。

该区域将利用温泉公园，改造提升金鸡山公园，将温泉与旅游相结合，打造温泉商务休闲的品牌，建设集高档商务会所、咖啡厅、酒吧、音乐厅以及洗浴、保健、娱乐于一体的综合性休闲场所等。

二环西商务区商圈，将打造成集总部服务、时尚购物、生活消费、餐饮娱乐、商务休闲等多元化复合功能于一体的现代化商务区商圈。

根据规划，该区域将重点建设一条台湾风情街，以台湾商品、宝岛特色演绎、台湾文化等为重要内涵，提升万象城、宝龙城市广场的综合环境，但具体位置还没定。

东街口—南门兜将建大型购物中心

《规划》指出，东街口—南门兜城市商业中心，以东起五一北路、西至通湖路、北起鼓西路与鼓东路、南至高桥路为核心区块；商业拓展带沿八一七路向南北两侧延伸，南至茶亭。

该中心分三大商业功能区：以传统东街口商圈为核心的高端品质消费商业区、以三坊七巷为核心的旅游文化特色商业区和以五一商圈为核心的时尚休闲服务商业区。

该区域将规划新建一处大型现代化购物中心，引导现有传统百货店向主题百货的方向发展。不过，该大型现代化购物中心的具体位置，目前还没有定。

（资料来源：海峡都市报）

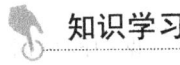
知识学习

一、商圈划定的方法

对于已开设店铺，零售企业可以通过抽样调查、问卷、售后服务等途径收集有关顾客居住地点的资料。对于新开设店铺，可以借鉴或参考同类型店铺消费、客流量和购物距离等资料。如果没有可以借鉴的对象，则需要分析城市规划、人口分布、住宅建设、公共交通等资料，以预测未来的发展趋势，分析有关顾客为购物愿意花的时间与所行的距离以及其他吸引人们前往购买的资料。根据以上资料进行类比分析和综合分析，即可大致预测出新建店铺的商圈。具体来说，划定商圈主要有以下方法：

1. 雷利法则

美国学者威廉·J·雷利（W. J. Reilly）1929年根据牛顿力学的万有引力理论，提出了"零售引力规律"，总结出都市人口与零售引力的相互关系，被称为雷利法则或雷利零售引力法则。他认为一个城市对周围地区的吸引力，与它的规模成正比，与它们之间的距离成反比，用以解释根据城市规模建立的商品零售区。该法则通过确定两个城市或社区之间的无差异点，进而分别确定商圈。无差异点是指两个地区之间的地理分界点，这里的顾客去哪里采购都无所谓。根据雷利法则，许多顾客都被吸引至大城市或大社区，因为那里商店多，商品种类多，路途多花时间也值得。假设前提为：两个竞争性区域的交通同样便利，两个城市的商店竞争力相同，其他因素如人口分布状况等或视为不便，或忽略不计。具体表述如下：

$$D_{AB} = \frac{d}{1+\sqrt{P_B/P_A}}$$

式中：D_{AB} 为城市或社区 A 商圈的范围，d 为城市或社区 A 和 B 主要干道之间的距离，P_A 为城市或社区 A 的人口数量，P_B 为城市或社区 B 的人口数量。

2. 哈夫法则

哈夫法则从不同地区商店的品种、顾客从家庭住处到购物区所花的时间及不同类型顾客对路途时间不同的重视程度这三个方面出发，对商圈进行分析。商品种类以商业区各商店某种商品的总销售面积来测算。在考察顾客对路途时间的重视程度时，购物类型既包括购买目的，也包括购买内容，计算公式为：

$$P_{ij} = \frac{\dfrac{S_j}{(T_{ij})^\lambda}}{\sum_{i=1}^{n} \dfrac{S_j}{(T_{ij})^\lambda}}$$

式中：P_{ij} 为消费者从住所前往商业区的可能性，S_j 为某类商品在商业区内的总营业面积，T_{ij} 为消费者从住所 i 到商业区 j 所需花费的时间，指数 λ 用来衡量因购物类型不同而对路途时间的重视程度不同。通过实际调研或运用计算机程序加以确定，通常 $\lambda = 2$，n 为不同商业区的数量。

3. 商圈地图的制作

作为一种直观体现，商圈分析报告中都必须附有地图，有条件的单位可以使用 GIS 来制作特定的商圈地图，如果没有 GIS，这里还介绍一种手工制作地图的方法。

（1）利用 GIS 来界定商圈。地理信息系统（Geographic Information System 或 Geo-Information System，GIS）是一门综合性学科，结合地理学与地图学，已经广泛地应用在不同的领域，是用于输入、存储、查询、分析和显示地理数据的计算机系统。

零售企业使用 GIS 技术需要构造完整的城市零售市场环境,即首先需要制作城市电子地图,然后在地图上加载各种调查数据,包括消费者普查数据、零售网点普查数据、交通路网普查数据、城市公交体系普查数据等。在大样本消费者购物习惯调查的基础上,对消费者购物行为进行数字建模,形成专门适用于该城市的购物行为模型库及参数集,即可运行软件自动形成各种商圈。下面以某大型综合超市为例来进行商圈界定。

传统的选址理论中商圈形状,是以店铺为中心的三个大小不一的同心圆,按照从内到外的顺序依次为店铺的核心商圈、次要商圈和边缘商圈。图 3-2 所示是某大型综合超市的同心圆商圈,三个同心圆的半径分别为 1.5 千米、3 千米和 5 千米。

一旦导入 GIS 系统的矢量电子地图,在河流、山脉、海岸线等天然地理障碍的方向,商圈形状向内收缩,而在交通路网比较发达的方向,商圈形状向外扩张,从而形成不规则的多边形。图 3-3 中所示是同心多边形商圈,可以看出天然地理障碍与交通路网对商圈形状的影响。

城市公共交通体系是零售网点最主要的辐射途径,而城市公共交通体系在不同方向上的分布是不均匀的,从而造成商圈形状更加不规则。图 3-4 中所示是同一大型综合超市的不规则多边形商圈,可以看出城市公共交通体系分布对商圈形状的影响。

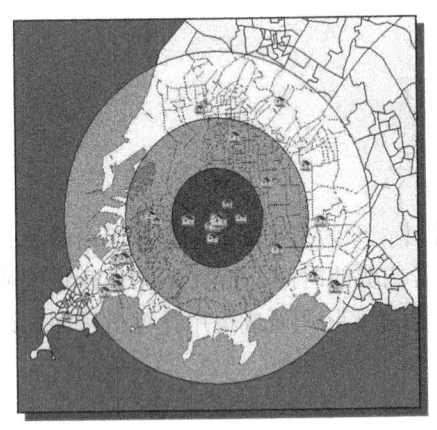

图 3-2 传统的同心圆商圈

图 3-3 同心多边形商圈

无论是同心圆商圈、同心多边形商圈还是不规则多边形商圈,都忽略了一个重要的因素——竞争对手,因此只能称为理想商圈。那么真实的商圈又是什么样子的呢?真实的商圈综合考虑了消费者、地理、交通路网、城市公共交通体系和竞争对手的分布,如图 3-5 所示。

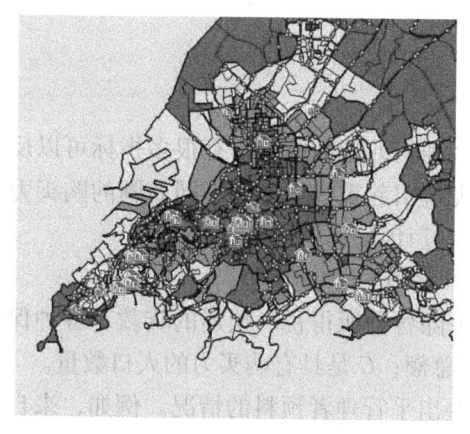 

图 3-4　不规则多边形商圈　　　　　　　图 3-5　真实的商圈

（2）手工制作商圈地图。

① 准备基本资料。制作商圈地图前，需要准备各行政区人口数、户数的分布情况，竞争店的分布情况，住宅区的位置分布情况，等高线地形图和城市规划图。

② 制作地图。将基本资料绘入地图，具体做法如下：

a. 确定各行政区的人口数、户数分布。如用市区地图制作，应准备 1∶10 000 比例的地图。

b. 制作竞争店位置分布图。在地图上标出开店预定地，计入竞争店的面积、营业额。按一定原则确定半径，在地图上画图。不同业态的辐射范围标准不同。

c. 制作住户分布图。在竞争店位置分布图上标出每条街道及其户数（记住一定要推测空白地区的户数，这些地区将来可能会成为住宅区），可先确定半径为 500 米的商圈内的户数。

d. 制作住宅地图。需要调查竞争店的正确位置。在设定商圈后，计算商圈内的住户数。做完实地调查后，可以在该图中计入专营店的业种、店铺规模。

e. 制作地形图。确定阻碍购物行为的原因，利用颜色浅的色笔做记号，使用 1∶2 500 的地形图确认坡道。要计入道路每隔 100 米的标高，以掌握道路坡度情况，因为坡度会影响交通状况，从而影响顾客来店的意愿。

f. 城市规划图、道路规划图。标出开店预定地 500 米范围内规划修建并已确定用途的道路，标上住宅规划区。

从以上作业完成的地图中，即可直观看出开店预定地所处的商业环境。

二、商圈分析的要点

1. 市场潜力分析

市场潜力大小来自区域人口的多少以及他们的购买能力，有很多指标可以反映一个区域的市场潜力，其中购买力指数尤应引起重视。比较不同商圈的购买力指数，可为发现潜在的消费市场提供依据，其计算公式为：

$$购买力指数 = A \times 50\% + B \times 30\% + C \times 20\%$$

式中：A 是商圈内可支配收入总和（收入去除各种所得税、偿还的贷款、各种保险费和不动产消费等）；B 是商圈内的零售总额；C 是具有购买力的人口数量。

市场潜力分析不深入，往往会出现一些出乎管理者预料的情况。例如，来自中国台湾的餐饮连锁店仙踪林的商品以冷饮为主，2000 年，仙踪林沈阳店和成都店在业绩对比上出现了有趣的现象：在以重工业为主、经济不景气、预期购买力低的沈阳，仙踪林的最高客流量超过了成都，而且当时是在冬天。仙踪林的管理者说："国内各地的消费特点差异极大，消费习惯往往出人意料。"意外总是会出现的，但对管理者的考验就是，如何在意外发生之前就找到问题的本质所在。

2. 竞争状况分析

竞争状况是商圈分析中一个非常重要的因素，除非某个连锁企业具有很强的竞争优势，可以忽略现有的竞争，否则，新开的门店不得不面临被竞争对手拉走销售额的可能。考察一个地区的竞争状况，应着重分析现有商店的数量、规模、新开店的速度、各商店的优势与劣势、近期与长远的发展趋势以及商圈饱和度。这里，着重介绍一下商圈饱和度的分析方法。

商圈饱和度是判断某个地区同类商业竞争激烈程度的指标，通过计算或测定某类商品销售的饱和指标，可以了解某个地区同行业是过多还是不足，以决定是否选择在此地开店。通常情况下，在饱和度低的地区，门店开设成功的可能性较饱和度高的地区要大，因而分析商圈饱和度对于新开设门店选择店址很有帮助。商圈饱和度指标（IRS）的计算公式如下：

$$IRS = \frac{(C) \times (RE)}{(RF)}$$

式中：

IRS 为某地区某类商品商圈饱和度；

C 为某地区购买某类商品的潜在顾客人数；

RE 为某地区每一顾客平均购买额；

RF 为某地区经营同类商品商店营业总面积。

例如，一家经营食品和日用品的小型超市需测定所在地区商圈饱和度，假设该地区买食品及日用品的潜在顾客是 4 万人，每人每周平均购买额是 50 元，该地区现有经营食品及日用品的营业面积为 50 000 平方米，则商圈饱和度 IRS=40。

该地区商店每周每平方米营业面积的食品及日用品销售额的饱和度为 40，用这个数字与其他地区测算的数字比较，指数越高说明商圈饱和度越低，开店成功的可能性越大。

但是由于商圈饱和度仅从定量角度考虑某一地区经营某类商品同业竞争的程度，却没有考虑原有商店的实际情况，尤其是信誉好、知名度高的老字号商店对新竞争对手的影响，而且计算资料不易准确获得，因而新设门店为了做出正确的决策，必须根据具体情况进行具体分析。

3. 基础条件分析

区域内的基础条件为门店的正常运作提供了基本保障。零售企业需要相应的物流配送系统，这与区域内的交通通信状况密切相关，有效的配送需要良好的道路和顺畅的通信系统。此外，零售企业的发展还与区域内软性基础条件有关，包括供应链的发达程度、政策和开发程度、相关法律和执法情况等，这些都需要认真分析。

如果我们把一座城市看成一个大商圈，对于是否值得进入该城市，不同业务的连锁企业进行商圈分析的具体内容也不尽相同。如连锁超市对城市筛选的重要指标中就包括市场潜力、竞争激烈程度、供应链发达程度及政策和开发程度等。

项目实施

认识商圈可以从下列七个步骤展开，如图 3-6 所示。

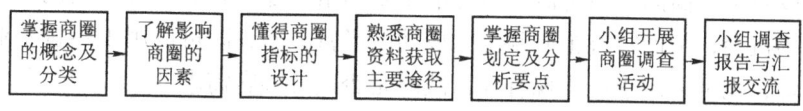

图 3-6　商圈的学习程序

在相关知识学习的基础上，通过选择本地的商圈开展调查活动，进一步了解这些商圈的特点，并对这些商圈的构成及特性产生感性认识。其学习活动工单，如表 3-5 所示。

表 3-5　商圈的学习活动工单

学习小组		参考学时	
任务描述	通过相关知识的学习和实地调查分析，明确商圈的意义及作用，掌握常见的商圈类型及分析方法，熟悉零售企业选址前商圈分析的主要指标，从而全面理解和掌握商圈的相关知识，为后续的选址学习打好基础		

续表

活动方案策划			
活动步骤	活动环节	记录内容	完成时间
现场调查	商圈的定义及分类		
	商圈调查指标的设计		
	商圈资料获取的途径		
资料搜集	商圈相关资料与图片		
	商圈对选址的影响		
分析整理	不同业态商圈的差异		
	商圈调研报告		

项目总结

零售商进行了环境分析，设定了目标，识别出顾客的特征和需求，同时收集到了足够的市场信息，就为设计和执行一套完整的战略做好了准备。本项目通过介绍商圈的分类和特点，分析了影响商圈的因素，阐明了商圈调研资料获取的主要手段以及进行商圈评估时需要考虑的主要因素。零售企业通过商圈调查有利于挖掘市场机会，帮助零售企业制定出成功的经营战略，既可以用于零售企业新店铺的选址，也可以用于检验现有经营战略是否适合顾客需求。

实战训练

一、实训目标

1. 通过实训能理解商圈规划的概念和重要性。
2. 访问调查本地某些熟悉的零售企业，掌握影响商圈规划的因素和信息收集的主要手段。

二、内容与要求

选择本地一些具有代表性的零售企业进行实地调查。以实地调查为主，结合资料文献的查找，收集相关数据和图文。小组组织讨论，形成调查报告和班级交流汇报材料。

三、组织与实施

1. 以学习小组为单位进行实训，小组规模一般为4~6人，分组要注意小组成员的地域分布、知识技能、兴趣性格的互补性，合理分组，并定出小组长，由小组长协调工作。
2. 全体成员共同参与，分工协作完成任务，并组织讨论、交流。
3. 根据实训的调查报告和汇报情况，相互点评，进行实训成效评价。

四、评价与标准

实训评分指标与标准，如表3-6所示。

表3-6 商圈调研实训评价评分表

评分指标	好（80~100分）	中（60~80分）	差（60分以下）	自评	组评	总评
项目实训准备（10分）	分工明确，能对实训内容事先进行精心准备	分工明确，能对实训内容进行准备，但不够充分	分工不够明确，事先无准备			
相关知识运用（30分）	能够熟练、自如地运用所学的知识进行分析	基本能够运用所学知识进行分析，分析基本准确，但不够充分	不能够运用所学知识分析实际			
实训报告质量（30分）	报告结构完整，论点正确，论据充分，分析准确、透彻	报告基本完整，能够根据实际情况进行分析	报告不完整，分析缺乏个人观点			
实训汇报情况（20分）	报告结构完整，逻辑性强，语言表达清晰，言简意赅，讲演形象好	报告结构基本完整，有一定的逻辑性，语言表达清晰，讲演形象较好	汇报材料组织一般，条理不强，讲演不够严谨			
学习实训态度（10分）	热情高，态度认真，能够出色地完成任务	有一定热情，基本能够完成任务	敷衍了事，不能完成任务			

复习检测

一、名词解释

商圈

二、选择题

商圈的组成包括（　　　）。

A. 主要商圈　　　B. 边际商圈　　　C. 次要商圈　　　D. 无关商圈

三、简答题

1. 根据商圈的成熟度划分，商圈可以分为哪些？
2. 商圈的特点有哪些？
3. 根据商圈性质的不同，商圈可以分为哪些？
4. 商圈分析的主要内容包括哪些？
5. 商圈资料收集的手段主要有哪些？

四、能力训练题

列举几个当地的知名零售企业，根据其在当地的门店开设，说明该企业商圈选择考虑的主要因素包括哪些？

项目四

零售地点选择

 学习目标

1. 知识目标
◎ 掌握影响零售地点选择的核心要素
◎ 理解不同类型商店选址时对各核心要素考量的差异性
◎ 掌握零售地点选择的步骤
◎ 掌握选址调查报告书写格式及要求
◎ 了解场地租赁合同谈判要点
◎ 了解场地租赁合同签订流程
2. 能力目标
◎ 能进行零售地点核心要素评定
◎ 学会制作《店铺选址调查的分析报告》
◎ 能进行场地租赁合同谈判并签订合同

 项目引导

在分析研究商圈的基础上，正确确定零售店店址，对零售企业来说有极其重要的意义。在同一个商圈内，往往相隔一条街或只是拐个弯，客流量都有很大差异。同时也可能因为一些物业问题困扰着零售企业无法专心投入经营。因此，作为零售企业人员，必须要了解影响零售地点选择的各项因素，把自己扮演成三个角色——零售企业经营者、消费者和业主，从中体会各项因素对零售企业的影响。通过本项目的学习，使学生对零售地点选择有一个较为全面的概念性认识。

任务一　影响选址的核心要素及分析方法

 任务分析

随着零售企业竞争进入白热化阶段，抢占市场份额除提升单店销售外，更重要的是通过不断增加门店数量从而提升市场占有率。新增门店业绩好，则企业进入良性循环，若新增门店业绩差，则往往能拖住企业扩张的步伐，更严重者导致资金链断裂，从而拖垮整个企业。而楼盘业主的选择也将影响到日后营运过程的顺畅与否。如何在众多商业楼盘中找到最适合各零售企业的"聚宝盆"，要求我们能找出关键的核心要素，并对这些要素加以比较和判断分析，才能将风险降到最低。因此，了解和熟悉影响选址的核心要素及分析方法，成为摆在零售企业家与管理者面前的重要课题。

情境引入

沃尔玛选址要求实例

1. 对商圈的要求

（1）在项目1.5千米范围内人口达到10万人以上为佳，2千米范围内常住人口可达到12万~15万人；

（2）须临近城市交通主干道，至少双向四车道，且无绿化带、立交桥、河流、山川等明显阻隔为佳；

（3）商圈内人口年龄结构以中青年为主，收入水平不低于当地平均水平；

（4）项目周边人口兴旺，道路与项目衔接性比较顺畅，车辆可以顺畅地进出停车场；

（5）核心商圈内（距项目1.5千米）无经营面积超过5 000平方米的同类业态为佳。

2. 对物业的要求

（1）物业纵深在50米以上为佳，原则上不能低于40米，临街面不低于70米；

（2）层高不低于5米。对于期楼的层高要求不低于6米，净高在4.5米以上（空调排风口至地板的距离）；

（3）楼板承重在800千克/平方米以上，对期楼的要求在1 000千克/平方米以上；

（4）柱距间要求9米以上，原则上不能低于8米；

（5）正门至少提供2个出入口，免费外立面广告至少3个；

（6）每层有电动扶梯相连，地下车库与商场之间有竖向交通连接；

（7）商场要求有一定面积的广场。

3. 对停车场的要求

（1）至少提供300个以上地上或地下的顾客免费停车位；

（2）必须为供应商提供20个以上的免费货车停车位；

（3）如商场在社区边缘，需做到社区居民和商场客流分开，同时为商场供货车辆提供物流专用场地，40①尺货柜车转弯半径18米。

4. 其他

（1）市政电源为双回呼或环网供电或其他当地政府批准的供电方式，总用电量应满足商场营运及司标广告等设备的用电需求，备用电源应满足应急照明、收银台、冷库、冷柜、监控、电脑主机等的用电需求，并提供商场独立使用的高低压配电系统，电表、变压器、备用发电机、强弱电井道及各回路独立开关箱；

（2）配备完善的给排水系统，提供独立给排水接驳口，并安装独立水表，给水系统应满足商场及空调系统日常用水量及水压使用要求，满足市政府停水一天的商场用水要求；

（3）安装独立的中央空调系统，空调室内温度要求达到20℃正负度标准；

（4）物业租赁期限一般为20年或20年以上，不低于15年，并提供一定的免租期。

（资料来源：http：//cy.qudao.com/news/49154.shtml）

从上述可以看出，在选址过程中需要考虑的因素很多。请每位同学思考一下为什么沃尔玛在选址中需要做出这些要求限制？

 知识学习

了解和熟悉影响选址的核心要素，是选址工作的起点。通过商圈分析研究区域内是否有足够的购买需求和购买力后，在商店选址时考虑的主要因素包括：区域内的购买力需要多大的经营面积来支撑；目标顾客是否感觉方便；是否利于门店长远发展；相关设施设备等硬件是否符合运营要求；费用是否超出投资回报计算标准；物业是否有风险；最后还需要根据企业自身经营的不同，综合性分析各要素对本企业的影响。

一、购买需求与购买力影响经营面积大小

购买需求与购买力大小决定企业是否在该地点开设店面；同时还应进一步分析购买需求与购买力的大小，以便企业决策商店的规模。例如，某一地点购买需求与购买力无法支撑开设一家2万平方米的商店，但可能可以支撑开设8 000平方米的商店。则决策者可以考虑是否将其中8 000平方米用于自营，其余12 000平方米的场地找合作承租或转租。

二、便利性分析

消费者对购物便利性的诉求是贯穿于购物全过程的。这个全过程并不仅仅是

---

① 1尺＝0.333 3米。

从消费者进入商场开始，而是从消费者的出发地（多为居住地或工作地）开始的。零售店店址选择要以方便目标顾客为首要原则，以节省目标顾客的识别时间、到达及购买时间、节省市内交通费用角度出发，以最大限度满足目标顾客的需要，否则失去目标顾客的依赖和支持，零售店也就失去存在的基础。

这里首先强调的是便利于"目标顾客"，即应该分析目标顾客对哪些要素比较关注，从而分析出目标顾客对哪些便利性条件更重视，在选址时加以考虑。例如，一家加油站的目标顾客是有车一族，那便利性分析除要考虑常态的要素外，还需要考虑车辆进口及出口的道路拥堵情况。也就是说方便目标顾客不是单纯理解为开设地点均要最接近顾客，还要考虑到大多数目标顾客的交通习惯。例如，目标顾客主要是步行时，就要考虑门店距离人行过街通道的距离；目标顾客主要是乘坐公交车时，就要考虑附近是否有公交站台。

识别时间对于流动性目标顾客极为重要，例如麦当劳的"得来速"汽车餐厅，就要求选址时应考虑顾客的识别时间。如果无法加设醒目的标识，则不利于行进中的驾车消费者及时驶入购买通道。

一站式购物是零售的趋势，若是在综合性商业广场内部选址，则需要特别关注相邻商家的互补性及小商圈氛围的营造。同时因为综合性商业广场面积大、入口多，对客流量的影响也极大。这时电梯口、收银台附近等位置因为其使用功能导致顾客"不得不"光顾。

三、利于门店长远发展

要取得经营上的成功，不仅仅要考虑当下可能的经营情况。门店是否能长远发展，对于选址来说也是极为重要的。

便利店选址犯了这些忌讳，必败！

1. 有利于发展自己的特色

销售不同类别商品的零售企业对于门店地址选择往往有很大差异，例如销售家具的东方家园或百安居，销售生活必需品的超市沃尔玛、乐购，在选址时考虑的要点就很不相同。比如工艺品、礼品专业店，适于集中布店。因为购买此类商品的消费者都希望有广泛的挑选余地，又由于商品的独特性，专业店本身不可能经营齐全，如北京琉璃厂街的古玩店、书画店等。互为补充的几种零售业态也可以在共同的商业区内布店，如百货店周围聚集的服装专业店、饰品专业店、鞋帽专业店、快餐店等，它们提供了互相补充的、更加全面的商品种类，能共同吸引客流，这在国内大城市的传统中心商业街中比比皆是。再比如大型综合超市和仓储超市等则不需要也不希望集中布店。这类商店经营商品种类齐全、价格低，顾客"一次购足"的购买量较大，需要较多的停车位以满足开车购物者。这类业态多数独立选址，分布在城乡结合部的交通方便地点，如北京燕莎望京购物中心、万客隆会员仓储超市等。

销售同类商品但业态不同的门店选址同样有很大的差异，例如福建本土企业永辉超市旗下的综合类购物广场、社区店以及便利店选址时也不相同。大型综合超市和仓储式商场因为商品种类齐全，价格低，具有较大的主动吸引顾客能力，不必处在客流高的地点，但商店的可视性要好，顾客愿意单独去这类商店购物。大型百货店虽然商品种类齐全，但价格较贵，商店吸引力一般，由于历史原因多处于城镇中心地带，以公共交通为主，步行客流量较大。中型超级市场以食品和日用消费品经营为主，价格较适当，因为顾客光顾频率高，吸引力也较大，一般设在大型居民区的中心或小型居民区边缘的道路旁。国内很多新出现的购物中心或商场，实际上是结合了百货店和中型超市的一种业态，如万象城天虹、南门大洋百货等，均在一层（地下一层）设食品和日用品超市，百货店在二层以上，此类业态的商店吸引力要比单纯的中型超市和百货店大，一般建在区域商业中心，经营较为成功。便利店一般设在居民小区内的路旁，其定位的消费者就是小区居民，商店所处地点是目标顾客经常经过之地。

对目标群体的定位不同也会导致选址时考虑上的差异。例如，有的零售商瞄准拥有汽车的消费者群，就会更加看重道路的通达性和停车场的面积；有的零售商着意招揽旅游观光客，就要侧重考虑店址与旅游设施的距离远近等。因为选择店址的因素不止一两个，确定最终的地点需要各种因素的综合分析。

2. 市场占有率的提高

零售店在选址时不仅要分析当前的市场形势，而且要从长远角度去考虑是否有利于扩大规模，是否有利于提高市场占有率和覆盖率。

3. 商圈的成长性

经营互补类产品的商家是否能吸引更多消费者前来，也就是商圈是否具有成长性。

四、店铺硬件分析

1. 场地条件

场地条件包括店铺面积、形状、地基、倾斜度、高低、方位、日照条件、道路衔接状况等。例如，餐饮等需要进行食品加工的门店就需要考查场地的排水、通风是否符合要求。对于场地条件中特别要关注的是消防要求是否与门店经营规划冲突。新闻中常常能看到一些经营场所因为消防问题导致无法开业或开业后面临停业整顿与转型。

2. 法律条件

新建分店或改建旧店时，要查明是否符合城市规划及建筑方面的法规，特别要了解各种限制性的规定。例如，KTV选址时与居民住宅、医院、学校的距离就有明确的法律规定。

3. 必要的停车条件

必要的停车条件包括顾客停车场地、厂商使用的进货空间、垃圾存放区等。随着私人拥有汽车的数量逐年激增，停车场在选址中的重要性越来越明显。

4. 有利于货物的收发

随着各地市内交通压力增大，门店附近是否有交通管制对于供应商送货及门店送货给顾客均影响很大。例如，在时间上、车型上都有哪些要求，而这些要求对于门店的影响是否很大。

五、投资费用

1. 租金及免租期

租金是运营成本中很重要的一块，租金是否在本企业的经营承受力范围之内，是选址人员需要考量的重要因素。而在装修期以及新商圈形成期，免租期的长短也影响着投资总额。

2. 转租费用

从目前市场行情来看，商铺从他人手上转租往往需要支付一笔"转让费"，转让费的形成初期是来自于店铺因前一手装修，后面的商户减少了一笔装修费用；或因前期租赁合同租金较低，因周边租金上涨导致后来的承租方在租金上的减少，而经双方协商收取的一部分费用。随着商铺转让次数增加，转让费也水涨船高成为一笔沉重的负担。

3. 装修改造费用

场地改造及精装修也是商铺开办成本之一，原有场地越符合经营要求，则改造成本越低，反之改造成本越高。

六、物业风险

1. 甲方是否有物业处置权

出租方是否有物业处置权是在选址时需要特别关注的，如果物业处置权不在出租方，很可能后期门店会陷入漫长的纠纷处理中。

2. 租期是否长于预计的盈利周期

如果租赁期过短，则存在租赁合同到期后甲方收回物业的风险；如果装修投入还未收回成本则直接导致投资损失；经营情况较好的店面被收回时，存在更大的投资损失。

课后阅读——参考资料

家乐福CEO发表的选址感言

家乐福是一个上市公司,它有董事会,要说对一个城市了解,必须要用数字说话。大家知道大型超市的要求就是这个城市的人多,所以我们就有一个数据是城市人口数量,这个量要大,比如1300万人口,那么这个城市肯定要去。家乐福有一个失败的教训就是重庆,当时号称中国第三大直辖市,有700万人口,结果去开了两个店效果非常不好,因为重庆人口80%住在山里面,所以人口多,城镇居民大部分是农业人口,这个对我们没有任何销售,所以改为"城里人多",我们就要看城镇居民的统计数量,比如北京有1300万人口,城市人口有600万,但是这个数是我们最关心的。但这个数字也不能说明问题,我们在兰州又发现问题了。兰州人口也比较多,200万人口,但是兰州宽25千米,长八九十千米,人口住得比较分散,这对超市来讲也不是特别有利的地方。

所以,光人口多不行,还要密集。那用什么指标来衡量呢?现在有了城镇人口密度,各个城市的各个区都有这个指标,每平方千米多少人,我们就把这个指标拿过来提供。然后又发现问题了,在天津人口密度很高,且离北京不远,但是天津人比较穷,工资也比较低,没有多少钱可以挣。当时我们在天津开了两家店,生意在当地特别好。我们每年都有大表,天津总是在后面排着,当时天津是低工资、低物价政策,所以天津人的收入特别低,所以这个城市对于我们来说也不行,所以又添了一条——就是有钱人多,人多但是穷,我们基本也不去。所以我们要关注是否有钱?怎么能说明他有钱呢?有一个人均可支配收入,原来我们最早用GDP、生产总值。后来我们发现有一个更好的东西可以展示这个指标,就是人均可支配收入,就是说一个人生产能力高,不一定收入高,所以我们改为人均可支配收入指标来衡量。

按说没问题了吧?还有问题!东莞,东莞的人均收入非常高,那里有很多大工厂,现金收入很高,很多人在那里打工,赚了很多的钱,大部分人都是打工仔、打工妹,他大部分都把钱汇到家里去,所以基本不花钱,有钱不花也很苦恼的,所以这个指标怎么定呢?我们就说城里花钱的人多,如果这个城市花钱的人多,我们就开店比较好。比如,我们在东北沈阳开店就非常好,那个地方很好,就是东北人去买东西比较大方、比较能花钱。我们就查人均消费支出,描述得不一样,有的是生活性支出,有的是消费支出。

按说到这里从数据上查的已经基本能反映超市的指标了,我们说目前还有遇到的问题,就是有些地方是花钱,它也是消费支出,但是有一部分无法评定是消费支出还是投资支出,比如他花钱买房、买车,这个有的叫投资性消费,有的叫阶段性消费,不是说偶然消费,不是说每天都要买东西的,花钱的频率并不是一个常态。还有一些地方，比如在上海的浦东，1998年我们开了一家店，当时我们觉得当时浦东还不是很发达，陆家嘴刚刚开始建设，那家店的效益不是很好，但是到了过年的时候，效益非常好，因为周边农村的人开车过去买了很多的东西，这个购买力相当惊人，但是过了春节以后，这个店就重归平静了。所以我们还有一个指标，希望它能衡量一个平时花钱人多，希望他每天都来我们超市买东西。这样我们就查了一个指标，人均食品类的消费，我们为什么对这个特别感兴趣呢？就是居民在外面吃东西，或者买东西吃的时候，这个指标要是高的话，在外面购物就比较接近这个指标，所以我们认为人均消费的多与少、食品消费的多与少，对我们的超市是特别有帮助的。在北京我们还有一个指标，是我们特别喜欢的一个指标，就是不仅希望他平时花钱，而且希望他大把花钱，来一次就能买很多的东西，我们超市有一个指标叫"提篮量"，就是他来一次花多少钱、买多少东西，这个对超市的效益非常有影响。我们在全国最好的店，在上海的古北。在浦西有很多的外国人，是虹桥开发区的居住点，很多都是老外，基本上每辆车里面都有四百块钱的商品，我们在全国调查的是平均六七十块钱。

有一个调查，比如说国内有另一个品牌的超市，它开店的时候促销卖的油、米、鸡蛋价格很低，很多人去买那些东西，但是促销过了以后，很多老太太一个袋子里面装了两个牙膏就出来了，就是提篮量特别低。家乐福设计上有非常大的停车场，所以我们在城市还要关注城市私人轿车的拥有量，一般在北京市目前是300万，这个指标高，我们认为他买东西的时候，他们在每一单购物的时候，这个量是非常大的。这都是家乐福在中国开了一百多家店以后取得的经验和教训。

第一个方法，在当地开超市的时候，可以在当地的《统计年鉴》里查这些指标。我们要选择拥有大量购买力人口的城市，不仅是有大量的人口，还要有购买力人口，有这个结论以后，我们就可以把全国所有的城市，只要是可以拿到年鉴的城市就可以做一个比较，把城镇人口数量作为一个参考值，把人均消费支出作为一个参考值，我们就可以把全国主要城市都看一遍。如果说在这三类城市里面，深圳、上海、北京有地方，我们肯定就直接去了。如果说有一块地在长沙，它的关注度肯定不如前面提的关注度那么高，这个可能是我们把全国的城市做了一下分类，研究很多超市集团都在这样做，把城市做一下分析，天津和重庆就在第二类里面，它虽然是大城市，人口也比较多，但是购买力比较低。大部分省会城市都在第二类城市里面了，这是家乐福选择城市的方法之一，就是大量有购买力人口的城市。

第二个方法，我们在上海一带，给大家列了24家店，就在高速公路所经过的城市，这24家店基本占我们的四分之一。在广州一带我们有16家店，非常小的区域里面开了16家店。家乐福总部1999年从北京迁往上海，就是因为在华东一带有很多它的产品供应商。在广州一带，大家知道广州的宝洁公司PNG是全国卖化妆品、个人洗浴用品最多的企业，它的电器也都在珠三角一带，这些城市的购买力很高，而且它的产品供应商非常多，这样可以从物流上节约一些费用。在华北、东北一带，我们开店的时候基本没有形成一个链条，当然这也是环渤海开发的一个话题——目前没有一个大的产业聚集群，目前环渤海的经济发展稍微落后一点。

我们还要选择拥有大量优质产品的城市群，在马鞍山开了一个店，在蚌埠也开了一家店，我们在湛江和汕头为什么没有开店呢？因为汕头和湛江相对分离，供应商要单独两头去跑，从送货来讲不是很方便，所以基本都是沿着高速路开。

第三个方法，就是政策扶持。这个图里面浅色的部分是沿海城市，除了广西省，在浅蓝色区域里面，商业相对比较发达，但是如果在黄色区域里，家乐福也愿意去。现在中央有政策，你在西部开发区里面开一个店，我在东部给你三个店的名额。家乐福有很多的店开在红线以西，换取红线以东区域里的开店的名额。所以，政府的政策也是要考量的，如果你在西部区没有开店，而在东部开店了，后果就会很严重，我们准备好了，货物也上架了，人员也培训好了，拿不到开业的准许也是非常苦恼的事情。

以上三个都是我们对城市选择时候关注的一些热点，第一就是城市本身的一些条件；第二就是跟供应商有关系的指标；第三就是政府政策的一些指标。

我们选好城市了，比如在北京或者上海要开店，到哪里去开呢？家乐福如何选择地段？我想选择地段最关键的点也是跟选择城市一样，要人多。1990年的时候，我们看北京的人口密度，要人多、有钱，这是不变的。2000年的时候，我们开了四家店，都在人口最密集的地区。这是我们的原则，即人口密集、居住密集，这是2002年的人口密度图，我们开店都在二环和三环之间，人口比较密集区。左下面的这个店就是马连道店，这里的人口密度就稍微差一点，这里面也有它的历史原因。

2006年的时候我们开的店，最东面是在通州开的店，最北面是天通苑的店，我们在望京南面、北面又开了两个店，左边的是大钟寺，也是靠近人口比较密集的地区；右边的是双井店，这是我们这个店的位置。同样的道理是居民密集，这个就是我们要用的一个购买力分布图，所以除居民密集以外，还要购买力强，这是根据北京市房价指标，还有现有开店做的一些商业调查，问你们家住哪儿？月收入多少钱？统计出来起一个参照作用。北京地区的东二环中部地区非常有钱，就是在朝阳门、东四十条那一段，但是那里很难找到大型的物业，所以很多商家都没有开成。

这个是食品消费力分布图，这也是二环东部地区，比较有钱，也比较能花钱。

下面我通过一个实例给大家讲家乐福选址，商家关注的几个原则，如何体现出来。这是我们从Google上摘的一个地区，就是我们在中国开的第一家店，在北京的国展地区，目前看这个图就比较直观了，有很多地区就非常的明显，家乐福的业态是比较侧重于现代生活的，所以家乐福的业态可能是适合谁来使用呢？就是适合这些住在高层住宅的一些现代家庭。在这个图里面，你能看到很多有意义的地方，这都是高层住宅，我们看首先是居民密集，在家乐福门口看到对面就是左家庄、南面是柳芳、对面是光熙门。现在曙光里、三元桥这一代都盖了很多高档的住宅。后面的太阳宫也是比较老的居住区，和平里、惠新里都是比较老的地带。在这些人里面，高层住宅比较密集，图纸上面的这个地区都是平房，只要有阴影的地方都是高层住宅，所以我们当时这个地方选得相对比较好，有购买力的人群。

居民比较密集，但是住得都是平房，平房去买东西一般都到自由市场去，他们的生活方式跟超市的生活方式还格格不入，他需要什么东西都新鲜，家里会买冰箱，他对超市不是很依赖。所以超市希望在高层住宅的地方去开。还有一个地方是使馆区，比如在上海很多的老外买东西非常阔绰，买东西的量比较大。

其次就是位置醒目，因为它本来用的是国际展览中心的一个库房，所以国际展览中心一搞活动，边上就是家乐福的 Logo，所以我们希望隔壁的国展能够多举办活动，就不用我们自己去宣传了。

周围没有阻隔物。这点也很重要，周边三千米的半径，我们希望没有阻隔物，比如火车站、高速公路等这种阻隔物阻隔掉，基本上是一马平川的地方，这是我们比较喜欢的一方面。

交通便利。有些地方不一定人口很多，但是有方便的道路，可以很方便地到达，比如二环、三环、四环，正好是我们的店比较集中的地方。

车站、停车场也很重要。这个项目有一个不利因素就是停车场不是很大，1995年开店的时候，对北京市私家车拥有量估计不足，就在对面租了一个停车场，现在发现这个停车场非常小，远远不能满足我们的要求，所以现在我们要求有500～600个停车位供家乐福来使用，这是我们在北京和其他城市要求比较多的一个条件了。

商业缺乏。这个地段基本没有商业，只有一个燕莎购物中心，北京是一个高端商业区，在其他的地方很难找到商业了，所以我们能够给老百姓提供一个买东西的地方，如果这个地方的商业非常发达，或者有很多的经营对手，我们就会对这个地方不感兴趣，所以这两条我们都比较重视。

城市规划，三元桥附近。城市规划就是作为交通枢纽和高档住宅区的地方，高档住宅区也会考虑，但是目前还是以这些为主。在我们图的最南面，销售已经达到2.1万～3万/平方米，可能将来住在这个地方的都是富人。东直门将是一个非常大的交通枢纽，现在有地铁、城轨，还有去机场的始发站，周围可能也是一个比较好的路网，未来是一个比较好的居住区，所以我们在这里开得比较早、较破旧，规模也比较小，但是它的生意仍然比较好，所以这个店的选择是比较成功的一个。

我刚才讲到规划的问题，我们在这个图上画了一个黄色的圈线，要北京周边发展卫星城，最上面北苑就是我们当初开的天通苑的那个店，所以北京的规划是不断往外分散的，大饼是越摊越大，而且对城市的交通压力比较大。居民的居住、工作、购物、休闲基本在这里完成，所以不像以前只盖住宅、不盖商业，要不断地跟踪、完善设施。比如西面的石景山，还有一个项目就是城铁和轻轨的建设，我们会在沿线进行一些考虑，这是对地段的选择。我们对地段选址以后，我们对楼宇本身的要求：

第一，面临两条主要道路，家乐福名字的法语意思就是十字路口。

第二，还要有公交车站，有地铁或者城轨就更好。

第三，有停车场和卸货区。

第四，足够大的空间，业态需要1万~2万平方米，中关村有3.1万平方米的面积，我们听到很多的开发商说我们的楼比较好，但是只有1 000平方米、3 000平方米、5 000平方米都做不了。单层要求8 000平方米以上，层高5.5米以上，净高4.8米以上，这里有它的技术要求，比如我们的货架是3米的货架，我们需要3.2米的空间，因为有0.2米是需要摆东西的，3.2米以上还有电力管线、空调的管线、消防的水管等，这些都在上面排布，所以4.8米是我们的基本要求。

第五，足够大的荷载力。水的比重是1，假如我要摆饮料，每平方米的重量是一吨，所以我们要促销饮料的时候，摆饮料对结构的要求比较高，一吨是法国引进中国来的荷载指标。但是我们现在也在慢慢改变，因为很多楼要盖到一吨的时候，钢筋用量很大，目前也有到750千克的荷载。

第六，形状规则，我们看到很多的楼，形状不规则。

第七，柱网简单，无剪力墙。因为这种结构形式对我们来说非常复杂、难以摆布，而且剪力墙对卖场有很大的阻断，所以我们不喜欢有剪力墙结构的。

第八，不要多于三层。

第九，不隔层使用。

第十，首层必须有大厅，不光是门面的问题，还有服务上的考虑。

第十一，双回路供电，我们60%的食品是生鲜销售，如果停电对食品销售的影响比较大。

第十二，3 200千伏安电力。

第十三，每天200吨供水，这是我们根据开店的单子统计出来的。

第十四，天然气用量100立方米/小时以上，有的地方用的是城市煤气，这个数据就要加倍。

这些都是一些比较枯燥的文字，我们也是通过百年建筑给我这个话题我也做一些思考，刚才讲了很多的东西，但是这些东西都是一般法则，我们对这些法则进行整理，通过我们考察消费的三个方面，对刚才这些法则进行一些总结。

一般来讲,有一个大卖场,把产品搁进去,就等待顾客来,这是目前很多开发商做的事,他们认为就是这样的,我就盖好房子以后,把货架摆满了,就等顾客了。但是顾客不一定买东西,顾客如果只看不买,销售是达不成的,顾者,看也。欢迎光顾=欢迎光看。只有当产品经过了交换才成为商品,当顾客购买了商品就成为消费者。我从这三个方面来分析我们刚才讲的这些法则:一个就是我们要组织货流,把货流引到我们的卖场里面去;经过我们组织,商品被顾客买走;红色就是我们的客流,我们的顾客来,然后再走,还有大堂展示,我想这三个方面是我们考察选址和建设里面主要的因素。包括大堂本身这三个方面,说得比较精练就是组织大量优质的客流和货流,使消费行为得以方便完成的场所。我希望顾客来的都是有钱的、花钱的,所以下面这两行话就是我们超市的使命。

我们刚才讲了很多的法则,包括城市的、地段的,我们经过刚才的总结,无非就是寻找优质客源和方便供应商供货、适应当地政策、寻找客源、方便购物。这都是我们选择城市和地段的时候需要考虑的因素。

任务二　零售商店选址步骤

 任务分析

了解零售商品选址要素后,如何找到适合的楼盘或物业?如何与业主沟通及谈判?如何识别租赁合同中的潜在风险?本任务重点从选址实战角度,带领学员了解选址实务。

情境引入

选址 A、B、C

朋友 A 在苏州开了家宠物用品连锁店,经过一年多的努力他已成功开出三家集宠物用品、宠物医院、宠物美容、宠物寄养于一体的宠物王国。在参观他店铺的过程中问起他的创业经过,朋友 A 说当时他开着车在苏州大街小巷转了两周,一个偶然的机会才找到第一个店面,其他两个店面也是如此找到的。

朋友 B 的连锁便利店在 F 市已有近百家分店,当问到他是如何找合适的店面的,他的回答让朋友 A 羡慕不已。朋友 B 说哪里需要出去找,天天接的电话里有 70% 都是业主约他去看店面的。

朋友 C 的业务和朋友 B 的业务最大的不同是全国连锁,在每个城市都无法达到 B 企业的规模。大家好奇地问他又是如何选址的?如果他像 A 那样选址,相信我们肯定是找不到他人的,他一定在全国各地的城市里转;如果他像 B 那样选址,相信他的老板已经把他炒掉了,在一个城市知名度还不高时,业主找上门的概率很小。还是 C 自己给出了答案:选址战略合作。C 和全国性质的地产商、业务互补的全国连锁店签订战略合作协议,当合作伙伴的业务拓展到哪里,他的店铺就有机会拓展到哪里。

 知识学习

在商圈调查分析的基础上,结合本企业的发展战略,商店选址一般经过在目标商圈寻找适合基础条件的店面及物业,针对各项选址要素结合本企业经营特点,对候选店址进行全方位评估,预测未来的经营效果,制作选址报告交董事会决策。

一、寻找渠道

寻找店面的渠道包括现场"扫街"、中介介绍、在报纸/电视等媒体上发布信息或查找信息、通过网络发布与查找等传统方法,与地产商、相关联商铺形成战略合作是一种新兴的方式。下面就各类寻找店面及物业的方式来分析其优劣势及适应情况。

1. 现场"扫街"

现场"扫街"是指在目标商圈地毯式寻找。常用方法有骑自行车、步行、开低速汽车等方式。该方式的优势是细致,并且能现场观测客流情况及周边商业环境;劣势是效率很低,如果是全国性质的连锁企业,则用此方式的劣势更加明显。

2. 中介/物业公司

找中介或物业公司能够较快速地获取一些店面租赁信息,并且能对目标区域租金情况有所了解。但该方式可能需要支付约 30% 月租金的中介费用,且中介公司为了达成交易很可能对一些不利信息给予回避。

3. 报纸、电视等媒体信息

一般报纸会开设有关店铺租赁的专版,可以通过这些专版了解较新的租赁信息。缺点是一般较大面积的店铺租赁很少能在报纸上看到。

4. 网络

随着网络的普及,越来越多的交易在网络上得以实现,其中 58 同城、赶集网、二手房租赁网等专业网站均有大量店铺租赁信息。缺点与报纸信息相似。有关招商的 QQ 群也提供大量信息供各连锁企业参考。

5. 战略合作

与地产商或其他商铺结成战略合作伙伴是越来越多的全国连锁零售企业的选

择。例如，沃尔玛与万达、SM的合作，优点是快速、高效；缺点是有时捆绑过紧导致忽略收益评估工作。

二、经营评估

如何开一家持续赚钱的便利店？

通过各种渠道收集到目标商圈的物业信息后，需要专业人员对该物业做店铺预期收益评估，以便决策层根据评估结果确定是否开发。预期收益评估主要有以下两种方法。

1. 营业额估算倒推法

营业额估算倒推法是指通过商圈分析，估算客流量；通过问卷及市场调查，估算客单价。得出开业后营业额估算，通过营业额估算得出利润，再根据投资回报率要求计算营业规模。最终评估该店铺是否值得投资。

营业额的估算应考虑：商圈内常住居民的购买量；商圈范围内企事业单位的购买量；流动顾客群的购买量；超级市场在商圈范围内的市场占有率等。

对于商圈内常住居民的营业额估计，可采用住户营业额估计：户数×入店率×客单价。举例如下：

第一商圈：80×45%×50＝1 800（元）

第二商圈：350×25%×58＝5 075（元）

第三商圈：600×10%×70＝4 200（元）

住户总营业额：1 800+5 075+4 200＝11 075（元）

每月店内营业额：11 075×31＝343 325（元）

按20%核算毛利率，则月毛利额为68 665（元），扣除人工成本、房租、水电、物业费用、固定资产折旧、开办费摊销等，计算是否有盈余。盈余多意味着门店的可能盈利能力强，反之意味着门店可能盈利能力弱。

除商圈内常住居民外，对于商圈内流动人口的营业额估计，可采用流动人口营业额估计（元/时）：每小时平均人数×客单价×入店率。将不同年龄层加总的预估营业额（元/时）乘上一个"常数"，即为每日流动客的营业额。便利店可将该常数值设为20，而超市则可根据营业时间的长短来确定，如营业时间为12小时，则常数可设为10，原因是每天都会有一段低峰时间，扣除低峰时间，才比较接近事实。预测出流动人口营业额后，累加常住居民业绩预估，能相对准确预测销售情况。

2. 成本估算累加法

成本估算累加法与营业额估算倒推法正好相反，它是根据固定资产折旧、租金、人工费用、水电费等各项运营费用相加，根据平均毛利率推算出盈亏平衡点。再根据商圈分析评估是否有足够的客容量。

三、制作选址调查报告

零售企业最终确定店址一般都需要层层审核，在各层审核的过程中不可能每层级的人都到现场，做全面选址调查。这就需要提供一份尽可能详尽的选址调查报告，以供决策人员审核参考。

1. 撰写准备

（1）了解撰写内容和结构。报告内容要求以前期的市场营销调研为分析基础，对商圈的客流量、聚客力、竞争状况等进行客观、准确的分析。报告的结构一般分为封面、前言、目录、正文和附录五个部分。

（2）案头资料及时准备。报告撰写要有写作资料，把搜集到的市场资料、小组讨论材料、个人分析意见及时汇总起来，整合为零售选址分析报告所需的材料。

（3）撰写时间合理安排。基本写作资料一旦具备，需要安排时间完成初稿；再经过整体修改、校对；设计封面，撰写前言、目录，整理应列的附录；最后打印装订，一份完整的选址分析报告就完成了。这些撰写环节都需要一定时间，因此要求合理安排，尤其是小组实验更要求明确分工，相互配合，前后衔接，保证在规定的期间内完成实验任务。

2. 撰写内容

零售选址分析的训练一般以某一商店选址为主。店址选择是店铺开发分析的重要内容。理想的店址一般选择在交通便利、人群密集的商圈中。商圈是指店铺能够吸引消费者购买的地理区域。店址选择必须分析商圈（或地区）的环境。

（1）店铺选址确定。确定所选店址的具体地址和方位，一般的项目报告都要求设计店铺选址的方位示意图，这样可以对店铺的选址一目了然。图4-1为选址报告整体思路和分析框架。

（2）店铺选址环境分析。对店铺选址的环境进行分析，重点有三方面内容：道路交通分析、购买量分析、竞争状况分析。

具体而言，零售选址分析报告的内容需涵盖以下知识板块：

① 零售商店所在城市人文环境分析；
② 城市商圈环境分析；
③ 商圈客流量调查及市场容量估算；
④ 零售店店址聚客点分析。聚客点包括顾客类型、街道特点、地形特点、交通状况、商圈的和谐性等。

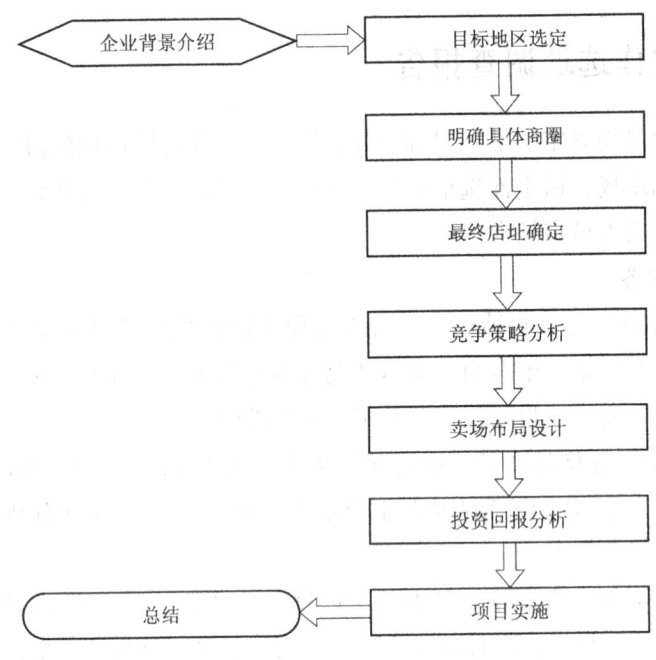

图 4-1　选址报告整体思路和分析框架

3. 调查报告撰写格式

（1）封面。封面需做规范性设计，上面需要标明："报告名称""小组名称、成员姓名、所属专业班级"和"报告日期"。

（2）前言，包括三部分内容。

① 交代报告撰写背景。

② 说明报告撰写的必要性。零售选址是零售营销的重要活动，要求从零售营销战略角度说明报告撰写的必要性。

③ 交代报告撰写的组织情况。主要交代报告撰写人员及分工和具体的组织活动。

（3）目录。通过目录可以让人们对分析报告有个概括的了解。在目录中应包括各章节标题。报告要求列出二级标题。

（4）正文。正文是分析报告的主体部分。要求运用"选址理论分析""商店位置类型""零售选址策略"等理论进行全面、客观分析。

（5）附录。报告中若有很具体的方案或较大的表格、图表以及需要附加说明的材料都可以作为报告的附录。

参考资料

连锁便利店选址调查问卷

先生，女士您好：

感谢您从百忙中抽出时间填写这份关于便利店的调查问卷。我们设计这份调查问卷，是为了更好地了解您对便利店的认识和您的需求，以便为您提供更贴心的服务。非常感谢您的积极配合！

（注意：除有特别说明，下列选题均为单项，请在选项上打钩）

1. 您多久去一次超市？

   A. 一周几次　　　　B. 一月几次　　　　C. 一年几次

2. 您去超市购买哪些东西？（多选）

   A. 小百货　　　　B. 日常零食　　　　C. 饮料　　　　D. 书籍音像

   E. 生鲜类　　　　F. 家电

3. 您所在的小区有便利店吗？

   A. 有　　　　B. 没有

4. 您比较喜欢的便利店是？

   A. 万嘉　　　　B. 轩辉　　　　C. 简购　　　　D. 好易购

   E. 7-11　　　　F. 其他_____

5. 您经常去便利店吗？

   A. 经常　　　　B. 偶尔　　　　C. 从来不去

6. 您去便利店的动机是？（多选）

   A. 应急购物　　　　B. 24小时服务

   C. 付款方便节省购物时间　　　　D. 有更多新产品代表流行趋势

   E. 购物环境好

7. 您去便利店购买哪些商品？（多选）

   A. 音像产品　　　　B. 冷冻食品　　　　C. 饮料　　　　D. 小百货

   E. 便当　　　　F. 零食　　　　G. 日常用品

8. 您希望在便利店得到哪些服务？（多选）

   A. 彩扩冲印　　　　B. 各类充值卡、IC卡

   C. 代缴各种费用　　　　D. 牛奶订购

   E. 代购车船票、演出票　　　　F. 体育彩票

   G. 特快专递、邮递　　　　H. 印刷传真

9. 您从便利店购买东西，时间一般是：

   A. 早上比较早　　　　B. 白天时间

   C. 晚上19：00～23：00　　　　D. 23：00以后

10. 您觉得在小区发展连锁便利店有前景吗？

    A. 有　　　　B. 没有　　　　C. 不知道

11. 您认为便利店做哪些方面的改进会更加吸引你来便利店购物？（多选）

    A. 调低价格　　　　B. 改善购物环境

C. 改善服务态度　　　　　　　D. 增加新服务，新商品

E. 其他

12. 您希望何种形式的售后服务？

A. 积分卡　　　　　　　　　　B. 促销活动

C. 产品回馈　　　　　　　　　D. 社区内免费送货

您的基本信息：

1. 您的性别？ A. 男　 B. 女

2. 您的年龄？ A. 18 岁以下　 B. 18~30 岁　 C. 30~40 岁　 D. 40~60 岁　 E. 60 岁以上

3. 您的收入？ A. 2 000 元以下　 B. 2 000~3 000 元　 C. 3 000~5 000 元　 D. 5 000 元以上

4. 您的职业？ A. 学生　 B. 医生　 C. 自由职业者　 D. 普通员工　 E. 私营企业主　 F. 办公白领

5. 您的受教育程度？ A. 小学　 B. 初中　 C. 高中　 D. 大学　 E. 研究生以上

再次谢谢您的合作！

表 4-1 为选址调查样表。

表 4-1　选址调查样表

	地点	调查结果	记分
选址地点交通概况	交通状况	□主干道　□次干道　□支道　□有隔离带　□无隔离带 路宽＿＿＿米、距站牌＿＿＿米、公交车＿＿＿路	
	地址属性	□商业区　□半商半住区　□住宅区	
店铺结构概况	室外	主楼高＿＿层、楼龄＿＿年、店铺＿＿楼、门面宽＿＿米、高＿＿米、招牌宽＿＿米、高＿＿米、门前空场＿＿平方米	
	室内	室内平面形状　□正方形　□长方形　□不规则 使用面积＿＿平方米、深＿＿米、宽＿＿米、高＿＿米 卷闸门 □有□无，玻璃门窗 □有□无，洗手间 □有□无	
租赁条件概况		先前租户从事＿＿＿行业、租期＿＿年、租金＿＿＿元/月、押金＿＿＿元、免租期＿＿＿天；租金调幅：□租期内不调□每年上调＿＿％；转手费＿＿＿元	

续表

商圈分析概况	邻铺概况	左右两边五家店铺依次为左____、____、____、____、____、右____、____、____、____、____； 晚上关门时间平均为：____时，空铺左____家、右____家	
	第一商圈（半径500米）	约有住户____户、约____人、人均收入____元，16～40岁约占____%、上班族约占____%、从商人员约占____%、当地居民约占____%、学生约占____%、游客约占____%	
		人流统计（以每5分钟计算）： 周一至周五上午9:30～11:30____人、双休日____人；13:30～15:30____人、双休日____人；17:00～19:00____人、双休日____人；20:00～22:00____人、双休日____人	
	第二商圈（半径500～1 000米）	约有住户____户、约____人、人均收入____元，16～40岁约占____%、上班族约占 %、从商人员约占____%、当地居民约占____%、学生约占____%、游客约占____%	
	第三商圈（半径1 000～1 500米）	约有住户____户、约____人、人均收入____元，16～40岁约占____%、上班族约占____%、从商人员约占____%、当地居民约占____%、学生约占____%、游客约占____%	
第一商圈内店铺营运分布概况竞争对手分析（半径500米）	店铺营运分布概况	大型超市□有□无、日平均客流约____人、距选择店____米、学校□有□无，有____所，其中小学____所，学生约____人、距选择店____米；中学____所，学生约____人、距选择店____米；大学____所，学生约____人、距选择店____米	
	竞争对手分析	竞争店：□有 □无，有____家、第一家距选择店____米、营销模式____、规模____平方米，经营品种____、营运状况：□优 □一般 □差；第二家距选择店____米、营销模式____、规模____平方米、经营品种____、营运状况：□优 □一般 □差	
SWOT分析	Strengths（优势）：	Weakness（劣势）：	
	Opportunities（机会）：	Threats（挑战）：	

任务三　租赁合同谈判与签订

 任务分析

租赁合同谈判过程中，如果只关注月租金，那则可能会忽略掉很多至关重要的细节。其实租赁期限、装修免租期的长短、外招的位置、营业业态、是否可以转租等条款，都是双方的焦点。如果对这些细节不熟悉，当租赁合同签订后再想去解决这些问题，往往要付出高昂的代价。本节任务是将零售租赁合同谈判中的一些重要细节教给大家。

情境引入

山姆·沃尔顿的失误

在零售王国里，提起沃尔玛创始人山姆·沃尔顿这位零售业巨人，大家想到的更多是他成功的案例。其实在山姆刚开始创业时经历过一个重大的打击。当他通过自己独特的市场敏锐度和勤奋的工作换来第一家小店铺的红火生意时，山姆却不得不结束这家店。原因正是该店铺的业主看到山姆生意红火，就找到合同上的一个小漏洞，从而要求与山姆停止租赁关系。将山姆赶走后，该业主又开了一家与山姆相似的店。

 知识学习

了解商铺租赁注意事项是租赁谈判的前提。具体包括以下九项。

一、调查商铺的档案

承租商铺之前，应当赴该商铺所在房地产交易中心进行产权调查，确认以下三个方面的重大信息：

（1）房屋的用途和土地用途，必须确保房屋的类型为商业用房性质、土地用途是非住宅性质方可承租作为商铺使用，否则，将面临无法注册营业执照以及非法使用房屋的风险。

（2）房屋权利人，以确保与房屋权利人或者由其他权利人签署租赁合同。

（3）房屋是否已经存有租赁登记信息，若已经存有租赁登记信息，新租赁合同无法办理登记手续，从而导致新承租人的租赁关系无法对抗第三人，也会影响新承租人顺利办出营业执照。

二、租赁费用

1. 免租装修期

商铺租赁中，免租装修期经常会出现在合同之中，主要是由于承租人在交房后需要对房屋进行装修，不能实际办公、营业，此种情形下，很多出租人同意不收取承租人装修期间的租金。但"免租装修期"非法律明确规定的概念，因此，在签订租赁合同时一定要明确约定免租装修期起止时间，免除支付的具体费用，一般情形下，只免除租金，实际使用房屋产生的水费、电费等还需按合同约定承担。

2. 租赁保证金（押金）

租赁保证金俗称"押金"，主要用于抵充承租人应当承担但未缴付的费用。因为商铺相应的电费、电话费、物业管理费等费用比较高，因此押金相对较高。

3. 税费

税费承担按照法律、法规、规章及其他规范性文件规定，出租或转租商铺的，出租人或转租人应当承担以下税费：

（1）出租：增值税及附加租金×11.11%；个人所得税所得部分×20%（所得部分为租金扣除维修费用，维修费用每次不超过 800 元）。土地使用税按房屋地段每平方米征收，具体以代征机关实际征收为准。

（2）转租：增值税及附加转租收入×11.11%；印花税为转租租金（总额）×0.1%。

在实践中，商铺租赁税费的缴纳比较多样，上述标准只是法定征收标准，不同区域或许存有不同的征收方法，具体可在签订商铺合同前咨询实际代征网点工作人员。

虽然上述税费的缴纳主体为出租人或转租人，但租赁合同中可以约定具体税金数额的承担人，此时，无论出租人和承租人都应当清楚商铺租赁的税费金额比较高，应当慎重考虑长期税费调整增加的费用后，再行约定具体承担人，不要被某些代征网点短期内较低的税率所迷惑。

三、办理相关证照的条件

承租商铺的目的在于开展商业经营活动，而商业经营活动首要条件就是必须合法取得营业执照，因此，在签订商铺租赁合同时，许多条款都要围绕着营业执照的办理来设置，主要涉及以下四个方面：

（1）原有租赁登记信息没有注销，导致新租赁合同无法办理租赁登记，从而导致无法及时办理营业执照；

（2）商铺上原本已经注册了营业执照，而该营业登记信息没有注销或者迁移，从而导致在同一个商铺上无法再次注册新的营业执照；

（3）房屋类型不是商业用房，从而无法进行商业经营活动，而导致无法注册营业执照；

（4）因出租人材料缺失而导致无法注册营业执照。

对于上述情形，可在合同中设定为出租人义务，并给予出租人合理宽限期，超过一定期限还无法解除妨碍的，应当承担相应的违约责任。

四、装修的处置

商铺租赁中，往往需要花费大额资金用于铺面装修，为了确保装修能够顺利进行，保障装修利益，在合同中应当注意三个问题：

（1）明确约定出租人是否同意承租人对商铺进行装修以及装修图纸或方案是否需要取得出租人同意等。若有特别的改建、搭建的，应当约定清楚，对于广告、店招位置也可约定清楚。

（2）解除合同的违约责任，不仅仅考虑违约金部分，因为违约金常常会约定等同于押金，数额不高，往往不及承租人的装修损失，因此，应当约定在此情形下，出租人除承担违约金外，还需要承担承租人所遭受的装修损失费用。

（3）明确租赁期满时，装修、添附的处置方式。

五、水/电/电话线等

因商铺经营的特殊性，对于水、电、电话线均可能有特殊需要，这些公共资源的供应又会受到各种因素影响，建议承租商铺前，应当先行考察是否满足使用需求，若不满足的，确定如何办理扩容或增量以及办理扩容或增量所需费用，并在合同中明确约定相关内容以及无法满足正常需求进行的情形下，承租人免责解除合同的权利。

六、租赁登记

租赁合同登记备案，属于合同备案登记性质，此登记的效力主要包括以下内容：

（1）登记与否不影响合同本身的生效，即使没有办理备案登记，合同依然在生效条件满足时就生效；

（2）经登记的案件，具有对抗第三人的法律效力，比如，若出租人将房屋出租给两个承租人，其中一个合同办理了租赁登记，另一个没有办理租赁登记，则房屋应当租赁给办理租赁登记的承租人，出租人并向没有租赁登记的承租人承担违约责任。

因此，建议及时赴该商铺所在地房地产交易中心办理租赁备案登记。另外，大多数地方的工商行政管理部门在办理营业执照时，均要求租赁合同经过租赁备案登记。

七、转租

商铺市场中经常会遇见许多"二房东""三房东"情形，这其中就存在转租的问题。俗称的"转租"其实涵盖了法律规定的两种变更方式"转租"和"承租权转让"，依法律规定，"转租"是指上手租赁关系不解除，本手在此建立租赁关系，而"承租权转让"是指上手租赁关系解除，新承租人直接替代原承租人与出租人（业主）建立租赁关系。在这两种形式下，需要注意以下问题：

（1）转租必须取得出租人书面同意，同样承租权转让中，解除原租赁合同和重新签订租赁合同，也需要征得出租人同意。

（2）原承租人往往向新承租人主张一笔补偿费，主要补偿装修损失等，此笔费用不属于法定承租人应承担费用，但法律亦没有明确禁止，因此，只要双方当时协商同意的，亦会受到法律保护。建议承租人在支付此笔费用时，应当考虑分批次与转租或承租权转让环节结合起来支付，以此降低资金风险，并可考虑将营业执照办理成功作为该笔费用退还或解除情形。

八、买卖与租赁

许多承租人经常担心承租商铺之后，业主将商铺出售了怎么办，其实，承租人完全无须担心此种风险，因为法律赋予了承租人两重特殊保护：

（1）出租人在出售时，承租人享有同等条件之下的优先购买权，即若承租人在等同于其他购买人的条件下主张购买该商铺的，则业主必须将该商铺出售给承租人，以此保障了承租人的使用利益。

（2）即使承租人不想购买承租商铺的，业主出售后，新的业主也应当履行租赁合同，否则，新业主应当承当租赁合同中的违约责任。

九、其他注意事项

在承租商铺之前，需要了解该商铺的商业规划和有关政策等，如果承租人将要经营的业态不符合相关的商业规划和有关政策，比如承租一个不可经营餐饮行业的房屋准备开设酒店，必将导致人力、财力的损失。在无法确定的情形下，承租人可以在租赁合同中特别约定相关事宜作为解约条件，以此避免遭受不必要的违约责任。

参考资料

租赁合同样本

甲方（出租方）：　　　　　　　身份证号：
乙方（承租方）：　　　　　　　身份证号：

根据国家相关法规及规定，甲乙双方本着平等、自愿、协商一致的原则，特制定本合同，以资共同遵守。

第一条：承租房屋位置、面积与用途

1.1 乙方承租甲方位于_____房屋，房屋建筑面积_____平方米。

1.2 上款所称房屋是指由甲方出租给乙方使用的场地、房屋及其配套设施。

第二条：租赁期限

2.1 租赁期限：_____年。自_____年_____月_____日起至_____年_____月_____日止。（甲方允许乙方提前进驻装修，时间为_____年_____月_____日至_____年_____月_____日，该期间不收取租金）

2.2 承租期满前两个月，若乙方希望继续承租，应书面告知甲方，在同等条件下甲方应优先考虑乙方的承租权利，经甲乙双方协商一致后办理续租手续，逾期告知视为放弃。

2.3 在合同履行期间，因不可抗力导致本合同租赁标的物灭失或不适于继续使用，本合同自发生不可抗力之日起自动终止。

第三条：租金及支付方式

3.1 每年租金额为：_____元人民币（￥）。

3.2 付款方式：自_____年起，每年_____月_____日前乙方向甲方支付一年房租。

第四条：履约保证金

4.1 乙方应于本合同签订同时缴纳履约保证金。

4.2 在本合同解除或终止时，乙方应依约退还房屋并结清各项费用。乙方若有欠款现象（包括但不限于：水电费、煤气费、应向甲方支付的款项等），甲方有权在履约保证金中扣除，履约保证金不足以支付上述欠款的，乙方应及时补足。若无任何欠款，甲方应在本合同终止后15天内，无息返还乙方履约保证金。

4.3 如因乙方原因而导致合同解除、终止的，甲方将不予返回履约保证金。

第五条：甲乙双方租赁该房屋的相关规定

5.1 在乙方如约支付租金的情况下，由甲方支付出租房屋的供暖费用。

5.2 乙方负责出租房屋内财产设施的保管和保险。

5.3 因不可抗力导致本合同无法履行，双方免责，并互相协助争取相应补偿。

第六条：房屋的装修和维护保养

6.1 甲方负责该房屋的建筑质量达到使用要求（不得漏雨，排水系统、电力供应及供暖系统完好等）。

6.2 乙方在足额支付第一年租金及履约保证金后即可进驻装修。乙方装修不得拆改主体结构，在地面、墙体及棚顶打钉、钻眼、加大荷载时不得损坏建筑的结构；乙方应爱护并合理使用房屋内设施。

第七条：违约责任

7.1 合同期内，乙方逾期支付租金，履约保证金等其他费用超过15天，甲方有权解除合同。

7.2 因乙方违约而导致甲方解除合同，已缴纳的房屋租金及履约保证金将不予返还。

7.3 双方在合同期内，因一方违约而导致合同解除，应向守约方支付合同总金额10%的违约金。

第八条：合同解除或终止后的处理

8.1 在本合同解除或终止时，乙方应十五日交还该房屋，并将存放的自有财产物资及时处置。如逾期不归还或未处置的财产物资，视为乙方同意甲方代为处置。

第九条：适用法律及争端解决

9.1 双方产生争端，应友好协商，互谅互让，协商不成，任何一方可向有管辖权的人民法院起诉。

第十条：通则

10.1 合同未尽事宜，经双方协商一致以书面形式补充约定，补充约定与本合同具有同等法律效力。

10.2 本合同由甲乙双方签字生效。本合同一式两份，甲乙双方各执一份。

甲方：　　　　　　　　　　乙方：

电话：　　　　　　　　　　电话：

　年　　月　　日

 项目实施

学习选址可以从下列六个方面的步骤展开，如图4-2所示。

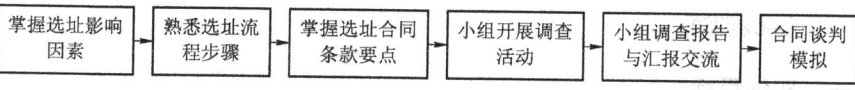

图4-2 选址的学习程序

在相关知识学习的基础上,通过选择一种类型的商铺进行客流量、客单价等调查,通过讨论分析,进一步了解哪些外因导致经营相似商品的商铺业绩表现不同,从而对选址要素产生感性认识。最后通过合同谈判模拟,增强谈判表达能力。其学习活动工单,如表4-2所示。

表4-2 选址的学习活动工单

学习小组			参考学时	
任务描述	通过相关知识的学习和实地调查分析,明确选址的影响因素,掌握一般性选址流程,熟悉零售企业选址步骤及合同谈判要点,从而全面理解和掌握选址的相关知识			
活动方案策划					
活动步骤	活动环节	记录内容		完成时间
现场调查	三家同类商铺客流量			
	客单价			
	顾客消费的原因			
资料搜集	选址成功的案例			
	选址失败的案例			
分析整理	选址影响因素			
	选址流程			
	选址合同			

项目总结

零售商进行了商圈分析,经过一轮的店面选择,为开设一家分店做好准备。本项目分析了商店选址的影响因素以及进行选址的流程与步骤,并对如何评估店面是否可行列出两种最简单易行的方法;最后通过租赁合同注意事项的介绍,帮助大家理清场地租赁中存在的风险。零售企业通过选址分析,帮助零售企业选出对目标顾客最便利、对零售企业盈利能力最大、风险最小的门店。

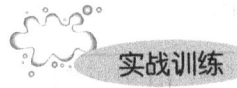
实战训练

一、实训目标

1. 通过实训能理解零售地点选择的影响因素。

2. 访问调查本地三家同类型零售门店，分析造成业绩差异的外因。

二、内容与要求

选择本地相同类型的三家商店进行实地调查。以实地观测、访谈调查为主，结合资料文献的查找，收集相关数据和图文。小组组织讨论，形成调查报告和班级交流汇报材料。

三、组织与实施

1. 以学习小组为单位进行实训，小组规模一般为4~6人，分组要注意小组成员的地域分布、知识技能、兴趣性格的互补性，合理分组，并定出小组长，由小组长协调工作。
2. 全体成员共同参与，分工协作完成任务，并组织讨论、交流。
3. 根据实训的调查报告和汇报情况，相互点评，进行实训成效评价。

四、评价与标准

实训评分指标与标准，如表4-3所示。

表4-3　选址效果调研实训评价评分表

评分标准＼评分等级＼评分指标	好（80~100分）	中（60~80分）	差（60分以下）	自评	组评	总评
项目实训准备（10分）	分工明确，能对实训内容事先进行精心准备	分工明确，能对实训内容进行准备，但不够充分	分工不够明确，事先无准备			
相关知识运用（30分）	能够熟练、自如地运用所学的知识进行分析	基本能够运用所学知识进行分析，分析基本准确，但不够充分	不能够运用所学知识分析实际			
实训报告质量（30分）	报告结构完整，论点正确，论据充分，分析准确、透彻	报告基本完整，能够根据实际情况进行分析	报告不完整，分析缺乏个人观点			
实训汇报情况（20分）	报告结构完整，逻辑性强，语言表达清晰，言简意赅，讲演形象好	报告结构基本完整，有一定的逻辑性，语言表达清晰，讲演形象较好	汇报材料组织一般，条理不强，讲演不够严谨			
学习实训态度（10分）	热情高，态度认真，能够出色地完成任务	有一定热情，基本能够完成任务	敷衍了事，不能完成任务			

一、名词解释
1. 营业额估算倒推法
2. 成本估算累加法

二、选择题
影响选址的核心要素包括（　　　）。
A. 商圈选择　　　　B. 目标顾客便利性　C. 物业条件　　　　D. 投资费用
E. 法律风险

三、简答题
1. 目标顾客的便利性选择体现在哪些方面？
2. 零售地点选择的步骤是什么？
3. 评估零售地点是否值得投资的方法有哪些？

四、能力训练题
通过网络收集数份租赁合同，列举租赁合同应关注的重点包括哪些？

项目五

店面规划与设计

 学习目标

1. 知识目标
◎ 掌握店面布局规划原则
◎ 理解"动线"的概念,并掌握通道设计的方法
◎ 了解照明、色彩、声音及气味的设计
◎ 了解门店其他要素的设计
2. 能力目标
◎ 能分析不同店面设计对顾客动向的影响

 项目引导

充分利用有限的场地资源,规划和设计卖场的整体布局,最大限度地提高每一平方面积产生的销售效益,最大限度吸引和方便顾客购买,方便店面营运和管理。其实,有效的商品陈列是从合理的卖场布局开始的。通过新颖、活泼、更具吸引力的布局设计来展示店面形象。科学合理地设计门店环境,对顾客、对企业自身都是十分重要的。这不仅有利于提高门店的营业效率和营业设施的使用率,还为顾客提供舒适的购物环境和视觉享受,使顾客乐于光顾购物,从而达到实现经济效益与社会效益的双重目的。

任务一 制定布局平面图

 任务分析

尽管在零售地点选择时会评估门店的建筑结构是否符合要求,但实际运作中很难找到十全十美的场地。当平面布局不恰当时就会产生许多"死角",导致该区域的坪效很低。当顾客进入门店后,经过什么线路完成整个购物过程对于客单价很有帮助。卖场设计之前,首先就需要了解顾客的动线,只有遵从并利用顾客

动线来设计卖场布局才能取得商场与顾客的双赢。其次，店面布局还要考虑各功能区的设置，例如仓库、收银台等，合理的功能区设置将让作业流程更加顺畅与便捷。

情境引入

浅谈超市平面布局设计？

年前接的一单超市平面布局设计，一共三层卖场，面积有12 000平方米左右，建筑本身不规则，设计不好会产生许多死角。客户方运营人员可能来自沃尔玛，有意沃尔玛风格的超市布局，我一般设计都是C4、大润发风格，一个美式超市，一个法式系统，如何把一个固定单梯上下不规则形状的建筑设计成动线流畅、商品过渡衔接自然的卖场，让我很费脑筋。

当初谈设计方案时，客户说电梯位置可以根据设计的需要设定位置，我和客户承揽设计合同签好后，客户物业方却不允许改变电梯位置，客户也无可奈何。设计交工时间10天，时间不等人，我也不能因为物业的问题耽误交工，超市布局设计只有从建筑本身现有条件来找方案了。

针对这个建筑做设计，前期需要了解一些超市周边交通、人口数量、顾客消费习惯、临近商圈和竞争对手等资料。因为接近春节了，我没有到客户所在地进行了解，是客户向我提供了这些具体情况，我也和客户运营人员在电话里做了详细的交谈，了解这家未来的超市经营理念和运营，对于运营人员谈到的具体要求一一笔记，在设计中这些都是要注意的问题。对于不是当地人的我无法了解当地的生活习惯经验，再加上没有和客户的交流沟通，一切设计都是纸上谈兵。

在了解了客户的详细要求后，我开始了设计的第一步，确定每层楼面的经营范围，楼面的经营商品决定了超市布局的动线和电梯的运动方向。经过楼层可利用面积计算和客户要求，确定一楼为外租区，把大小家电、手机、数码产品由超市内转到一楼开放式经营（因超市营业面积有限，这类商品也适合开放式经营）；二楼、三楼为超市。一楼主要经营高档化妆品、服装、金银珠宝、手机、数码产品、钟表眼镜，还有大小家电。

设计的第二步，规划一层经营各类商品面积和顾客流动动线。一楼的商品经营面积及通道的设计要根据商品本身的属性来布局，比如：大小家电属于同一属性的商品，需要归类在一个区域布局；化妆品属于高附加值商品，商家会针对既定的区域做精致的装修来体现化妆品本身，精细的装修区域当然是规划在显眼的位置。顾客流动动线要根据卖场指定进出入口及一层主要设计通道来设计，主要通道和各区块分隔通道一般要保持在3～4米。

设计的第三步，模拟建筑自带电梯的运行方向的几种可能性，确定二楼、三楼超市的入口和收银台位置，规划超市顾客流动动线。在超市布局设计中，这一步是至关重要的，它决定了超市在以后运行中客流是否可以顺畅、超市是否存在销售死角。在设计时需要把三层图纸打印出来，根据电梯上下方向制定出若干套电梯运行方案，根据方案确定几套可行的超市收银台和入口方案；确定好收银台和入口后在超市经营面积内规划顾客动线，同样需要两套以上动线方案；通过前期和客户交流沟通中的结果，筛选出超市的入口、收银台位置、客流动线最佳方案，作为下一步填充经营设备的框架。在设计动线时，主动线宽度根据超市面积大小在3~6米，品类之间宽度在2~4米，两排货架之间过道宽度与货架高度相等或过道宽度稍大、稍小于货架高度，不超过0.5米。

顾客由一楼上电梯进入二楼超市非食区，在非食区沿主动线自主到达二楼至三楼电梯口，对于超市底部动线未能到达区域，采用功能性商品区——洗化区引导顾客深入。三楼下二楼、二楼下一楼的电梯口周转处与超市营业区隔离出来。

设计的第四步，规划超市经营商品的区块面积及商品过渡衔接。前面我们已经规划好超市的主动线，这一步就要从主动线的入口一个区块一个区块地"填充"商品，下面几类商品主要靠超市周围布局，过渡衔接为图书音像—办公用品—大小家电—家用百货—休闲百货，主通道和收银台之间商品是季节性服饰—一般性服饰—针织床上用品—鞋类—洗化—酒水饮料—休闲食品—干杂调味—生鲜加工—日配等。商品区块经营面积的划分需要通过对商品有非常高的了解和对超市商品品类占比的熟悉才能完成，也可以让商品部提供超市商品品类占比来规划。在设计时要注意根据建筑本身特点取舍掉一些不适合超市营业的面积来做仓库，或对一些可利用边角规划出一个品类专属区域，变死角为流通。

二楼上到三楼后，沿动线到达超市底部，这个理论上是超市的死角，为了把这个区域流通起来，在规划设计时不使用高货架，而是规划设计为蔬果区、散货区、日配区，没有货架的遮挡，一目了然可以看到整个区域商品；而且蔬果区、散货区、日配区也是顾客每日生活必需品，到超市购物顾客基本都会到这个区域。在采购了生鲜、蔬菜后当然要买些酱油、醋等商品或小点心、零食等，这样把顾客又引导到休闲食品和杂货区，顾客购完所有商品，进入收银区买单出门。在收银台外靠电梯位置设有一排柜式出租区，销售一些小物件。另外，三楼下二楼电梯口也有一块300平方米外租区，不要小看了外租区，C4超市净利润的80%来自外租区！

这样基本一个超市布局设计雏形就完成了，剩余工作就是添加商品中分类和超市布局局部的细节修改，这样的工作需要和超市商品部协助完成，不过长期从事超市平面布局设计工作的设计师往往也能独立完成。超市布局局部细节修改都是设计师靠日积月累的设计经验来完成的，毕竟细节决定成败。

其实，超市布局设计并不是一个刚会CAD图纸制作的人就可以来做的，它是融合了超市运营、商品品类、商场运作及建筑学的综合设计。目前除了一些大型连锁超市有自己的设计部门外，一般的单店或小型连锁都没有自己的设计师，加上目前国内超市管理方往往重运营轻设计，超市布局设计及商品陈列设计一直是零售企业的短肋。这几年国内一大型国有零售超市在大力发展高端超市，所有设计全部出于一韩国设计公司，每家门店的设计费用都在 10 万人民币以上，2003 年上海昙花一现的某城市超市，每家超市商品陈列、布局、氛围设计等的费用达 30 万人民币，而国内此类的设计师又寥寥无几。零售业发展到一定阶段后，价格已经不是有些消费者选择购物的条件了，优雅、宽松的购物环境可能是零售业比拼的对象了。

（资料来源：http://wenku.baidu.com/view/29f9ccd33186bceb19e8bb44.html）

 知识学习

店面是供顾客选购商品的营业场所。店面布局最终应达到两个效果：第一是顾客与商家行动路线的有机结合，使顾客感到商品非常齐全并容易选择，有利于商家工作效率的提高；第二是创造舒适的购物环境。

在进行店面布局规划时遵循一定的逻辑顺序，首先，根据建筑结构来规划动线，在整体动线规划好的基础上，规划通道、功能区域。其次，根据对商圈消费者结构分析，做出各类别商品销售预估占比，结合预估销售占比和类别商品支数规划类别陈列面积。最后再安排各关联类别的布局。

一、根据建筑结构规划动线

1. 建筑结构是整个卖场布局设计规划的基础

零售店铺的建筑结构按楼层数可分为单层和多层；按形状可分为规则方形、圆形及不规则形；同时也能分为临街店铺或非临街店铺。不同的建筑结构对卖场布局规划有很大影响。单层、规则方形的建筑结构是最容易进行布局规划的。

（1）不规则建筑结构中的"死角"。建筑结构中从简单回形无法到达的部分均容易成为"死角"，直观来说，即如果把建筑结构图套用最大面积的一个方形或圆形后，多出来的部分就是常说的"死角"。"死角"一般会优先用于设计为非营业区域（加工区、仓库区、办公区、员工休息区等）；如果要设计为营业区域，则应该模拟顾客动线后，将该区域设计用来陈列购买频率不高但专属性较高的商品。

（2）多层建筑的电梯布局规划。

① 扶梯布局。商场的电梯部数、布局位置，要以有效疏散运载人流作为出发点；要避免电梯口的人流堵塞，电梯与过道衔接处的空间宽于过道，或有交叉过道；要引导顾客向上购物。

② 垂直电梯。货人分流：货梯与载人垂直电梯分开设置，实行有效的货流与人流的分流；专用通道设置：结合商场功能定位，避免行业经营冲突。

2. 商场动线可以分为三个部分：人的动线、车的动线、商品的动线

动线设计的好坏，是超市经营能力高低的基础，因此要树立重视动线的意识，如果单纯从布局调整的角度去分析和认识问题，显然不如动线角度分析来得透彻和深入。动线设计并没有固定的套路，只要一切从消费者的需求出发，使消费者购物、停车等均方便即可，越是规模大的超市，对动线设计能力要求越高。

动线设计必须尽可能简单、明了、单一化，不但可以节省人力物力、增加生产力，还可以降低损耗、提升营业利润。中国人口众多、流量大，客单价目前也比较低。动线的设计规划就显得更重要了。零售企业必须设计出有效率的购物动线，让顾客快速高效地回转。尤其是在销售旺季的节庆假日，良好的动线设计将能发挥出意想不到的功能。

（1）人的动线。人的动线包括顾客、厂商、员工、访客，从哪里进来、从哪里出去。顾客的动线尤其重要，必须标示清楚，让顾客由动线出入可以看到所有应该看到的商品，又不会给顾客一种被勉强的感觉，而是技巧性地引导顾客顺利自然地走完整个商场，没有任何阻碍与不方便，这才是最佳的动线设计。至于厂商、访客、员工的动线，只要考量到方便性与安全性即可，便于员工考勤的管理与厂商、访客的程序控制作业，一定可以达到避免人力浪费与防止损耗的特殊效果。

根据建筑结构不同，动线有许多形式，基本类型有 U 型（图 5-1）、L 型（图 5-2）、F 型（图 5-3）。

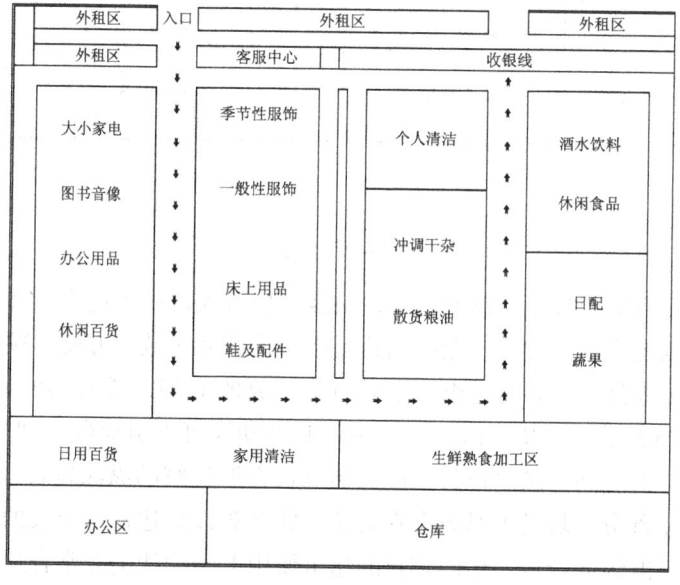

图 5-1　U 型

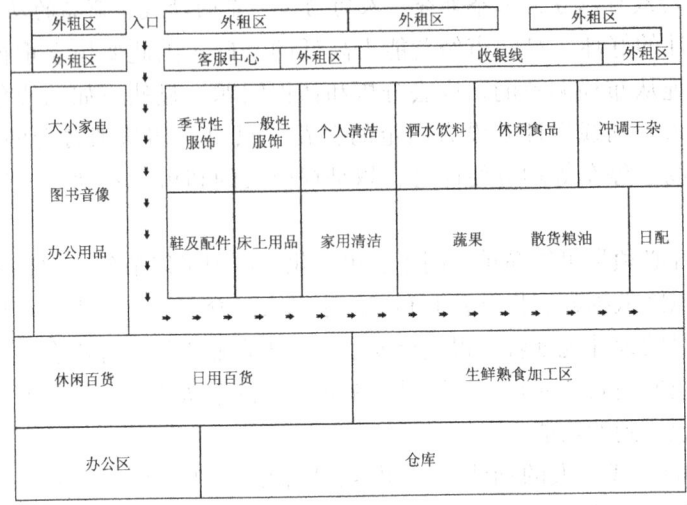

图 5-2 L 型

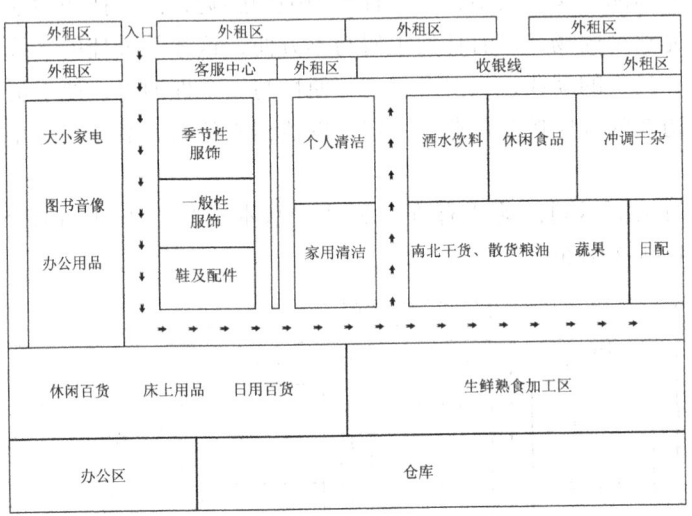

图 5-3 F 型

U 型动线适合方形或接近方形的超市，顾客从超市入口进入超市，在宽大的主通道指引下，就能自主按照设计路线到达超市每个商品区域，方便了顾客购买。

L 型动线适合长方形的超市，主通道是倒放的 L 型，长方形的超市横向长，一般很难把顾客引导到超市内部，而使用 L 型动线可以引导顾客到达超市内部，顾客停在店中的时间也随之拉长，但是如果长方形建筑的纵深较长，L 型动线的长 L 过道对于部分区域的商品就存在死角，顾客难以到达每一个长的过道，影响商品销售。一般纵向较浅、横向较长的超市使用 L 型动线会非常合适。

针对长方形超市的纵深问题，综合 U 型动线和 L 型动线的优点，设计出适合这类超市的 F 型动线。

顾客走在 F 型通道里，可以近距离到达任何一个过道和看到过道货架上陈列的商品，使超市里的商品更通透，让更多的顾客买到需要的商品。

（2）车的动线。车的动线包括顾客、厂商、访客和员工的交通工具，车从哪里进来，停放在哪里，再从哪里出去。设计的根本目的就是要保持行车的安全与畅通，提高车辆的回转率。各种行车方向的标示要一目了然，必要的时候还要增派交通指挥人员以迅速收回购物车。这样，不但可以维持停车场的交通秩序，还可以增加购物车的使用率，以此提高客单价，同时也将顾客服务做到最好。

（3）商品的动线。厂商送货的线路，货从哪里卸下来，从哪里送进商场，补货完毕之后又如何运回仓库；大型家电和运动器材在顾客购买之后又如何送至顾客家里；退货和维修商品收货后又如何转给厂商和维修店修理；鲜食收货运货路线中卫生清洁的考量，如垃圾废料、纸箱的收集及运出商场的路线；防损控制监督管理程序的运作路线，等等，都是动线规划设计的重点方向，若能妥善规划，不但可以提高商场的生产力，以保证运作顺畅无阻，还可以降低损耗，更好地服务顾客和供货商，建立起商场在人们心目中高效管理的良好形象。

二、通道及功能区设置

商店场地面积可分为营业面积、仓库面积和附属面积三部分。各部分面积划分的比例应视商店的经营规模、顾客流量、经营商品品种和经营范围等因素调整。合理分配商店的这三部分面积，保证商店经营的顺利进行，对各零售企业来说是至关重要的。一般门店的卖场面积与后场的办公、库房的比例是 4∶1。日本零售专家广池彦认为，超市卖场面积应占店铺总面积的 77% 左右，而后堂面积占 23% 左右。商品应尽量放在卖场之中，只是对热销商品才留有储存。通常情况下，商店面积的细分大致如下：

超市陈列"抓住"顾客购物欲

营业面积：陈列、销售商品面积，顾客占用面积（包括顾客更衣室、服务设施、楼梯、电梯、卫生间、用餐区、收银区、服务台等）。

仓库面积：店内仓库面积、仓库走道面积、食品加工区等。

附属面积：办公室、休息室、员工更衣室、存车处、员工食堂、员工通道、货梯、安全设施占用面积等。

1. 出入口设计

在设计店面出入口时，必须考虑店铺营业面积、客流量、地理位置、商品特点及安全管理等因素。如果设计不合理，就会造成人流拥挤或商品没有被顾客看完便到了出口，从而影响了销售。设计分出入口合并、出入口分开两种，一般营业面积较大的店面采取出入口分开的设计，而营业面积较小的店面则采取出入口合并的设计以降低人力成本与管理成本。

（1）门店入口。一般设在顾客流量大、交通方便的一边。入口设计一般在店铺的右侧，宽度不少于2米，因为根据行人一般靠右走的潜意识习惯，入店和出店的人不会在出入口处产生堵塞。通常入口较宽，出口相对较窄一些，入口比出口大约宽1/3。应根据出入口的位置来设计卖场通道及顾客流向。在入口处为顾客配置购物篮或购物车存放区，一般按高峰期客流量（买单数）÷平均购买时长的标准配置。

（2）门店出口。原则上出口必须与入口分开便于管理和防窃，出口通道应在1~1.5米。出口处设置收银台。按每小时通过50~60人的标准来设置1台收银台。出口附近可以设置一些单位价格不高，具有常用性的冲动性商品，供排队付款顾客选购。

2. 通道设置

超市的通道划分为主通道与副通道。主通道是诱导顾客行动的主线，而副通道是指顾客在店内移动的支流。超市内主副通道的设置不是根据顾客的随意走动来设计的，而是根据超市内商品的配置位置与陈列来设计的。良好的通道设置，就是引导顾客按设计的自然走向，走向卖场的每一个角落，接触所有商品，使卖场空间得到最有效的利用。

（1）通道设置的基本原则。

① 足够宽。能保证顾客提着购物筐或推着购物车顺利通过，避免过于拥挤或者容易让顾客碰到陈列架。无论是主通道还是副通道，都要宽阔敞亮，方便更多顾客的流动。表5-1给出了超市通道宽度设定值。

表5-1 超市通道宽度设定值

单层卖场面积/平方米	主通道宽度/米	副通道宽度/米
300	1.8	1.3
1 000	2.1	1.4
1 500	2.7	1.5
2 500	3.0	1.6
>6 000	4.0	3.0

对大型综合超市和仓储式商场来说，为了方便更大顾客容量的流动，其主通道和副通道的宽度可以基本保持一致。同时，也应适当放宽收银台周围通道的宽度，以保证最易形成顾客排队的收银处通畅性。

两排货架之间也会形成通道，货架间的通道最小宽度不能小于90厘米，即2个成年人能够同向或逆向通过（成年人的平均肩宽为45厘米）。但货架间通道也不能过宽，否则容易引导顾客只选择单侧商品；而通道过窄，则使购物空间显得压抑，影响到顾客走动的舒适性，产生拥挤感。

② 笔直。通道设计应尽可能直而长，尽量减少弯道和隔断，使顾客不易产生疲劳、厌烦感，潜意识地延长店内逗留时间。尽可能避免迷宫式布局，采取笔直的单向设计或按照货架的排列方式设计，通道途中拐弯的地方少。在顾客购物过程中尽可能依货架排列方式，将商品以不重复、顾客不回头走的设计方式布局。如美国连锁超市经营中20世纪80年代形成了标准长度为18～24米的商品陈列线，日本超市的商品陈列线相对较短，一般为12～13米。这种陈列线长短的差异，反映了不同规模面积的超市在布局上的要求。采用此种布局方式，可以有效地利用门店面积，能陈列较多商品。

③ 没有障碍物。发挥通道引导顾客多走、多看、多买商品的作用。通道应避免死角，通道内尽量不陈设、摆放与陈列商品或促销无关的器具、设备，以免阻断通道，让顾客感到不适，最终放弃购买意图。考虑顾客视觉上的通透感，让顾客通过简单的浏览，即了解全店所售品项。

④ 平坦。通道地面平坦，减少错位的衔接，避免顾客因行走不便而带来情绪上的影响。

⑤ 专属性。避免顾客动线与门店员工动线交叉，从而增加不安全因素并容易导致堵塞。

（2）通道类型：直线式通道、回型式通道。

① 直线式通道。直线式通道也被称为单向通道。这种通道的起点是连锁店的入口，终点是连锁店铺的收银台。顾客依照货架排列的方向单向购物，以商品陈列不重复、顾客不回头为设计特点，它使顾客在最短的线路内完成商品购买行为，图5-4就是一条典型的直线式通道。

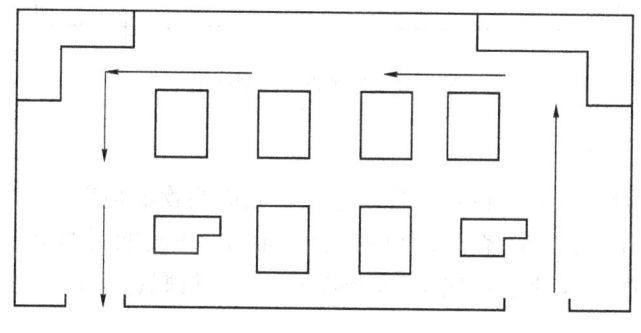

图5-4　典型的直线式通道

② 回型式通道。回型式通道又称环型通道，通道布局以流畅的圆形或椭圆形按从右到左的方向环绕店铺的整个卖场，使顾客依次浏览商品，购买商品。在实际运用中，回型通道又分为大回型和小回型两种线路模型。

a. 大回型通道。这种通道适合于营业面积在1 600平方米以上的连锁店铺，顾客进入卖场后，从一边沿四周回型浏览后再进入中间的货架。它要求卖场内一侧的货位一通到底，中间没有穿行的路口，具体如图5-5所示。

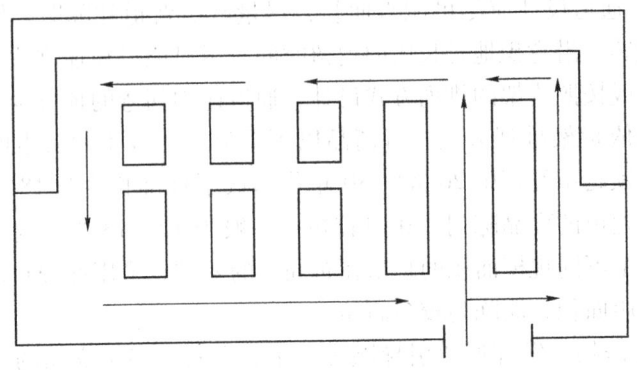

图 5-5 大回型通道

b. 小回型通道。它适用于营业面积在 1 600 平方米以下的连锁店铺。顾客进入连锁店铺卖场，沿一侧前行，不必走到头，就可以很容易地进入中间货位。图 5-6 就是一条典型的小回型通道。

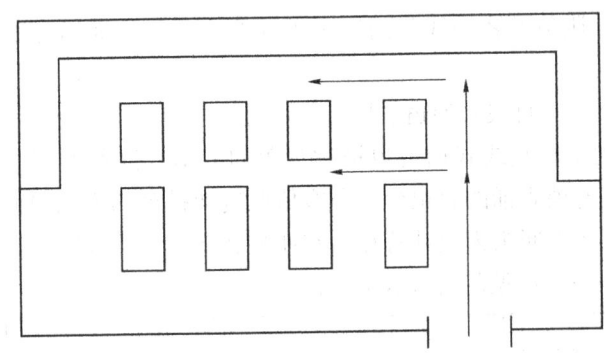

图 5-6 典型的小回型通道

3. 功能区设置

（1）收银台及服务台设置。收银是顾客完成购物的最后一个环节。合理的数量与高效动作的收银设备，是使顾客满意而归、重复购买的决定性因素之一。收银机的合理配置数量与销售额、卖场面积、收银员职责及工作效率都有密切的关系。

① 收银台。结账通道（出口）可根据店铺规模大小设置，然后根据营业规模的预测分别在每个通道配置 1~4 台收银机。在条件允许的情况下，还可以设置一条"无购物通道"，作为无购物顾客的专门通道，以免造成拥挤。一般而言，顾客等待付款结算的时间不能超 8 分钟，否则会产生烦躁的情绪。可设置快速"黄金通道"，专门为购买单品不超过 3 件的顾客服务，以加速顾客缴款速度。通道宽度一般设计为 0.9~1.2 米，这是使得两位顾客可正常通过的最佳尺寸，一般长度为 6 米，即扣除收银台本身约 2 米长度之外，收银台与最近的货架之间

的距离至少应该有 4 米以上，以保证有足够的空间让等候的顾客排队。

② 服务台。一般设置在连锁店铺的出口或入口附近。用于派发赠品、退换货、开发票、解决顾客投诉、寄存大件物品等。部分中小型连锁店的服务台还承载销售贵重商品的功能。为了更好地实现服务台的功能且节约空间，一般服务台面积在 10 平方米以内，以狭长型设计为主。服务台内的存放空间需通过合理设计得以充分利用。

③ 存包处。一般设置在连锁店铺的入口。顾客进入连锁店铺时，首先存包领牌，完成购物以后再凭牌取包。现在有些大型零售店铺中，配有顾客自助式的存包处，顾客自己取存柜钥匙/密码，自己存包，减少了等待时间。此外还有投币式自助存包、红外线指纹识别存包等形式。不过现在有些店铺存包设施设计得太少，在节假日人多时，存包的箱子不够用；有的设计的存包箱子太小，如果带较大的东西就没法存放，或者客户在购物后再想购物时，前面所购之物就没法进行存放，这些都是存包设施不足造成的。

(2) 收货区、仓库及办公区域设置。

① 收货区。收货区包括收货办公室、收货平台、收货通道及货梯等部分。因为要利用货梯作垂直运输，一般均将大件家电提货、纸箱间、垃圾间也布置在收货区内。由于收货区车辆出入频繁，要安排好车辆进出作业的足够场地和交通流线的畅通，特别是要对送货车安排有排队等候的场地和进出收货间的车辆回转场地。一般要求有 15 米×15 米回车场地。

收货区工作程序决定供应商及货物动线：货车进场→送货单交收货办公室核验→收货平台卸货→清点验收→收货通道等候→货梯→各层仓库。

收货办公室设置：收货办公室是收货区的管理部门，又是直接指挥收卸货物的运作机构，必须布置在紧邻卸货车位旁，既要能够方便送货单据的接收，又要能直接观察到收货平台卸货收货情况，便于指挥调度送货车的运作。

收货办公室面积大约为 15 平方米。收货办公室需要在两个侧面开窗，一个侧面开窗面对室外送货车道，是收取送货单据的地方，在窗上设置接收口投递送货单据。这里要特别注意窗台的标高，因为窗外是室外地面或道路，一般需要在室外一侧加设台阶。另一个侧面开窗面对收货平台，安装固定窗扇用于观察收货运作情况。两个侧面窗口均需要安装不锈钢防盗格栅。

收货办公室应独立设计分体空调，因为收货工作时间与大卖场营业时间并不同步，便于灵活操作。同时还要配置电话、电脑，电脑与办公区电脑联网，随时将收货数据传输给电脑室。

收货平台类型：大型货柜车收货平台、中小型货车收货平台。

大小设计：收货平台宽度尺寸决定于卸货车位尺寸。我国现行的轻型货车宽度为 1.8～2.2 米，长度为 6～7 米；大中型货车宽度为 2.5 米左右，长度在 8.5 米左右，个别加长车能达到 11 米。一个卸货车位的尺寸应该在 3.5 米×（8～9

米）左右。

标高：我国标准的装卸站台高度是 1.1 米，这是以大型货车为基准，以保持站台面与车厢底面基本持平，便于装卸车辆直接进出操作。

货梯：货梯一般选用载重量为 3 吨的货梯。由于运送大件家电（例如电冰箱）等需要，货梯门洞口高度要选有 2.4 米高（一般有 2.1 米和 2.4 米两种）。基坑底部要有排水系统（设置集水坑和潜水泵），以保证冲洗电梯排水要求。

② 仓库区。设计仓库布局，要达到的结果包括两方面，第一，满足销售商品储存的需要；第二，使日常作业过程经济与高效。

仓库布局图设计主要包括以下内容：一是与营业场地各类别商品有机结合，设定合理货物动线；二是在保证营业区最优结构的基础上设定仓库面积；三是预设各类别商品存放空间，确定面积、长、宽、高；四是货架类型选择与布局。

除做好商品陈列布局外，在设计仓库时还应关注通道宽度需保持一定要求，例如有存放卡板的仓库通道至少能通过一个卡板位；其他区域通道至少要保持能通过一辆平板小推车。同时还需要关注其他工具存放地点的确定，比如叉车、梯子等。

③ 办公区。一般办公区是越小越好，一方面可以节约更多的空间给到售货区和存货区，另一方面可以推动员工到售货区工作。为此办公区的设计重点考虑功能性和空间的利用。像沃尔玛，一般包括店长在内的所有管理层（5~7 名）只在一个大约 15 平方米的空间内办公。沿着墙边搭出一圈靠墙桌子，墙面上方架起层层存放文件的隔层。

因为办公区有时会接待供应商或其他访客，并且存有一些商业数据，所以办公区域最好相对独立。

三、根据顾客结构预估各类别销售占比，规划类别陈列面积

营业面积规划时，很重要的一个环节就是各类商品的陈列面积分配。陈列面积分配根据卖场面积、商品分类，计算出卖场摆放多少货架，确定能够摆放货架的总长度，即把所有货架相加，再根据历史销售额、销售占比等销售数据划分该类商品所占货架空间的比例。在规划商品货位分布时，一般应注意以下六个问题：

1. 交易次数频繁

挑选性不强、色彩造型艳丽美观的商品类别，适宜设在出入口处。如化妆品、日用品等类别放在入口，使顾客进门便能购买。某些特色商品布置在入口处，也能起到吸引顾客、扩大销售的作用。贵重商品、技术构造复杂的商品以及交易次数少、选择性强的商品，适宜设置在多层建筑的高层或单层建筑的深处。

2. 商品关联性

关联类别可邻近摆放，相互衔接，充分便利选购，促进连带销售。如将妇女用品和儿童用品邻近摆放，将西服与领带邻近摆放。

3. 商品性能和特点

按照商品性能和特点来设置货位，如把互有影响的类别分开摆放，将异味商品、食品、试音、试影像商品单独隔离成相对封闭的售货单元，有效减少营业厅内的噪声，集中顾客的注意力。将冲动性购买的类别摆放在明显位置以吸引顾客，或在收款台附近摆放些小商品或时令商品，顾客在等待结算时可随机购买一两件。

4. 分流客流量

可将客流量大的商品类别与客流量较少的商品类别相邻摆放，借以缓解客流量过于集中的情况，并可诱发顾客对后者的连带浏览，增加购买机会。

5. 购买习惯

按照顾客的行走规律摆放货位。我国消费者行走习惯为逆时针方向，即进商店后，自右向左观看浏览，可将连带商品顺序排列，以方便顾客购买。

6. 操作便捷性

选择货位还应考虑是否方便搬运卸货，如体积笨重、销售量大、补货频繁的商品应尽量设置在储存场所附近。

另外，多楼层商店将生鲜商品及散装五谷杂粮等类别设置在出口层。而入口层多设置有家电、化妆品、服装等非食品类别。由于各个商场的经营状况不同，在实际操作中可根据客观条件和市场变化情况予以适当变化，突出商店的布局特色。

根据预估客流与客单价测算出营业额，倒推出合理的自营面积后，其余面积可用于对外租赁。商场租赁铺位布局必须考虑到经营商家的实用性与合理性，同时更要兼顾到独立铺位与整体商场的协调性与互动性。人性化设计，使消费者的消费过程显得更加自然顺畅和轻松愉快，购物方便且不易疲劳。

任务二　装修设计

任务分析

店面设计好比家里装修房子，通过任务一的学习大家学会了如何合理地将一个空间分割成客厅、厨房、卧室等。空间分割后就需要进行精装修。本任务将教会大家如何通过灯光、色彩等元素将店面整体形象上升一个台阶。

> 情境引入

从"沙县小吃"到"淳百味"

相信90%以上的福建人都听过沙县小吃,至少50%以上福建人都吃过沙县小吃。提到沙县小吃大家津津乐道的首先是拌面和扁肉,但说到沙县小吃的装修与环境相信大家就没有太多兴趣谈论了。

福州市淳百味餐饮管理有限公司于2010年12月成立于福州,它的出现很快得到福州人的认可。食品品味没有特别优于其他沙县小吃店的地方,但它在店面装修上体现了温馨、功能性强的特点,让每一位就食者心甘情愿多掏40%以上的钱来消费。

 知识学习

门店装修设计首先关注的是使用功能,特别是暖通、电路、排水等的设计需要符合运营需求。其次是针对外招、店内灯光等顾客能直观看到的部分。同时,为保证安全性,还需要考虑监控设备安装。

一、暖通及电路设计

超市售货区域较大,人流量也相对较大,为保证采光和商品宣传需要,各种照明设备较多且发热值高(如投射灯、卤素灯等),导致照明负荷很大。因此做好售货区内的通风很重要。送风口一般设于通道和仓储货架间的上方,这样既避开了货架遮挡影响气流,又能使人流集中的地方较为舒适。由于办公时间较营业时间提前或滞后,一般办公场所和营业场所空调、通风设备分开设置,既满足员工及顾客的舒适需要,又节能节电。

水产肉类区、面包熟食加工区、皮具区(皮鞋、皮包等)应加大排风量,防止气味扩散以提高超市空气的舒适度。由于超市中油烟管路使油污积淀起火概率多,在设计时应考虑维修清洗的方便性。超市电路设计需要根据平面图中的功能区设定,充分考虑电压需求及插座需求。

二、外观设计

外观设计是企业外部形象,是卖场建设的重要组成部分,是静止的街头广告,也是吸引顾客的一种促销手段。好的外观设计对消费者有效地识别,对美化卖场的环境起着重要作用。它主要包括建筑物结构、招牌标志、橱窗、入口、停车场等。

1. 店面外观类型

就超级市场店面的外观类型来讲，都属于一种全开放型的，即商店面向公路一边全开放。因为购买食品、水果等日用品，顾客并不十分关心陈列橱窗，而希望直接见到商品和价格，所以不必设置陈列橱窗，而多设开放入口，使顾客出入商店没有任何障碍，可以自由地出入。前面的陈列柜台也要做得低一些，使顾客从街上很容易能够看到商店内部和商品。

2. 店面名称

商店的名称不仅仅是一个代号，它是外观形象的重要组成部分。从一定程度上讲，好的店名能快速地把企业的经营理念传播给消费者，增强企业的感染力，进而带来的是更多的财源。命名一般遵循以下四个原则：

第一，要体现个性和独特性。具有独特的个性，有自己的特色，才能给人留下深刻的印象，才能使人容易识别。

第二，要含有寓意。名称不但要与其经营理念、活动识别相统一，符合和反映企业理念的内容，而且要体现企业的服务宗旨、商品形象，使人看到或听到企业的名称就能感受到企业的经营理念，就能产生愉快的联想，对商店产生好感。这样有助于企业树立良好的形象。

第三，要简洁明快。名称简洁明快则消费者易读易记，容易和消费者进行信息交流。这就要求在名称设计时，必须要响亮，易于上口，有节奏感，这样也就有了传播力。

第四，要做到规范。命名必须要做到规范，应尽量向国际惯例靠拢，力求规范统一。同时，要及时对其名称进行注册，以求得法律的保护。

3. 招牌标志

招牌标志作为一个企业的象征，具有很强的指示与引导的作用。顾客对于一个企业的认识，往往是从接触招牌开始的。它是传播企业形象、扩大知名度、美化环境的一种有效手段和工具。招牌一般包括名称、标志、标准特色、营业时间等。

招牌标志的主要类型包括：① 广告塔，即在门店的建筑顶部竖立广告牌，以吸引消费者，宣传自己的店铺。② 横置招牌，即装在门店入口上方的招牌，这是超级市场的主力招牌。③ 壁面招牌，即放置在入口两侧的墙壁上，把经营的内容传达给过往行人的招牌。④ 立式招牌，即放置在出入口人行道上的招牌，用来增强门店对行人的吸引力。⑤ 遮幕式招牌，即在遮阳篷上施以文字、图案，使其成为超级市场招牌。

招牌设计的基本原则是：

第一，色彩运用要温馨明亮、醒目突出。消费者对于招牌的识别往往是先从色彩开始再过渡到内容的。所以招牌的色彩在客观上起着吸引消费者的巨大作用。因此，要求色彩选择上应做到温馨明亮，而且醒目突出，使消费者

超市门头竟然这么讲究！

过目不忘。一般应采用暖色或中色调颜色，如红、黄、橙、绿等色，同时还要注意各色彩之间的恰当搭配。

第二，内容表达要做到简洁突出。招牌的内容必须做到简明扼要，让消费者容易记住，这样才能达到良好交流的目的。同时，字的大小要考虑中远距离的传达效果，具有良好的可视度及传播效果。

第三，材质选择要耐久、耐用。在各种材质的选择中，要注意充分展示全天候的、不同的气候环境中的视觉识别效果，使其发挥更大的效能。这就要求招牌必须使用耐久、耐用，而且具有抗风性能的坚固材料。

三、橱窗设计

橱窗作为商品陈列宣传的重要手段，对于门店展示其经营类别、推销商品、吸引消费者购买具有重大意义。

1. 橱窗主要有五种类型

（1）综合式橱窗。这种橱窗是将许多联系不是很紧密的商品同时摆放在一个橱窗里，通过巧妙设计，以组成一个完整的橱窗广告。这种橱窗的设计一定要注意避免出现"杂乱"的现象。

（2）专题式橱窗。这是以一个特定专题为中心，围绕某一特定事件，组织各部门针对不同类型的商品进行陈列、展示，向消费者传达一个诉求主题。一般有节日陈列、事件陈列和场景陈列等形式。

（3）系列式橱窗。就是在一个面积较大的橱窗里，摆放一系列的各类商品，既可以是同质同类的，也可以是不同质不同类的，主要为大中型超级市场所使用。

（4）特写式橱窗。就是运用特定的艺术手法，采用特写的方式，在一个橱窗专门集中介绍某一种或某一类商品。

（5）季节式橱窗。主要是依四季变化在橱窗里摆放相应的商品。当然，这不是固定不变的，偶尔搞一次反季节商品橱窗展示，有时也会收到很好的效果。

2. 橱窗的主要设计要点

（1）橱窗原则上要面向客流量大的方向。

（2）橱窗采用封闭式的形式，与商品整体建筑和店面相适应，既美观，又便于管理商品。

（3）为了确保收到良好的宣传效果，橱窗的高度要保证成年人的眼睛能够清晰地平视到，一般要保持在80～130厘米。小型商品可以提高一点，从100厘米高的地方开始陈列，大型商品则摆低一点，根据自身的高度相应调整。

（4）道具的使用越隐蔽越好。

（5）灯光的使用，一是越隐蔽越好，二是色彩需要柔和，避免使用过于复杂、鲜艳的灯光。

（6）背景形状一般要求大而完整、单纯，避免小而复杂的烦琐装饰，颜色要尽量用明度高、纯度低的统一色调，即明快的调和色。

四、停车场设计

停车场设计要便于顾客停车后便利地进入超级市场，购物后又能轻松地将商品转移到车上，这是对停车场设计的总体要求。停车场通常要邻近路边，易于进出，入口外的通路要与场内通路自然相接，场内主干和支干通路宽度以能让技术不十分熟练的驾驶者安全地开动车辆为宜，步行道要朝向商店，场院内地面应有停车、行驶方向等指示性标志，主停车场与商店入口应在180度范围内，便于顾客一下车就能看到商店。

在设计停车场的同时，还可以根据需求设置自行车存放位置。其规模大小要通过调查，根据日客流量及顾客使用各种交通工具的比率等各种因素来确定。

五、卖场照明

卖场内部环境的美化与装饰可以增加其整体的吸引力，使顾客在优雅的购物环境中流连忘返，购买自己满意的商品。同时也有利于减轻工作人员的疲劳度，提高劳动效率。

卖场内部照明的目的是正确地传达商品信息，展现商品的魅力，吸引顾客进入卖场，达到促销的目的。一般来说，卖场的照明设计主要有两种：一是向目标顾客传输商品信息的"商品照明"；二是营造良好购物气氛，增强陈列效果的"环境照明"。

从照明学上讲，商品照明应为环境照明的2~4倍，这样才能提高商品吸引顾客的效果。一般来说，白炽灯的光耀眼而又显得热烈，荧光灯的光柔和。所以灯光的使用要因地制宜，一般两者并用为好。从商品的色彩看，冷色（青、紫等）用荧光灯较好，暖色（黄、橙等）用白炽灯更能突出商品色彩的鲜艳。服装店、化妆品店、鞋店、蔬菜水果店等用白炽灯和聚光灯，对突出商品的色彩、创造热烈的气氛效果理想，此时用荧光灯效果要差些。

1. 卖场照明类型

对于卖场而言，经常按照基本照明、重点照明和装饰照明三种照明来具体设计卖场照明。

（1）基本照明。基本照明是确保整个卖场获得一定的能见度，方便顾客选购商品和工作人员办公而进行的照明。基本照明主要用来均匀地照亮整个卖场。例如，天花板上的荧光灯、吊灯、吸顶灯就是基本照明。基本照明用来营造一个整洁宁静、光线适宜的购物环境。一般来讲，自然光是最好的基本照明，它对人眼没有任何刺激，又可以展现商品的本色和原貌。

(2) 重点照明。重点照明也称为商品照明，它是为了突出商品优异的品质，增强商品的吸引力而设置的照明。常见的重点照明有珠宝首饰上的聚光照明、陈列器具内的照明以及悬挂的白炽灯。在设计重点照明时，要将光线集中在商品上，使商品看起来有一定的视觉效果。在卖场里，食品尤其是烧烤及熟食类应该用带红灯罩的灯具照明，以增强食品的诱惑力。

(3) 装饰照明。装饰照明是卖场为求得装饰效果或强调重点销售区域而设置的照明。一般主要指装饰商店内外的灯光照明，在节假日或其他一些重要日子里，显得尤为壮观，平时一些大中型商店在夜间也天天使用。装饰照明常是超市塑造其视觉形象的一种有效手段，被广泛地用于表现企业的独特个性。常见的装饰照明有：霓虹灯、弧形灯、枝形吊灯以及连续性的闪烁灯，等等。

2. 卖场不同区域的照明要求和效果

(1) 卖场不同区域的照明要求。在设计超级市场的照明时，并不是越明亮越好。在超级市场的不同区域，如橱窗、重点商品陈列区、通道、一般展示区等，其照明光的照度是不同的。具体要求如下：

① 普通走廊、通道和仓库，照度为100~200勒克斯。

② 卖场内一般照明、一般性的展示以及商谈区，照度为500勒克斯。

③ 店面和卖场内重点陈列品、POP广告、商品广告、展示品、重点展示区、商品陈列橱柜等，照度为2 000勒克斯。其中对重点商品的局部照明，照度最好为普遍照明度的3倍。

④ 橱窗的最重点部分，即白天面向街面的橱窗，照度为5 000勒克斯。

表5-2给出了照明设计中的有关术语。

表5-2 照明设计中的有关术语

术语名称	定义	单位名称	具体含义
光束	光的通量	流明（lm）	光源整体的亮度
光度	光的强度	坎德拉（cd）	光源指向地时，光的反射强度
辉度	光辉	坎德拉每平方米（cd/m^2）	光源周围1平方米的光的强度
照度	场所的明亮度	勒克斯（lx）	1平方米所照的光亮，100瓦的白炽灯的正下方距离处的亮度为100勒克斯
光束发散度	物的明亮度	拉多勒克斯（rlx）	每平方米发散的光量

（资料来源：[日] 商店建筑社：《商业建筑企画资料集成》，1996年出版。）

（2）不同位置的光源所产生的照明效果。从外上方照射的光，这种光线下的商品，像在阳光下一样，表现出极其自然的气氛。从正上方照射的光，可以制造一种非常特异的神秘气氛。高档、高价产品常采用这种光源。从正后方照射的光，在这种光线照射下，商品的轮廓十分鲜明，于强调商品外形时采用，在离窗户距离较远的地方也应采用这种光源。从正前方照射的光，在这种光线的照射下，顾客不可能正面平视商品。如果正面平视商品，就会挡住光源，在商品上留下影子。因此，这种光线不能起到强调商品的作用。从正下方照射的光，能够造成一种受逼迫的、具有危机感的气氛，电影、电视就用从下面向上打光的方法表现恐怖，因此卖场内一般不会采用。

以上各种光源的位置，对于商品照明来说，会产生不同的效果和气氛，其中最为理想的是"斜上方"和"正上方"的光源，使用这种光源照明可以收到满意的销售效果。

需要注意的是，有时仅仅变换照明器具就可创造出完全不同的气氛，所以对旧灯具要善于常换常新。例如，更换一个壁灯，改变一个吊灯灯伞的颜色，都可以表现出商店与过去完全不同的气氛。

通道上的照度比卖场明亮，通常通道上的照度起码要达到1 000勒克斯，尤其是主通道，相对空间比较大，是客流量最大、利用率最高的地方。要充分考虑到顾客走动的舒适性和非拥挤感。

卖场照明的要求：勒克斯（lx）即1平方米所照的光亮，例如100瓦的白炽灯的正下方距离处的亮度为100勒克斯。在设计卖场照明时，并非越亮越好。具体要求如下：售货现场是消费者活动的公共场所，保持售货现场内光线充足，为消费者创造一个舒适的购物环境，对零售企业卖场设计来说，是很重要也是很必要的。售货现场的采光来源有自然采光和人工采光两种，可以相互结合利用。

灯光应适用纯白日光灯，因为日光灯的照度最为均衡。能够还原商品的原始色彩。日光灯应安装在购物通道上方，距离货架的高度约等于购物通道宽度的一半。灯管的排列走向应与货架排列一致，保证能够从正面直接照射到商品。通道照度为100～200勒克斯。卖场内一般照明、一般性展示的照度为500勒克斯。店面和卖场内重点商品、POP广告、展示品、重点展示区、商品陈列橱柜等的照度为2 000勒克斯，其中对重点商品的局部照明，照度最好为普通照度的三倍。在营业场所最里面或边角的地方，照度要求略高，一般要求照度在1 500勒克斯以上，保证店内光线始终高于室外光线，使门店对行人有足够的视觉吸引力。

灯光不仅起照明作用，还起装饰美化作用。适宜的灯光，不仅可以带来视觉美感，而且还可以创造迷人的气氛，刺激顾客的购买欲望。色彩亮度适宜的灯光，可以吸引顾客的注意力，准确地辨别商品，加快购买决定。超市在进行灯光配备时，应注意以下问题：

① 选择恰当的照度。超市不是高级专业商店，不必用五颜六色的灯光创造

华丽气氛，只需要明亮和舒适即可。

② 调整合适的色彩。色彩对于人们的心理有一定的暗示作用，灯光不仅可以形成色彩，也可以改变商品包装的色彩，通过商品包装色彩的合理搭配，能有效地改善顾客的购物心情，促成顾客完成购买。

六、色彩与装修风格

色彩是组成卖场环境的一个重要方面。一种爽目、洁净的色调能给消费者以良好的购物感觉，心情舒畅地进行购物活动；反之，暗淡、昏冷的色调会赶走客源，从而无法实现企业的经营目标。

超市灯光案例专家解析

研究表明：人观察物体的色彩时，物体的背景色感应为物体颜色的衬色，以使人的眼睛获得休息和平衡。例如，当肉品货柜背景色彩偏红时，肉色给人的感觉就不那么新鲜；如改成淡蓝色或草绿色，肉就会显得新鲜红润。因此，在陈列着大量色彩纷呈商品的超市营业空间中，环境色彩应尽量采用中性色，突出衬托的商品，并可防止出现因补色而改变商品色感的现象。对作为休息、逗留、观赏的共享空间，可采用强烈、欢快的色彩基调，造成热烈、亲切宜人的气氛效果，以激起顾客兴奋活跃的心情。但过分对比的色彩也易令人疲劳，故在具体处理时，对于大面积的运用应慎重考虑。

七、监控设计

超市内安装闭路电视监控系统，不仅可以看到顾客的购物情况，还可以提早发现犯罪分子，并可进行录像以作为证据；对那些有不良企图的人们也起到一定的威慑作用。尤其在收银台上方装一部摄像机，不仅可以观察顾客付款情况，还可以监督收银员的工作情况，杜绝财务上面的漏洞。

布防点设计要求能够覆盖整个超市，超市内所有人员的活动情况都可尽收眼底。摄像机尽量用彩色的，以提供较好的画面质量，外观最好选择半球型防护罩，这样不但具有隐蔽性，美观大方，又不破坏商场内的整体布局。

任务三　货架设计

 任务分析

开发商"精装修房"拿到手后，需要进行家具、电器等软装了。合理、新颖的货架能更有效、安全地陈列与展示商品。通过特殊的货架实现与卖场建筑环境的无缝配合。品味与风格往往在货架设计上得以体现。

情境引入

家乐福的陈列货架图片

家乐福的陈列货架承袭了法式的浪漫，各类货架富有变化性，如图5-7所示。

图5-7 家乐福的陈列货架

知识学习

超市货架除具有存储功能外，另一重要的功能即是展示作用。它的高度通常以人的身高为设计依据，所以大多数超市货架更侧重于3米以下结构设计。

一、常规陈列设备

针对不同的商品类型需要运用不同的陈列设备，以便更安全地陈列、更全面地展示各类商品。例如，陈列超重商品时一般会选择重型货架来陈列，而儿童玩具则会选择水平视线带展示柜的货架进行陈列。另外还需注意，到超市购物的人以家庭主妇为主，资料统计，我国女性平均身高在1.6米左右，产品陈列过高显然不适合她们。例如易初莲花最高的货架只有1.8米左右，沃尔玛最高为2.5米。

1. 生鲜类

(1) 蔬菜、水果陈列台。蔬菜、水果陈列台一般以斜式陈列为主,为保持新鲜度往往陈列货架下方还配有出气孔及出水孔;为体现商品的饱满度陈列货架时常配有假底,即与货架同色系的垫高填充物,以便陈列少量商品也能看起来觉得商品数量多。蔬菜水果陈列台如图5-8所示。

图5-8 蔬菜水果陈列台

(2) 保鲜风冷/冷冻柜。一些单价较高、存储要求高易损耗的商品,往往会采用保鲜风冷柜(图5-9)进行陈列,例如精装无公害蔬菜、高档进口水果、配菜、精装肉禽类、低温鲜奶等。此类货架分为单面及双面两种,单面货架用于靠墙陈列,因为生鲜区陈列架相对较高,靠墙设置此类货架能增加顾客关注度。而例如冰冻水饺、冰淇淋等需要冷冻存放的商品,则需要存放在冷冻柜中(图5-10),冷冻柜分卧式(图5-10(a))和立式(图5-10(b))两种。各门店可根据实际需要选择不同类型的冷冻柜。

水果风幕冷柜如何控温节能?

 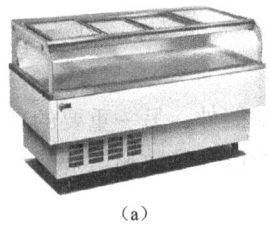 

(a) (b)

图5-9 保鲜风冷柜   图5-10 冷冻柜

(3) 水产冰台。冰鲜类水产品一般陈列在覆盖有冰层的台面上,一般有可移动式(图5-11)和固定式(图5-12)两种。可移动式水产台一般由不锈钢制成,下方备有冰鲜商品存放区。可移动式的冰台一般陈列在水产区中部位置。固定式水产台一般是用水泥、蓝白两色大理石垒成一个约15度角倾斜坡面,以便更好地展示商品。固定式水产台一般陈列在水产区靠墙位置,后方是员工操作区。因为冰台需要定时加冰,所以最好离制冰机距离较近,以方便员工操作。

图 5-11　可移动式冰台

图 5-12　固定式冰台

（4）活鲜池。活鲜池用于暂时养殖各类活鲜产品，一般分为虾蟹类养殖池和鱼类养殖池，如图 5-13、图 5-14 所示。因需要活水养殖，所以往往将此类货架设置在水产区靠墙位置，以便更好地设置水循环设备。另外因为活鲜区地面较湿最好铺设防滑地砖；另外需要良好的下水道设置，以便最快排水、清洗地面等。

图 5-13　虾蟹类池

图 5-14　鱼类池

（5）熟食陈列柜。熟食商品陈列时需要关注卫生情况，根据要求必须全部加盖，所以熟食陈列柜均是封闭式陈列柜，如图 5-15 所示。除特卖外一般将熟食陈列柜靠墙陈列或围成一个圈陈列，以便给员工留下为顾客服务的走动空间。熟食陈列柜建议与熟食加工间相临，以便及时出品。

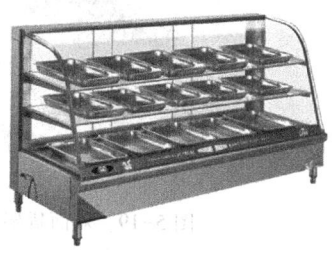

图 5-15　熟食陈列柜

2. 散装食品类

散装食品区经常位于生鲜与非生鲜商品的陈列分界线，散装食品陈列架分为敞开式陈列架（图5-16）和封闭式陈列架（图5-17），其中封闭式陈列架用于陈列裸装即食食品，而敞开式陈列架用于陈列独立小包装或非即食食品。该陈列区域往往四周设置阶梯式相对高的陈列架，而中间部位设置1米左右高度的陈列架。因散装食品需要称重，所以在设置时需要关注计量区的设置。

图5-16 敞开式陈列架

图5-17 封闭式陈列架

3. 包装商品类

为更合理利用空间，靠墙的位置会设置单面货架（图5-18），而中间区域使用双面货架（图5-19）。为保证各类别商品陈列的区域性，又保证视线的通透性，往往空间的中部使用较矮的货架，而四周使用较高的货架。也可以利用长、短货架，为同类别商品腾出促销区域。一般大型商品陈列区往往需要配以重型货架，并将此类商品设置在非主通道或靠墙的区域，以防止重型货架过高阻挡顾客视线。货架宽度有较多选择，所以需要丈量好空间位置，以便陈列美观及空间利用率。

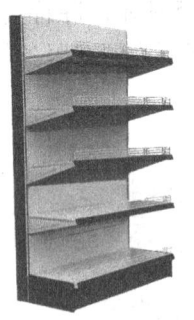

图5-18 靠墙单边货架

图5-19 双面货架

4. 百货类

（1）服装陈列展示架。服装陈列展示架分为外衣和内衣两类，其中内衣货架与食品货架类似，但往往侧面更窄一些。而外衣裤的陈列还会分为折叠式（图 5-20）和悬挂式（图 5-21）两种，悬挂式再分为圆形和方形两种。因为内衣陈列架高于外衣裤陈列架，往往可以将内衣陈列架围在四周，外衣裤陈列架设置在中间位置。这样很自然就将男装区、女装区、童装区区分开来。

图 5-20　折叠陈列台

图 5-21　悬挂陈列架

（2）化妆品陈列展示架。化妆品陈列展示架往往是零售店最吸引人眼球的货架。考虑到化妆品体积小、金额高的特性，常常会采用封闭式柜台。封闭式柜台分为普通和异形柜台。

① 普通柜台。应根据连锁店形象统一与店面的实际运用面积的要求来设计，同时，要兼顾互换性、实用性，突出商品的功能、形象、档次的要求。运用特殊价签、灯光照明、绒布铺垫、特殊陈列支架展示，巧妙布局，渲染商品的视觉美感，如图 5-22 所示。

图 5-22　化妆品普通柜台

② 异形柜台。此类柜台可巧妙利用店面面积，活泼、新颖，赋予卖场陈列变化，如图 5-23 所示。事实上连锁各店实际面积和情况不一样，很难做到柜台尺寸、形式统一，连锁门店不管采用何种尺寸和形式，关键要保持各门店柜台形式统一，故此类柜台尽量不要考虑。

图 5-23　化妆品异形柜台

二、促销货架

促销区域的设置对于单品业绩的拉动起到极其重要的作用。促销陈列形式主要包括堆头陈列、端架陈列、格子墙陈列等。不同促销陈列方式起到不同的作用，例如堆头陈列主要对商品销售量起到很大的促进作用；端架除了刺激销售外，还起到很好的类别指引作用；格子墙陈列对于空间利用起到补充作用。

1. 堆头的设置

收银台与货架之间的空间以及入口通道的中间一般设计为堆头位，用来作为新商品、库存商品、推广商品、标志商品、品牌商品及畅销商品的促销区域。由于堆头的特殊位置，一般堆头位的长宽不超过 1 米，高不超过 1.2 米，以免造成顾客视线的阻隔和通道的堵塞。规则商品一般在黑色、红色的胶质卡板上叠放（图 5-24），而不规则商品一般在网状的陈列设备中存放，俗称网篮（图 5-25）。如通道设置宽敞可以将四个堆头或六个堆头连接在一起，形成组合式促销陈列区。

图 5-24　堆头陈列

图 5-25　网篮陈列

2. 端架的设置

双面货架的两端，一般会设有端架（图5-26）。一方面可以起到固定两侧货架的作用，另一方面可以通过陈列与该货架有一定关联度的促销商品。同时在收银台前方，也会设有小端架（图5-27），用于陈列顾客收银等待时随手会购买的小商品。

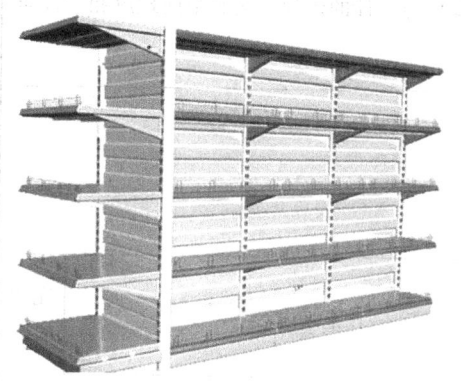

图5-26　正常货架端架　　　　　　图5-27　收银台前方小端架

3. 格子墙、包柱的设置

面积较大的建筑物为了安全会有一些承重柱，这些柱子不可以调整移动。为化不利为有利，零售商们大出奇招，例如把柱子封档在货架里；也有一些零售商与供应商合作，将柱子改造成商品形象展示区（图5-28）。为了充分利用建筑物内无法通过货架陈列商品的墙面位置，设置格子墙面小数量商品促销区。

图5-28　包柱陈列

项目实施

学习选址可以从下列六个方面的步骤展开，如图5-29所示。

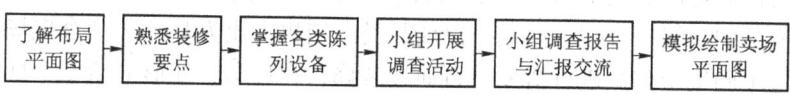

图5-29　店面规划与设计的学习程序

在相关知识学习的基础上，通过选择同一连锁卖场平层卖场、两层卖场、三层卖场的三家商铺进行布局平面图、顾客动线等调查，通过讨论分析，进一步了解哪类动线和氛围更适合顾客习惯，从而对店面规划与设计产生感性认识。其学习活动工单，如表5-3所示。

表 5-3　店面规划与设计的学习活动工单

学习小组				参考学时	
任务描述	通过相关知识的学习和实地调查分析，明确卖场功能区域种类及设置要求，掌握类别陈列搭配方式，熟悉零售企业店面规划与设计的流程，从而全面理解和掌握店面规划与设计的相关知识					
活动方案策划						
活动步骤	活动环节		记录内容		完成时间
现场调查	三家商铺功能布局				
	各类别陈列区大小				
	促销区设置情况				
资料搜集	小便利店陈列规划图				
	购物广场陈列规划图				
分析整理	顾客动线				
	区域设置要求				
	装修各区的注意事项				

项目总结

零售商确定门店地址后需要根据其硬件条件进行合理规划，以期达到顾客、员工与商品的动线均合理、高效。以商品类型销售占比为基础，结合现场建筑结构，通过不同货架类型进行搭配。再通过装修，在色彩、外形上给予个性化强调与突出，增加企业品牌识别度。在整体规划设计中还需要强调实用性，例如生鲜区的排水、排烟问题，非营业区的设置问题，等等。

实战训练

一、实训目标

1. 通过实训能清晰说出零售门店功能区的类别，及设置时的搭配禁忌。

2. 访问调查本地同一品牌三家楼层数不同的零售门店，分析卖场布局的差异。

二、内容与要求

选择本地同一品牌三家楼层数不同的零售商店进行实地调查。以实地观测的方法，结合资料文献的查找，收集相关数据和图文。小组组织讨论，形成有关陈列布局优劣势分析的调查报告和班级交流汇报材料。

三、组织与实施

1. 以学习小组为单位进行实训，小组规模一般为 4～6 人，分组要注意小组成员的地域分布、知识技能、兴趣性格的互补性，合理分组，并定出小组长，由小组长协调工作。

2. 全体成员共同参与，分工协作完成任务，并组织讨论、交流。

3. 根据实训的调查报告和汇报情况，相互点评，进行实训成效评价。

四、评价与标准

实训评分指标与标准，如表 5-4 所示。

表 5-4 店面规划与设计调研实训评价评分表

评分指标 \ 评分等级 \ 评分标准	好（80～100 分）	中（60～80 分）	差（60 分以下）	自评	组评	总评
项目实训准备（10 分）	分工明确，能对实训内容事先进行精心准备	分工明确，能对实训内容进行准备，但不够充分	分工不够明确，事先无准备			
相关知识运用（30 分）	能够熟练、自如地运用所学的知识进行分析	基本能够运用所学知识进行分析，分析基本准确，但不够充分	不能够运用所学知识分析实际			
实训报告质量（30 分）	报告结构完整，论点正确，论据充分，分析准确、透彻	报告基本完整，能够根据实际情况进行分析	报告不完整，分析缺乏个人观点			
实训汇报情况（20 分）	报告结构完整，逻辑性强，语言表达清晰，言简意赅，讲演形象好	报告结构基本完整，有一定的逻辑性，语言表达清晰，讲演形象较好	汇报材料组织一般，条理不强，讲演不够严谨			
学习实训态度（10 分）	热情高，态度认真，能够出色地完成任务	有一定热情，基本能够完成任务	敷衍了事，不能完成任务			

 复习检测

一、名词解释

1. 顾客动线
2. 端架

二、选择题

1. 营业面积与非营业面积比多少是相对合理的?(　　)
A. 4∶1　　　　B. 3∶1　　　　C. 2∶1　　　　D. 1∶1
2. 通道的类型包括哪些?(　　)
A. 直线式通道　　　　　　　B. 大回型通道
C. 小回型通道　　　　　　　D. 以上答案都错
3. 以下哪种颜色常常大面积用在海鲜区域?(　　)
A. 绿色　　　　B. 粉红色　　　C. 蓝色　　　　D. 白色

三、简答题

1. 通道设置的基本原则是什么?
2. 在规划商品货位分布时,一般应注意哪些问题?
3. 如何通过货架布置区隔不同类别商品?

四、能力训练题

以教室为商店模型,绘制平面布局图。

项目六

商品采购与分类

 学习目标

1. 知识目标
◎ 了解零售企业采购机制
◎ 了解零售商品分类及分类依据
◎ 了解商品结构及结构优化的方法
◎ 掌握零售商品采购的步骤
◎ 了解供应商选择与审核的方法
◎ 了解商品配送的模式和配送管理中的关键点
◎ 掌握常用的配送方法
2. 能力目标
◎ 能说出采购渠道与途径
◎ 能对零售商品结构进行分析，掌握零售商品结构配置的策略

 项目引导

对零售企业的管理人员来说，商品的采购是其工作的一个重要构成部分，零售企业的业务活动都是在采购的基础上展开的。如何采购？采购中应该坚持什么原则？怎样做才能优化采购过程？在商品采购之前如何对商品进行分类？如何组建有利于经营的商品组合和结构？在采购过程中如何对商品进行配送？这些问题都是零售企业管理人员需要明确的，是零售企业管理人员提高管理效率所必须具备的管理技能。本项目将对这些问题进行分析。

任务一 连锁企业的统一采购机制

 任务分析

连锁企业区别于单店经营的企业，最大的优势就在于批量采购，可以在谈判

中占据更大的主动权。如何发挥这一谈判筹码，就需要有相应的机制匹配。连锁企业是否对所有商品均采用统一采购的模式？如果门店没有一定的建议权或价格销量变化较大的商品采购量调整权，连锁企业的优势就很可能成为劣势。本任务将带领学员了解连锁企业的统一采购机制如何实施。

情境引入

沃尔玛统一采购上海遇阻　本地供应商选择退出

这还是沃尔玛吗？

当口渴难耐的你走入开足冷气的沃尔玛商场时，会相信世界排名第一的超市内，竟找不到一瓶市面上最常见的统一冰绿茶？

事实上，这一幕已经在上海沃尔玛超市上演。

2005年8月15日，记者来到位于浦东临沂北路、龙阳路路口的沃尔玛购物广场，看到缺货情况十分严重。连统一冰红茶、冰绿茶，康师傅冰红茶等夏季常见商品也在缺货之列。记者就此询问沃尔玛一位内部人士时得知，上海沃尔玛缺货的事情已经反映给公司总部，但目前还没有得到任何通知。

都是集中采购惹的祸？

当记者以顾客身份向上海沃尔玛超市主管抱怨缺货时，主管始终保持着沃尔玛著名的"三米微笑"向记者解释缺货的原因，"上海这家店刚刚开业，来的顾客太多，货物准备不足，等客流量平稳了就会好起来。"

据悉，上海沃尔玛购物广场已经刷新了沃尔玛中国地区单日销售额的最高纪录。开业头几天，最高时候一天的营业额达到240多万元，如此高的营业额让开业时前来督战的沃尔玛高层们喜上眉梢。

但好景不长。几天以后，上海沃尔玛开始出现缺货现象。记者在现场调查时发现，最早于8月4日就缺货的鼎丰黄豆酱油，直至8月15日仍然没有到货。而一些标明8月12日到货的商品，8月15日同样处在缺货状态。

与此同时，有上海零售商也表明自己无意进入沃尔玛。他们的理由很简单，沃尔玛在上海仅有一家购物广场，规模优势并不明显，加上沃尔玛一贯苛刻的配送要求，上海本地供应商在沃尔玛的地头赚不了太多。如此，一些上海本地供应商干脆选择退出沃尔玛购物广场。据了解，十多天尚未补货的上海鼎丰黄豆酱油生产商，也是选择退出的商家之一。

不过，在沃尔玛小心翼翼地试探本地采购的策略时，也遇到了意想不到的问题。"为了解决缺货问题，上海沃尔玛对一些缺货商品进行本地采购。"上海沃尔玛购物广场的一位酒水主管向记者介绍，这次的本地采购却差点儿酿成大错。两周前，上海沃尔玛在上海本地采购了一批光明奶粉，却发现是假冒伪劣产品，随后紧急撤柜。

在沃尔玛统一采购的商品中，极少出现假冒商品。沃尔玛的采购中心负责整个公司的产品采购，只有少数产品可以从加工厂直接送到店面。供应商把商品送到配送中心后，沃尔玛的检验部门会运用多种技术手段，对商品质量进行严格检验，防止假冒伪劣商品进入超市。

（资料来源：http：//finance.sina.com.cn 2005年8月21日 17：08 中国经营报）

 知识学习

商品采购业务作为连锁经营活动的起点和制约点，是连锁企业生存发展的基础，直接关系到企业经济效益和社会效益。实行集中统一的商品采购是实施规模化、集约化经营的主要手段。

一、连锁经营商品采购的特征

连锁企业商品采购就是企业根据需求提出采购计划、审核计划、选择供应商，经过商务谈判、确定价格、交货及相关条件，最终签订合同并按要求收货付款的过程。连锁经营的采购系统主要具有以下四个特征。

1. 实行统一采购制度

在连锁经营中，商品采购权主要集中在总部，由总部设立专门的采购部门或配送中心承担采购任务，各门店一般不承担采购职能。统一采购是连锁经营的基本特征，是连锁企业实现规模化经营的关键环节。与传统商业分散采购相比，统一采购有利于降低采购成本，规范采购行为和稳定商品质量。它是现代商业与传统商业在组织化程度上的一种本质区别。

2. 购销业务统分结合

虽然连锁企业实行统一采购、购销分离的经营体系，但总部采购人员的职责绝不仅仅是将商品采购进来，他们还要对商品销售负责，统一规划促销活动，这就促使采购人员在决定商品采购前及时掌握销售动态，真正做到"以销定购"。同时，门店也可在总部授权下对少数具有特殊配送要求的商品进行采购和加工，如生鲜商品中的叶菜、鲜活水产和各类熟食品等。

3. 计划性强

连锁企业经营计划来自于对市场状况和供应商情况调查研究的基础上，它体现了消费的需求和商品的供应趋势，也是连锁企业经营战略的重要内容，所以，连锁企业的商品采购必须严格按照经营计划来执行，体现连锁企业的经营方针。

4. 采购批量大

连锁企业由于拥有庞大的销售网络体系，占据众多的零售最终通道，能实现巨额的销售业绩，因此，与其他形式的企业相比较，其商品采购批量特别大。这就能使连锁企业在与供应商进行采购谈判中，处于相当有利地位。连锁企业有条件、有理由在互惠互利基础上，要求进入连锁销售网络的供应商以较低的价格提供商品，从而降低成本，提高利润。

二、统一采购机制的优缺点

统一采购机制又称中央采购制度或者集中采购制度，是指采购权限高度集中于连锁总部，由总部设置专门采购机构统一采购所有门店经营的商品，门店则专门负责销售，与采购脱离。这是一种采购与销售相分离的采购制度。

统一采购机制的优点包括：① 可以提高连锁企业在与供应商采购谈判中的议价能力。② 可以降低采购费用。③ 中央采购有利于连锁总部统一规划、实施促销活动，有助于保持企业统一形象。④ 中央采购制度将采购职能集中于训练有素的采购人员手中，有利于保证采购商品的质量和数量，提高采购效率；同时使各门店致力于销售工作，提高店铺的运营效率。⑤ 建立在中央采购基础上的配送体系降低了连锁门店仓储、收货等费用。⑥ 有利于规范企业采购行为。

统一采购机制的缺点包括：① 购销容易脱节。由于连锁企业门店数量众多，地理分布较分散，各门店所面对的消费和需求偏好都存在一定程度的差异，中央采购制度很难满足各门店的地方特色。② 采购人员与门店人员合作较困难，门店的积极性难以充分发挥，维持销售组织的活力也较困难；③ 责任容易模糊，不利于考核。如果门店经营业绩不佳，很难分清是采购的责任还是销售的责任，最终难以找到解决问题的最佳办法。

统一采购机制的缺陷的弥补方式包括完善信息系统、加强岗前培训、经常参观门店、委派专人负责协调、权力适度下放以及加强部门间的联系等。

三、连锁经营的采购组织形式

在连锁经营中，连锁企业一般采取集权式采购方式，即由连锁总部的相关业务部门负责统一采购，集中配送。其主要组织形式有以下三种。

1. 总部职能部门采购

这是指将连锁企业采购权集中在总部，并设立专职采购部门来负责完成采购任务，采购权一般不下授，品项的导入和淘汰、价格的确定与调整以及促销活动的规划等均由总部决定；门店只负责商品陈列、库存管理以及商品销售等工作，对商品采购无决策权，但可以根据门店的销售情况对商品采购提出建议和要求，以供总部采购时参考。

此种组织形式的主要优点是大批量集中采购，可以降低成本，提高经济效益；门店专心致力于销售，可提高销售效率；容易形成较好的价格形象，便于连锁企业掌握货源。不足之处主要是弹性小，难以满足消费者多样化需求以及容易产生门店与采购部门之间的矛盾。

2. 采购委员会

大型或特大型连锁企业往往建立采购委员会来进行商品采购决策。采购委员会成员由各单位的选派人员组成，目的是综合各单位的意见来进行采购决策，以使采购决策更加科学合理。但由于该委员会成员比较复杂，出现意见分歧往往难以在短时间内统一，影响采购时机。所以，这种组织形式较适用于所经营的商品品种变化不大的连锁企业。

此种组织形式的主要优点是：能充分听取各单位意见，采购决策更为合理；销售方与采购方共同参与采购决策，可减少双方矛盾；有利于采购公正，避免不良商品导入。其主要缺点是容易发生意见分歧和采购决策时间过长。

3. 联合采购

这是指由各连锁企业组成采购联盟等采购组织，实行统一采购，分散销售，从而低成本、高质量地完成采购任务的一种组织形式。此种形式主要被自愿连锁和特许连锁的连锁组织所采用，目的是通过联合实现大批量采购，以降低成本，提高经济效益。

这种采购组织形式的主要优点是：采购量大，容易获得较优越的进货条件；专业采购，能保证商品质量；小企业也能享受较大的折扣收益。其主要缺点是：只适用于销路较好的大众化商品；组织复杂，运作协调难度较大，采购时间比较长。

四、连锁企业的统一采购机构

统一采购机构是连锁企业的重要业务部门之一，其主要职责是保质保量经济高效地采购企业所需的各类商品，满足企业商品销售的要求。其主要职责包括以下四个方面。

（1）常规商品的补充采购，即日常销售的商品的补货采购，这类商品一般有明确的采购渠道，签订了长期的供货合同，采购部门只需要执行合同或者续签即可完成商品补货。随着信息技术的采用，可以根据实时销售情况，按照缺货预警提醒，或自动生成订货。采购只需确认并执行，即可保证不出现断货。

（2）商品开发与淘汰。在消费者需求改变、流行等因素影响下，各零售商均需定期引进新商品，此外新商品往往具有更高的毛利。商品结构优化，进货渠道优化，不少企业都进行供应商考核与淘汰。与供应商保持合作竞争关系，与供应商的良好合作关系是连锁企业的核心竞争力之一。

（3）控制采购费用，降低成本。低价策略是许多零售企业采取的营销策略。通过集中采购，可以实现降低采购和作业成本，具有更强的议价能力等。

(4) 控制进货渠道，保证商品质量。选择良好的进货渠道、控制好进货渠道，是控制和保证商品质量的重要手段之一。

任务二　连锁企业经营商品结构的确定与优化

任务分析

零售企业的主要目标是通过销售商品来获取利润。因此，决定采购什么商品和采购多少商品对任何零售企业来说都是最重要的工作之一。为此，零售企业必须对商品进行分类，设计一个合理的商品结构，以确定商品经营范围，形成一个与众不同的商品组合。不进行商品分类，就很难规划商品的具体经营范围和种类，采购过程就无法顺利开展。

情境引入

图6-1为中型零售企业商品分类表的部分截图。

```
10 烟酒饮料
    1000 碳酸饮料
        100000 可乐
                    10000000 普通可乐
                    10000001 低糖可乐
                    10000002 可乐促销组合装
                    10000009 其他可乐
        100001 汽水
                    10000100 橙味汽水
                    10000101 柠檬味汽水
                    10000102 苹果味汽水
                    10000103 汽水促销组合装
                    1000009 其他口味汽水
```

图6-1　中型零售企业商品分类表（截图）

知识学习

零售企业经营的商品范围广泛，种类繁多。因此，零售企业要对所经营的商品进行适当的分类，认识和了解各类商品的特点。零售企业可以从多个角度对所经营的商品进行适当的分类，根据各类商品的特点制定零售企业的商品经营策略。

一、超市商品类别

商品分类可以根据不同的目的，按不同的分类标准来进行。在超市实际商品管理，商品分类一般采用综合分类标准，将所有商品划分成大分类、中分类、小分类和单品四个层次，目的是为了便于管理，提高管理效率。虽然超市各种业态经营品种存在较大差异，如小的便利店经营品种不到 3 000 个，而超大型综合超市有 30 000 多种，但商品分类都包括上述四个层次，且每个层次的分类标准也基本相同，只不过便利店各层次类别相对较少，而大型综合超市各层次类别相对较多而已。

1. 大分类

大分类是超级市场最粗线条的分类。大分类的主要标准是商品特征，如畜产、水产、果菜、日配加工食品、一般食品、日用杂货、日用百货、家用电器等。为了便于管理，超级市场的大分类一般以不超过 10 个为宜。

（1）按照消费者的使用方向划分。按照消费者的衣、食、住、行等使用方向，可以将商品划分为食品类、服装类、鞋帽类、日用品类、家具类、家用电器类、纺织品类、五金电料类、厨具类、等等。这是零售企业商品的基本分类，零售企业按商品部管理，卖场布局和陈列基本是按这种分类进行的。由于是按消费者的使用方向来划分，以此种分类进行商品管理能较好地满足市场需求。

（2）按照消费者的性别与年龄划分。按照消费者的性别与年龄，可以将商品划分为女士用品、男士用品、老年用品、青少年用品、儿童及婴儿用品等。对于由于性别和年龄不同而需求有明显区别的商品，如服饰、食品、化妆品等，按这种分类方法有利于市场的定位，商品的组织和销售易于满足消费者的需求。

2. 中分类

中分类是大分类中细分出来的类别，其分类标准主要有：

（1）按商品功能与用途划分。例如，日配加工食品这个大分类下，可分出牛奶、豆制品、冰品、冷冻食品等中分类。

（2）按商品制造方法划分。例如，畜产品这个大分类下，可细分出熟肉制品的中分类，包括咸肉、熏肉、火腿、香肠等中分类。

（3）按商品产地划分。例如，水果蔬菜这个大分类下，可细分出国产水果与进口水果的中分类。

3. 小分类

小分类是中分类中进一步细分出来的类别，其主要分类标准有：

（1）按功能用途划分。例如，畜产品大分类中，猪肉的中分类下，可进一步细分出排骨、肉糜、里脊肉、蹄筋等小分类。

（2）按规格包装划分。例如，一般食品大分类中，饮料的中分类下，可进一步细分出听装饮料、瓶装饮料、盒装饮料等小分类。

（3）按商品成分分类。例如，日用百货大分类中，鞋的中分类下，可进一步细分出皮鞋、人造革鞋、布鞋、塑料鞋等小分类。

（4）按商品口味划分。例如，糖果饼干大分类中，饼干的中分类下，可进一步细分出甜味饼干、咸味饼干、奶油饼干、果味饼干等小分类。

4. 单品

单品是商品分类中不能进一步细分的、完整独立的商品品项。例如，上海申美饮料有限公司生产的"355毫升听装雪碧""1.25升瓶装雪碧""2升瓶装雪碧""2.5升瓶装雪碧"，就属于四个不同单品。

二、连锁企业经营商品结构的确定

零售商品结构是指零售企业在一定经营范围内，按一定的标准将经营的商品划分为若干类别与项目，并确定各类别和项目在商品总构成中的比重。商品结构是由类别与项目组合而成的。商品结构是否合理，对于零售企业的发展具有重要的意义。

商品经营范围只是规定经营商品的种类界限，此外还应当确定哪些商品是主力商品，哪些商品是辅助商品和一般商品，它们之间应保持什么样的比例关系；主要经营哪些档次等级、花色规格的商品等。这些属于商品结构的问题，必须在零售经营策划中确定。

经营商品结构的确定是连锁企业目标市场定位的一个重要组成部分，也就是确定商品采购计划、进行采购工作的前提。

1. 零售商品结构分析的意义

商品结构在零售企业中居于枢纽位置，经营目标能否圆满完成，经济效益能否顺利实现，关键不在于经营范围而在于商品的结构是否合理，商品结构直接影响经营成果。零售商品结构分析的意义如下：

（1）零售商品结构分析是实现零售企业经营目标，满足消费者需求的基础。零售企业经营者满足消费者的程度如何，关键在于有没有适合目标顾客需要的商品，不仅要满足基本需要和共同性的需要，还要向顾客提供不同的选择机会，满足个性化的需要。如果商品结构不合理，该经营的商品未经营，不适合目标顾客的商品反占较大比重，就不可能很好地实现企业的经营目标。

（2）零售商品结构分析是商品经营计划的基础。零售组织商品购、销、存活动，必须确定商品结构，以保持各种商品合理的比例关系，这是计划管理的基础。以商品购、销、存的比例关系来看，销售比重、进货比重、库存比重三者之间是相互协调、相互适应的，即以销售比重为中心，掌握进货比重和库存比重，达到购销存之间的平衡。零售企业经营者应经常分析三者之间的比例关系，据以指导业务活动。

（3）零售商品结构分析是有效利用经营条件，提高经济效益的基础。确定商品结构，一方面可以按照商品构成比重，合理调配人、财、物，集中力量，加强主力商品的经营，突出经营特色，发挥经营优势；另一方面，及时调整经营范围，以适应市场变化，减少经营损失。

2. 确定商品结构的要求

（1）适合顾客对商品的选择。零售企业经营者要根据所在地区特点和目标顾客对各类商品的选择要求，确定商品构成比例，保持适销和应备的花色品种。

（2）满足顾客需要的结构。顾客需要既包括商品品种构成，也包括同种商品不同规格和质量等方面的构成。对于顾客基本需要的品种、规格和质量，应保持必要的经营比例，保证销售。某些商店还可确定顾客特殊需要的品种、规格，以满足特殊需要。

（3）保证顾客对商品配套的需求。对于一些配套使用的商品及连带消费的商品，应当列入商品规划，以便于顾客购买。

（4）适合商品销售规模和经济效益的要求。正确处理经济效益与商品构成之间的关系，主要表现在两方面：一是正确处理商品构成与商品周转速度之间的关系。品种越多，资金占用越分散，而所有品种并非均可销售，所以不能片面地增加品种；但也不能片面地压缩品种，不便顾客选购，从而影响经济效益。而是正确处理商品构成与商品利润率之间的关系。既要处理好不同利润率的商品之间的比例关系，保证经济效益；又不能只经营利润大的商品，而不经营微利商品，否则就不能保证顾客的需要。

3. 影响商品结构的因素

（1）商品生产关系。零售店经营商品结构的变化，主要源自于商品生产的发展。商品生产发展越迅速，新旧商品交替越频繁，商品生命周期也就越短。零售店经营者应时刻注意这种变化对商品结构带来的影响，扩大新商品的经营比重，减少以至淘汰不适合市场需要的老商品和滞销品，使商品结构不断更新。

（2）消费者与消费习惯的变化。随着顾客购买力的提高，顾客的需求不断变化，这种变化既反映为顾客对商品数量需求的增长，又更多地体现在顾客的消费结构和爱好习惯上的变化，因此要预测这种变化趋势，以预见地迎合消费，及时调整商品结构。

（3）商品季节性的变化。季节性商品在不同时期内有着不同的经营比重，因此，适应生产季节或消费季节的需要，调整各个时期不同商品比重，既能保证顾客的需要，又能防止商品积压。

（4）经济条件的变化。由于零售企业经营规模扩大或缩小，人员增加或减少，都势必要相应地调整商品结构，只能增加或减少所经营的商品种类。此外，社会风气和生活习惯的改变，国家某项政策的实施，科学文化事业的发展等，都直接或间接地影响着商品结构。

超市生鲜各品类规划重点

4. 商品群的确定

商品群是商品结构战略中的一种战略单位，地位非常重要。由主力商品、辅助商品、附属商品、刺激商品构成。

（1）主力商品。主力商品是塑造个性及差异性的主要商品群，其内容的充实与否对整个商店的商品结构具有决定性的影响。主力商品是指所完成销售量或销售金额在商场销售业绩中占举足轻重地位的商品。它的选择体现了商场在市场中的定位以及整个商场在人们心目中的定位。主力商品的构成一般可以考虑以下三类：

① 感觉的商品：在商品的设计上、格调上都要与商场形象相吻合并且要予以重视。

② 季节的商品：配合季节的需要，能够多销的商品。

③ 选购性商品：与竞争者相比较，易被选择的商品。

（2）辅助商品。辅助商品是对主力商品的补充。零售企业经营的商品必须是辅助商品与主力商品相搭配，否则会显得过分单调。辅助商品不要求与主力商品有关联性，只要是企业能够经营，而且又是顾客需要的商品就可以。辅助商品可以陪衬出主力商品的优点，成为顾客选购商品的比较对象。辅助商品不但能够刺激顾客的购买欲望，而且可以使商品结构更加丰富多彩，增加顾客光顾频率，进而促进主力商品的销售。辅助商品的配备，必须考虑它的季节性和流行性，应随季节和流行趋势的变化而调整，做到少进、勤进和快销。其重点为：

① 价廉物美的商品，在商品的设计上，格调上可不须太重视，但对于顾客而言，却在价格上较为便宜，而且实用性高。

② 常备的商品，对于季节性方面可能不太敏感，但不论在业能或业种上，必须与主力商品具有关联性而且容易被顾客接受的商品。

③ 日用品，即不需要特地到各处去挑选，而是随处可以买到的一般目的性的商品。

（3）附属品。附属品是辅助商品的一部分，对顾客而言，也是易于购买的目的性商品。其重点为：

① 易接受的商品，即展现在卖场中，只要顾客看到，就很容易接受而且立即想买的商品。

② 安定性商品，具有实用性，但在设计、格调、流行性上无直接关系的商品，即使卖不出去也不会成为不良的滞销品。

③ 常用的商品，乃是日常所使用的商品，在顾客需要时可以立即指名购买的商品。

（4）刺激性商品。为了刺激顾客的购买欲望，可以针对上述三类商品群，选出重点商品，必要时挑出某些单品来，以主题系列的方式，在卖场显眼的地方大量地陈列出来，借以带动整体销售效果的商品。其重点为：

① 战略性商品，即配合战略需要，用来吸引顾客，在短期内以一定的目标数量来销售的商品。

② 开发的商品，为了考虑今后的大量销售，商店积极地加以开发，并与厂商配合所选出的重点商品。

③ 特选的商品，利用陈列的表现加以特别组合，具有强诉求力且易于冲动购买的商品。

5. 主力商品的选择与保证

主力商品是连锁企业经营的重点商品，实践表明它的品种数在商品结构中占20%～30%，但创造整个连锁企业80%左右的销售业绩。任何连锁企业都必须正确挑选和重点保证主力商品。

（1）主力商品的选择方法。

① 经验法。经验法是指超市参照历史同期的销售统计资料，在总的商品品种中选择出销售额排名靠前20%的品种作为畅销商品。经验法依靠人工统计，工作量大，主要适用于POS系统尚未建立的、规模较小的超市。按历史资料法选择畅销商品一定要注意历史统计资料时间上的一致性，严格按季节进行。

② 竞争对等法。竞争对等法是指超市通过调查并统计竞争对手的畅销商品的情况而确定自己的畅销商品。如超市刚成立不久，历史同期销售统计资料缺乏或不全，可采用竞争对等法来选择畅销商品。在供应商接待日以外的时间，超市可派遣采购人员于12:00—13:00或20:00以后到竞争店卖场去观察"磁石点"货架（如端头货架、堆头、主通道两侧货架、冷柜等，这些位置一般陈列畅销商品）上的商品空缺率，因为这一时段是营业高峰刚过，理货员来不及补货的空隙。通过畅销商品主要陈列货架商品空缺情况的调查，可以初步得出结论：如果陈列货架商品空缺多，该商品销售良好，可列为畅销商品的备选目录。这种方法简便易行，但调查容易受到竞争店店员的阻挠，且带来一定的偶然性。按竞争店调查法选择畅销商品要注意竞争店店址、卖场面积、经营品种等因素应具有相似可比性，以保证参照借鉴的实效性；同时还要注意，由于目前的调查信息与下一步商品采购有一个时滞，所以这些信息对下一年畅销商品选择的参考价值可能更大些。

③ 信息统计法。数据信息统计法是指超市根据本企业POS系统汇集历史同期的销售信息来选择畅销商品的方法。这些信息资料主要是：销售额排行榜；销售比重排行榜；周转率排行榜；配送频率排行榜。这四个指标之间存在密切正相关性，核心指标是销售额排行榜。根据销售额（或销售比重、周转率、配送频率）排行榜，挑选出排行前20%的商品作为畅销商品。如超市公司经营的商品品项总数为7 000种，则销售额排名第1至第1 400的商品就构成20%商品目录。采用信息统计法，信息完整、准确、迅速，是超市尤其是规模较大超市选择畅销商品的首要方法。

（2）主力商品的保证。主力商品的保证体现在六个优先，即采购计划优先、储存货位优先、配送优先、上架陈列优先、促销优先、结算优先。

① 采购计划优先。超市在制订采购计划时，应将畅销商品采购数量指标的制订和落实作为首要任务，要保证畅销商品供货的稳定足量，保证畅销商品在所有门店和各个时间都不断档缺货，这是商品畅销的前提条件。

② 储存货位优先。在配送中心，要将最佳库存量留给畅销商品，要尽可能使畅销商品在储存环节中物流线路最短，要尽量做好保管工作。

③ 配送优先。在畅销商品由配送中心到门店的运输过程中，超市应要求配送中心优先充足地安排运力，根据门店订货、送货的要求，保证畅销商品准时、准量、高频率配送。

④ 上架陈列优先。理货员应该在商品配置图中，将卖场最好的区域、最吸引顾客的货架，指定留给畅销商品，并保证畅销商品在卖场货架上有足够大的陈列量。畅销商品一般应配置在卖场中的展示区、端架、主通道两侧货架等"磁石点"上，并根据其销售额目标确定排列数。

⑤ 促销优先。促销计划的制订及实施都应围绕畅销商品，畅销商品的促销应成为超市卖场促销活动的主要内容，各种商品群的组合促销也应突出其中的畅销商品。

⑥ 结算优先。在要求畅销商品供应商足量准时供货的同时，超市也要向畅销商品供应商承担足额按时付款的义务。只有足额按时付款，才能与提供畅销商品的品牌供应商建立良好的合作伙伴关系，才能保证充足的畅销货源，才能与供应商分享市场占有率提高的利益，才能有效地做大供应商品牌产品销量和增强对供应商的控制力。

三、连锁企业商品结构的调整与优化

1. 运用现代化技术手段对各类商品的综合业绩进行科学评定

已经具备了 POS、MIS 系统的企业应充分运用现代化的技术手段，细化商品分类，对每个品种、类别、品牌、规格进行销售量、利润率、供应保证等全方面的综合评定，同时也可以将某一商品通过不同规模型号的组合、不同地点、不同陈列方式等的变化来评定其业绩的变化，为商品结构的进一步优化提供更有力的科学依据。当然，上述综合评定还应包括价格、质量、服务、企业的整体定位等多方面因素。

2. 商品结构的优化要与卖场科学合理布局、现代商品陈列技术相结合

对商品结构的优化应该结合商场的布局同步进行。企业可将经营的商品分为：目标性商品，即代表企业经营特色和形象的销售业绩好的商品；一般性的商品，即相对于目标性商品次要一些的满足大部分消费者需要的商品；季节性、节日庆典类商品以及方便性商品。对于以上四类商品应该结合商场的合理布局，对于目标性商品应突出、重点陈列；对于方便性商品应放于消费者易于拿取的地

方；对于季节性、节日庆典类商品应突出其特点并结合相应的促销手段。

3. 商品结构的优化应包括对货架的优化

企业要视货架为有限的资源，对其进行合理的安排，使有限的货架发挥最大的效益。要通过对各商品大类、品牌、规格、型号、款式的科学评价，在对商品进行合理布局的同时对货架进行优化，包括对商品品种、规格、型号、款式的合理选择和搭配。

4. 商品结构的优化应与连锁企业的价格策略及促销策略和手段结合起来

沃尔玛在深圳开设的五家分店中不同的分店根据顾客群体的不同，商品的结构、价格并没有因为追求死板的"统一"而完全一致。位于居民区的分店不仅生鲜、冷冻类商品数量、品种、陈列面积胜于其他分店，在价格上也略低于其他分店。对于好的商品进行促销，给消费者一个超值的概念，更是这些企业的常用手段。

5. 商品结构的优化应与企业规模的扩大结合起来

商品结构的优化应与企业规模的扩大结合起来，特别是与开展连锁经营结合起来。尤其应该注意规模的扩大，连锁经营过程中商品品种的增加与商品结构的优化一定要同时进行。

6. 优化产品结构的考核指标

优化商品结构的前提是在完全有效利用了卖场的管理后采取的方法。以前就曾发生过这样的事情：公司对于门店的单位产出要求极高，觉得80%的辅助商品占用面积过大，于是删去了很多，以为可以不影响门店的整体销售，同时会提高单位面积的产出比和主力商品的销售份额。结果是门店的货架陈列不丰满，品种单一，门

排除D商品提高商品周转率

店的整体销售下滑了很多。所以对于商品的结构调整首先是在门店商品品种极大丰富的前提下进行的筛选。优化商品结构应从以下指标进行考核：

（1）商品销售排行榜。现在大部分门店的销售系统与库存系统是连接的，后台电脑系统都能够整理出门店的每天、每周、每月的商品销售排行榜。从中就可以看出每一种商品的销售情况，调查该商品滞销的原因，如果无法改变其滞销情况，就应予以撤柜处理。在处理这种情况时应注意：

① 对于新上柜的商品，往往因其有一定的熟悉期和成长期，不要急于撤柜。

② 对于某些日常生活的必需品，虽然其销售额很低，但是由于此类商品的作用不是盈利，而是通过此类商品的销售来拉动门店的主力商品的销售。例如，针线、保险丝、蜡烛等。

（2）损耗排行榜。这一指标是不容忽视的。它将直接影响商品的贡献毛利。例如，日配商品的毛利虽然较高，但是由于其风险大，损耗多，可能会是赚的不够赔。曾有一家卖场的涮羊肉片的销售在某一地区占有很大的比例，但是由于商品的破损特别多，一直处于亏损状态，最后唯一的办法是，提高商品价格和协

商提高供货商的残损率,不然就将一直亏损下去。对于损耗大的商品一般是少订货,同时应由供货商承担一定的合理损耗,另外有些商品的损耗是因商品的外包装问题,这种情况,应当及时让供应商予以修改。

(3)周转率。商品的周转率也是优化商品结构的指标之一,谁都不希望某种商品积压流动资金,所以周转率低的商品不能积压太多。

(4)新进商品的更新率。门店周期性的增加商品的品种,补充商场的新鲜血液,以稳定自己的固定顾客群体。商品的更新率一般应控制在10%以下,最好在5%左右。另外,新进商品的更新率也是考核采购人员的一项指标。需要导入的新商品应符合门店的商品定位,不应超出其固有的价格带,对于价格高而无销量的商品和价格低无利润的商品应适当地予以淘汰。

(5)商品的陈列。在优化商品结构的同时,也应该优化门店的商品陈列。例如:对于门店的主力商品和高毛利商品的陈列面的考虑,适当地调整无效的商品陈列面。对于同一类的商品的价格带的陈列和摆放也是调整的对象之一。

(6)商品贡献率。单从商品排行榜来挑选商品是不够的,还应看商品的贡献率。销售额高,周转率快的商品,不一定毛利高,而周转率低的商品未必就是利润低。利润很低的商品销售额再高,这样的销售也是无效的。毕竟门店是要生存的,利润很低的商品短期内可以存在,但是不应长期占据货架。看商品贡献率的目的在于找出门店的商品贡献率高的商品,并使之销售得更好。

(7)其他。随着一些特殊的节日的到来,也应对门店的商品进行补充和调整。例如,正月十五和冬至,就应对汤圆和饺子的商品品种的配比及陈列上进行调整,以适应门店的销售。

优化门店的商品结构,有助于提高门店的总体销售额。它是一项长期的管理工作,应当随着时间的变化而及时地变动,这样才会使自己立于不败之地。

任务三 连锁企业商品采购业务

 任务分析

采购,是指采购人员或者是采购单位基于各种目的和要求购买商品或劳务的一种行为,它具有明显的商业性。通俗地说,采购是一种常见的活动,从日常生活到企业运作,人们都离不开它。在零售企业,采购管理人员的主要工作内容包括:制订采购计划、确定采购预算、从事采购作业、管理供应商和进行采购控制等。

> **情境引入**

家乐福实施小企业培训发展计划　采购大会展风采

2013年7月5日，第八届跨国零售采购大会开幕，近1 500家跨国零售集团、国内大型商贸流通企业、各类国内供应商同台吆喝，寻找合作商机，这其中包括欧洲第一大零售商、世界第二大零售商家乐福。作为最早进入中国市场的跨国连锁零售企业，家乐福不断创新，突破性地发展了农超对接项目，通过扶持农业合作社项目，将蔬果直供超市，不仅从源头保证了食品安全，还为消费者提供了更加实惠新鲜的蔬果。

在此次采购会上，家乐福江苏区商品采购部总经理贺晖说，为不断扩大"中国市场版图"，家乐福实施"小企业培训发展计划"，选择500个小型供应基地，进行培训扶持。家乐福庞大的市场渠道体系给中国供应商带来了巨大商机，而这种合作模式对中国市场更有针对性，昨天接待区一直客商满座，一上午就接待了20多个蔬果供应商。

随着经济全球化的深入发展，国际市场的竞争更多体现为营销渠道和供应链间的竞争。商务部流通业发展司副司长吴国华说，去年出台的《国务院关于深化流通体制改革加快流通产业发展意见》，首次提出流通产业是国民经济的基础性和先导性产业。搭建跨采会平台，让供采双方面对面，是释放消费潜力的有效渠道。

家乐福积极响应中国政府的号召，力争在零售行业做好流通体系的建设和发展。农超对接项目是家乐福重点推广的项目之一，采取从农户到超市直供的方式，简化流通环节，提高流通效率，是零售业的一大突破。

（资料来源：http：//news.xinhuanet.com/yzyd/local/20130705/c_116421798.htm）

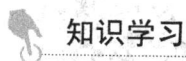 知识学习

一、商品采购业务流程

规范化、标准化管理是连锁经营管理的基本特征之一，采购业务主要有日常商品补货，寻找新商品、新供应商，以及滞销商品、不良供应商淘汰等。采购业务流程的规范化与程序化是连锁企业采购系统高效运作的基本保证。采购业务流程是采购计划的具体执行程序，也是连锁企业与供应商开展交易活动的规范程序，每一程序包括采购业务中连锁企业与供应商双方的权利与义务。

采购流程是指连锁企业从建立采购组织开始到商品引入商场正常销售为止的整个过程。典型的采购流程主要环节如下：建立采购组织—制订采购计划—确定供应商和货源—谈判及签约—商品入场试销—商品正式销售。连锁企业可以在每个流程中设计相应的管理制度来约束采购员的行为。

1. 确定采购计划

连锁企业商品采购业务以商品采购计划为主要依据。因此，确定采购计划是商品采购业务流程的起点。制订商品采购计划应着重抓好以下四个方面的工作。

（1）采购的商品项目。采购的商品项目是在对收集到的市场信息进行分析研究后确定的。其中，除了应考虑过去选择商品项目的经验、市场流行趋势、新产品情况和季节变化等外，还应考虑主力商品和辅助商品的安排。

（2）采购的数量。决定采购的数量，不仅要决定采购总量，而且应该考虑采购批量，这关系到销售成本和经营效益。如果采购批量过多，会造成保管费用增多，影响资金的周转和利用率。但如果商品采购批量太少，不能满足顾客需要，会使门店出现商品脱销，失去销售的有利时机。

（3）采购的时机。这是指双方正式签订采购合同的时机，主要应考虑所采购商品价格变化，连锁企业要通过调查研究对所采购商品的市场价格波动信息有充分了解，掌握其变动的规律性，尽可能把采购时机确定在商品价格处在谷底时，以降低进货成本，提高效益。

（4）采购的货源。连锁企业货源主要包括两个方面：一方面是指商品的产地及来源，如是原装进口还是国内组装，蔬菜水果是否来自原产地；另一方面是指供应商是制造商还是批发商，从制造商方直接进货，商品价格较低但通常距离较远，运输费用较高，而从批发商方间接进货，商品价格较高但通常距离较近，采购费用较低。连锁企业可根据实际情况权衡利弊后进行合理选择。

2. 寻找供应商与供应商报价

这是连锁企业采购流程中紧密联系的两个环节。连锁企业可通过三种途径来寻找供应商：一是建立企业网络平台，把企业计划采购的商品品种、数量和要求等在网页上公布于众。二是通过报纸杂志广播电视等媒体公布采购内容和要求。三是通过信函、电话和传真等方式来寻找供应商。有合作意图的供应商在明确了连锁企业的采购要求后，就会根据企业实际和市场动态向连锁企业提交报价单。

科学编制采购计划

3. 确定可选择的供应商

由于连锁企业采购总量多，往往会吸引众多供应商报价，但供应商良莠不齐，要想有效地执行采购计划，选择合格供应商是关键。选择供应商时，主要应考虑以下六个因素。

（1）货源可靠程度，主要分析供应商的商品供应能力和商品供应信誉情况，弄清供应商是否有能力提供满足采购商品的花色品种、规格及数量等要求，以及以往交易中的信誉和履约率高低等情况。

（2）商品质量和价格条件，主要分析供货商的商品质量是否稳定可靠，是否与消费者的需求特点和企业生产经营的需要相符，商品包装是否美观大方及牢固等。在价格上是否达到预计毛利率水平，该价格是否为消费者和企业所接受，质价是否相符，有无优惠条件等。

（3）供应商结算条件，包括结算方式是否灵活方便及有利于采购方（如延期付款等）。

（4）供应商服务条件，包括周到的购货服务，如代发运、代办理各种手续、按客户要求改包装等，还有完善的售后服务，特别是采购一些技术含量较高的商品，应选择能提供配套服务的供应商。

（5）供应商其他条件，包括路途远近、交通是否便利、运输方式是否合理、进货费用高低、交货的准确率等。

（6）促销支持。例如，供应商是否可以利用当地的宣传媒介做商品广告，能否派促销人员和技术人员到门店提供促销服务等。

巧妙询价议价
保证利益最大化

4. 交易条件谈判

连锁企业根据一定程序确定了可供选择的供应商后，就应与供应商就交易条件开展进一步协商。一般情况下交易条件主要包括：付款方式及条件、交货期及逾期交货赔偿条件、用料及检验、用错料的赔偿条件、品质检验及不合格品的赔偿条件、数量及数量折扣、保险费支付、商品包装、运输方式及费用支付、税项负担和售后服务等。

交易条件谈判应注意四个方面问题：一是交易谈判的基本原则是双赢，既要使己方作出最少让步而获得最大收益，同时又能使对方满意；二是谈判前要作好充分准备，如明确己方的责任及可承担的极限，明确要达到的目的，分析对方的有利和不利条件，认清对方应承担的责任，了解对方的要求，了解对方谈判代表的背景（如教育程度、职位、权力范围、性格、喜好、年龄、资历、籍贯、语言、家庭结构、身体状况等）；三是选择对己方有利的谈判地点、谈判环境和谈判时间；四是要灵活运用各种谈判技巧，如拖延法、速战法、最后出价法、抛砖引玉法等。

做好竞争性谈判采购

5. 签订采购合同

采购合同是连锁企业和供应商在采购谈判达成一致基础上，双方就交易条件、权利义务关系等内容签订的具有法律效力的契约文件，是双方执行采购业务活动的基本依据。经过交易条件谈判，双方在达成一致，明确权利义务的前提下，应签订采购合同，以保证采购活动正常稳定地进行，用法律手段来保护企业利益。

6. 供应商管理

连锁企业一般都拥有成百上千家供应商，而且由于商品淘汰换新，供应商变动也比较频繁，这就需要对供应

采购合同签订控制

进行统一管理。供应商管理应着重做好以下四个方面工作。

（1）对供应商进行分类与编码。分类方法一般可按产品来划分，以便于管理。比较简便的编码方法是用四位数码，第一位为商品大类代码，后三位为供应商代码。若用更细的分类码，其编号原则也是一个供应商一个代码。

（2）建立供应商档案。将每一个供应商基本资料归档，如公司名称、地址、电话、负责人、营业证件号、注册资本金额、营业资料等。

（3）建立供应商商品台账。为了加强供应商所提供的商品管理，连锁企业应为每一个供应商供应的商品建立台账，其主要内容包括商品代码、商品名称、规格、单位、进货量、销售额、进价、售价和供应商代码等。并按一定时期统计分析供应商的销售状况，列出各供应商销售额排行榜，作为今后采购谈判的重要依据之一。

（4）供应商的评价。为了正确地评价供应商，连锁企业可按一定标准将供应商分为 A、B、C、D 类，实施分类管理，以便抓住重点，兼顾一般，做好供应商的管理工作。

巧妙管理供应商
让采购更轻松

7. 收货、验货和支付货款

收货、验货和支付货款是连锁企业履行采购合同的三项主要工作。首先，当接到供应商的发货通知后，作为采购方的连锁企业要及时通知配送中心或门店做好准备工作。其次，配送中心或门店应对供应商的商品按照约定的规定和方式进行验收，验收合格后，签发收货单，并通知采购和财务等部门准备支付货款。最后，财务部门经有关领导批准后，按合同约定向供应商支付货款，并取得相应的凭证入账。

二、新商品开发的流程

1. 新商品开发的意义

新商品是指目前本企业门店尚未陈列或出售的商品。商品是连锁企业生存发展的基本源泉，也是与竞争对手决胜的关键。随着科学技术的发展和消费需求的变化，商品

采购付款流程及管理

生命周期日益缩短已成了不可避免的趋势，新商品不断出现，旧商品不断被替代。若连锁企业不能适时开发新商品，调整商品结构，就会被淘汰。这是商品采购的重要内容，对连锁企业发展具有十分重要的意义。

2. 新商品开发的程序

连锁企业新商品开发要按一定程序来进行，其基本程序如下。

（1）编制年度新商品计划。这是指对新年度的新商品开发作系统规划，主要内容包括增加新分类、增加品项数、增加商品组合群、季节性重点商品计划和自行开发商品计划等。

（2）新商品初评。对于拟引入的新商品，采购人员都应就新商品的进价、毛利率、进退货条件、广告宣传和赞助条件等项目予以初评。经初评基本符合条件的新商品应提交给有关采购组织进行复评，不符合条件的予以淘汰。

（3）新商品复评。新商品初评后，必须经过具有商品专业知识的人员所组成的采购委员会进行复评，对拟引进的品项进行筛选，复评项目除初评项目外，还应对商品的口味、包装、售价及市场接受程度等项目进行更具体、更细致的评估，以防止不符合条件的新商品进入门店销售。

（4）新商品试销。新商品经复评合格后，为了降低风险，连锁企业通常是选择部分门店先进行试销，接受市场检验，然后，再根据试销结果作出是否推广到所有门店的决策。

（5）更新卖场商品陈列表。新商品若试销效果良好，采购部门应积极采取措施进货，并更新商品陈列表。

（6）通知门店。新商品全面进入门店之前，连锁总部应事先告知相关门店，并给予准备时间，要求门店限期做好新商品引进的各项作业，以保证新商品销售。

（7）跟踪管理。新商品导入卖场后，应对其销售状况进行观察和记录，并进行分析研究，发现问题，及时采取措施纠正，以促进新商品销售。

3. 新商品开发应注意的事项

连锁企业在新商品开发过程中应注意以下三个方面事项。

（1）市场的接受程度。连锁企业进行新商品开发必须对市场进行调查研究，掌握市场信息，并根据所掌握的市场信息来判定拟引入新商品的市场接受程度，以防止盲目引入市场接受程度低的商品进入卖场，影响企业经济效益。

（2）与本企业的适合度。由于连锁企业的业态、经营方式和经营实力等因素的影响，市场接受程度高、畅销的新商品，并非都适合本连锁体系经营，因此，连锁企业应通过试销来检验新商品的开发效果，从而决定是否大批量销售。

（3）新商品的配套工作。有些新商品开发需要具备一定条件，如商场空间、员工业务能力、库存控制和必要设施等。因此，连锁企业在新商品引入前必须做好相应的配套工作，为提高新商品销售业绩打好基础。

三、滞销商品的淘汰

1. 滞销品的概念及类型

滞销品是指卖不出去或者在某一时段卖不出去的产品。滞销品与畅销品是相对而言的，随着商品生命周期日益缩短和消费需求变化的不断加快，大多数商品经过一定销售后会由畅销品转化为滞销品。滞销品占据了资金和空间，使新商品无法导入，畅销品无法扩大，降低了商品周转速度，严重地影响连锁企业经济效益。因此，及时引入畅销品，淘汰滞销品是连锁企业采购的重要任务。在连锁经营中滞销品主要有以下四种类型。

(1) 市场上已推出新的替代商品且厂商也将停止生产的商品。

(2) 季节性商品因过季或流行商品因流行期已过而销售不佳的商品。

(3) 因商品质量、价格和实用性等而销售不佳的商品。

(4) 因连锁企业经营管理不当而销售不佳的商品。

知识拓展

国外的超市经营者把滞销品称作是超级市场经营的毒瘤，为"还超市一个健康的体魄"，通常使用的有五种淘汰法：

(1) 排行榜淘汰法。

(2) 销售量淘汰法。

(3) 销售额淘汰法。

(4) 质量淘汰法。

(5) 人为淘汰法。

2. 滞销品的成因和处理方法

(1) 滞销品的成因。连锁企业在经营过程中难免会有滞销品，造成商品滞销的原因很多，但归纳起来主要有三种：

① 商品因素。如商品品质不好、实用性差和价格过高等。

② 市场因素。如不适应当地季节变化、消费需求变化和风俗习惯等。

③ 企业因素。主要是经营管理的影响，如进货管理不当，商品陈列不合理、库存控制差和促销不力等均会造成滞销品增加。

(2) 滞销品处理方法。对于滞销品，必须采取果断的处理措施，绝不能拖延。因为滞销品不但不能带来利润，而且消耗成本，拖得越久，成本也相应越高。根据滞销品成因，主要处理方法有三种：

① 与供应商协商。根据实际情况，与供应商协商一下重新调整滞销品的价格，或采取大力度的促销活动，或根据市场需求进行再加工。

② 提高经营管理水平。主要有深入开展市场调查研究，把握好消费者的需求变化，采购适销对路的商品；加强卖场管理，合理进行卖场布局和陈列商品，以吸引消费者；抓好库存管理，保持良好的库存结构和数量，以防止商品积压。

③ 及时淘汰滞销品。对于商品本身的质量、款式和实用性等原因形成的滞销品，除了进行降价促销处理，还应把它们从商品陈列表中剔除，并积极设法将余货退还给供应商。

3. 滞销品淘汰程序

为了使滞销品的淘汰工作正常有序地进行，滞销品淘汰应按一定程序开展。其基本流程包括：

(1) 数据分析。淘汰滞销品必须从成千上万商品中找出滞销品，这就需要根据一定标准，进行数据分析，以确定滞销品的品种。一般有三种方法：一是以销售最后的项数或百分比为淘汰基准；二是以销售数量未达一个标准为淘汰基准；三是以商品品质为基准，把销售不佳、周转慢或品质有问题的商品作为淘汰品。

（2）滞销原因的确认。采购部门应分析研究拟淘汰商品的滞销原因，究竟是商品本身的因素，如品质不好、款式色彩过时和实用性差等；还是经营管理方面的因素，如作业疏失，如缺货未补、订货不准确和陈列定位错误等，然后再确认是否淘汰。

（3）变更商品陈列表。商品陈列表是连锁企业商品经营管理的基本依据，因此，淘汰商品的品种确认后，采购部门要填写《淘汰商品审核表》，经过一定的审批程序，变更企业的商品陈列表。

（4）确定淘汰品的数量和金额。确定要淘汰的商品后，采购部门应彻底清查配送中心和各门店所有淘汰品库存数量及金额，以便于处理及了解处理后的损失大小，以保证企业整体利益。

（5）告知门店及相关单位。商品淘汰日期确定后，总部应事先向门店及相关单位告知滞销品的项目及退换货作业的程序，让门店等单位做好准备工作。特别是要注意做好供应商的工作，让供应商能配合做好滞销品的淘汰工作。

（6）处理淘汰品。主要有两种方式。一是退货处理，应及时通知厂商按时取回退货，并将扣款单送缴会计部门，做会计处理。二是卖场处理，即将处理方式明确通知门店，在卖场进行处理，直到处理完毕为止。

（7）跟踪管理。做好淘汰品的记录，将处理完毕的淘汰品汇成总表，整理成档案，供随时查询，避免因时间过长或人事变动等因素，又重新将滞销品引进，造成不必要的损失。

四、采购时间与数量的确定

确定采购时间与数量有定时采购、定点采购、招标采购、联合采购和持续补货五种方法。

1. 定时采购

定时采购就是连锁企业确定一个固定时间即采购周期，每隔一个采购周期就集中采购一批商品，此时采购商品的数量以这段时间销售掉的商品为依据计算。

采购周期根据企业采购该种商品的备运时间、平均日销售量及企业储备条件、供货商的供货特点等因素而定，一般由企业预先固定。

2. 定点采购

定点采购也称为采购点法，是指企业根据库存水平降到某一点来确定采购时间。定点采购的特点是采购批量固定，采购时间不固定。

3. 招标采购

招标采购是通过公开招标的方式而进行的大量采购。招标采购主要用于政府和某项大型工程的大宗商品采购。

4. 联合采购

这种采购方式实际上是同行业的合作采购，是自由连锁组织最常用的采购方法。这是指一些中小型连锁企业或独立商店组织起来，为了获得一定的规模优势，成立采购联盟或加入第三方采购组织，实行共同进货。在这种情况下，小型连锁企业的许多订单集中在一起，以便在与供应商谈判时争取较低的价格，同时拓宽供货渠道。

5. 持续补货

持续补货是指连锁企业与供应商一体化运作，连锁企业无须下订单，而是供应商根据信息系统掌握连锁企业的门店销售情况和库存情况随时向企业供货，以保证商品持续供应并降低库存。这种运作方式通常是两家公司长期协作的结果。

任务四　零售商品配送

 任务分析

随着我国零售业的迅速发展，我国零售业的经营格局和管理方法正在不断变化，企业越来越重视对物流环节的投入和管理，尤其是配送活动，已成为连锁零售企业物流体系建设的重要工作之一。配送模式的选择直接关系到连锁零售企业的配送水平与物流成本，投资过大的物流配送模式很容易造成浪费，但过于保守的物流配送模式又会制约零售企业的发展。因此，选用何种配送模式对零售企业来说是一个重要的问题。

情境引入

沃尔玛物流配送中心产生的效率

为了满足美国国内 3 000 多个连锁店的配送需要，沃尔玛公司在国内共有近 3 万多个大型集装箱挂车，5 500 多辆大型货运卡车，24 小时昼夜不停地作业。每年的运输总量达到 77.5 亿箱，总行程 6.5 亿千米。合理调度如此规模的商品采购、库存、物流和销售管理离不开高科技的手段。沃尔玛公司建立了专门的电脑管理系统、卫星定位系统和电视调度系统拥有世界第一流的先进技术。沃尔玛公司总部只是一座普通的平房但与其相连的计算机控制中心却是一座外貌形同体育馆的庞然大物，公司的计算机系统规模在美国仅次于五角大楼（美国国防部）甚至超过了联邦航天局。全球 4 000 多个店铺的销售、订货、库存情况可以随时调出查阅。公司同休斯公司合作发射了专用卫星用于全球店铺的信息传送与运输车辆的定位及联络。公司 5 500 多辆运输卡车，全部装备了卫星定位系统每辆车在什么位置、装载什么货物目的地是什么地方，总部一目了然，可以合理安排运量和路程最大限度地发挥运输潜力、避免浪费、降低成本提高效率。

1. 沃尔玛配送中心采用的作业方式

配送中心的一端是装货的月台，另外一端是卸货的月台，两项作业分开。看似与装卸一起的方式没有什么区别，但是运作效率由此提高很多。配送中心就是一个大型的仓库，但是概念上与仓库有所区别。

交叉配送 CD（Cross Docking），交叉配送的作业方式非常独特，而且效率极高，进货时直接装车出货，没有入库储存与分拣作业，降低了成本，加速了流通。800 名员工 24 小时倒班装卸搬运配送，沃尔玛的工人的工资并不高，因为这些工人基本上是初中和高中毕业，只是经过了沃尔玛的特别培训。

商品在配送中心停留不超过 48 小时，沃尔玛要卖的产品有几万个品种，吃、穿、住、用、行各方面都有。尤其像食品、快速消费品这些商品的停留时间直接影响到使用。

每家店每天送 1 次货（竞争对手每 5 天 1 次），至少一天送货一次意味着可以减少商店或者零售店里的库存。这就使得零售场地和人力管理成本都大大降低。要达到这样的目标就要通过不断地完善组织结构，建立能够满足这样的需求的一种运作模式。

沃尔玛的物流循环系统当中的可变性使这些卖方和买方（工厂与商场）可以对于这些顾客所买的东西和订单能够进行及时的补货，配送中心从供货商那里就可以直接拿到货。这个系统与配送中心联系在一起，沃尔玛的配送中心实际上是一个中枢，有供货方的产品，然后提供给商场。供货商只提供给配送中心，不用直接给每个商店，因此这个配送中心可以为供货商减少很多成本。

2. 与供应商共赢

沃尔玛降低配送成本的另外一个方法就是与供应商一起来分担。供货商们可以送货到沃尔玛的配送中心，也可以直接送到商店当中，这两者进行比较，如果供货商们采用集中式的配送方式，就可以节省很多钱，而供货商就可以把省下来的这部分利润，让利于消费者。而且这样做，这些供货商们也可以为沃尔玛分担一些建立配送中心的费用。所有这些做法的最终目的都是为向消费者进行让利。通过这样的方法，沃尔玛就从整个供应链中，将这笔配送中心的成本费用节省下来，实现了低投入高产出。

3. 沃尔玛完善的补货系统

沃尔玛之所以能够取得成功，是因为沃尔玛在每一个商店都有一个补货系统。它使得沃尔玛在任何一个时间点都可以知道现在这个商店当中有多少货品、有多少货品正在运输过程当中、有多少是在配送中心等。同时它也使沃尔玛可以了解，沃尔玛某种货品前一周卖了多少、去年卖了多少，而且可以预测沃尔玛将来可以卖多少这种货品。

沃尔玛之所以能够了解这么细，就是因为沃尔玛有 UPC 统一的货品代码。商场当中所有的产品都要有一个统一的产品代码叫 UPC 代码。沃尔玛所有的货品都有一个统一的产品代码，这是非常重要的。沃尔玛之所以认为所有这种代码都是非常必要的，是因为可以对它进行扫描，可以对它进行阅读。在沃尔玛的所有商场当中，都不需要用纸张来处理订单。

4. 建立开放式的平台

沃尔玛每一个星期可以处理 120 万箱的产品。由于沃尔玛公司的商店众多，每个商店的需求各不相同，这个商店也许需要这样，那个商店可能又需要另一样。沃尔玛的配送中心能够根据商店的需要，自动把产品分类放入不同的箱子当中。沃尔玛所有的系统都是基于 UNIX 系统的一个配送系统，这是一个非常大的开放式的平台，不但采用传送带，还采用产品代码以及自动补货系统和激光识别系统，这样，员工可以在传送带上就取到自己所负责的商店所需的商品。那么在传送的时候，他们是怎么知道应该取哪个箱子呢？传送带上有一些信号灯，有红的、绿的，还有黄的，员工可以根据信号灯的提示来确定商品应被送往的商店来拿取这些商品，并将取到的这些商品放到一个箱子当中。这样，所有这些商场都可以在各自所属的箱子当中放入不同的货品。由于供应链中的各个环节都可以使用这个平台，因此节省了拣选成本。

（资料来源：http://www.coal.org.cn/news/286582.htm）

 知识学习

配送是指按用户订货要求，在配送中心或其他物流节点进行货物配备，并以最合理的方式送交用户。配送是物流中的一种特殊的、综合的活动形式，是商流与物流的紧密结合。

一、商品配送的模式

按供应主体，配送时间和配送数量的不同，商品配送可以划分为不同的配送模式。

1. 按供应主体划分

（1）供应商（企业）直接配送模式。供应商直接配送模式是指供应商直接向零售商或连锁企业送货的方式。其优点首先是减少了一级批发商、二级批发商等中间配送环节，不仅避免了连锁超市自己建设配送中心的费用，使连锁超市削减整体成本与固定资产投资，而且使供应商与零售商结成战略同盟，共同推动产品的销售，降低库存成本，提高物流效率。其次，生产企业或供应商承担大部分送货任务可降低零售商的物流成本；减少连锁企业在物流系统方面的投资，节省了资金；同时降低连锁企业运作的复杂性。最后，供应商直接配送还可以缩短配送时间，满足部分商品对运输速度的高要求。其缺点包括：在物流配送方面做得好的生产企业或供应商毕竟不多，大部分生产企业擅长的是产品的制造、研发，不是物流配送。店铺和供应商之间的信息交流比较滞后。所以，依赖供应商提供商品配送，经常会出现缺货断档、配送时间不能满足门店要求。并且由于超市的商品品种繁多，并不是所有的生产厂家或供应商都有足够的物流配送能力来满足超市商品的配送需求。大部分的供应商或生产厂家的物流配送服务不到位，达不到超市的配送需求，反而会影响到超市商品的供应保证能力。再者，快速满足消费者的需要使得连锁超市的大多数商品配送具有小批量、多批次的特点，对于这些小批量、多批次的商品如果也都是采用供应商直接配送，就会导致运输的规模效益难以形成，运输工具的空载率高，运输成本增加。

（2）零售企业（企业内）自营配送模式。零售企业自营配送模式是目前连锁零售企业广泛采用的一种配送模式。企业通过独立组建配送中心，实现对内部各门店的商品供应配送。这种配送中心的各种物流设施和设备归零售企业所拥有，作为一种物流组织，配送中心是零售企业的一个有机组成部分。它的优点是：具有灵活性，提供给零售企业更多的控制权利，这种控制能使企业把配送活动与企业内部的其他物流过程结合在一起；使零售企业拥有一定的无形利益，尤其是在市场形象方面。但是，这种隶属于某零售企业的配送中心，只服务于该零售企业的各门店，通常，它是不对外提供服务的。因此，许多零售企业都通过组建自己的配送中心，来完成对内部各门店的统一采购、统一配送和统一结算。沃尔玛公司所属的配送中心就是公司独资建立、专门为本公司所属的连锁门店提供商品配送服务的自用型配送中心。

（3）社会化配送模式。社会化配送模式是指零售企业的物流活动由第三方的专业公司来承担的配送模式，即所谓第三方物流。零售企业可以将全部或部分物流活动委托第三方物流公司来承担。其优势在于：专业公司能够通过规模性和规范性操作，带来经济利益。

（4）共同配送模式。共同配送模式是一种配送经营企业之间为实现整体配送合理化、以互惠互利为原则、互相提供便利的配送服务的协调型配送模式。共同配送是中小型连锁企业实现物流合理化的良策。在实践中，主要有两种共同配送方法：一种是由两种以上不同业种的企业联合起来共同完成配送；另一种是具备一定的先进设备，能被各企业共同利用，并提供多功能服务的物流企业与几个中小型的连锁零售公司合作。共同配送的优点是：提高运输服务质量和降低运输成本；增强企业的应变能力；利于企业有限资源的合理互用；扩大企业运营规模；增强企业的物流能力。

2. 按配送时间及配送数量划分

（1）定时配送。定时配送是指按规定时间间隔进行配送，如数天或数小时配送一次等，每次配送的品种及数量可按计划执行，也可在配送之前以商定的联络方式通知配送品种及数量。这种配送方式的优点是：时间固定，易于安排工作计划，易于计划使用车辆；对用户而言，也易于安排接货。缺点是：由于配送物品种类繁多、数量变化大，配货、装货难度较大，在要求配送数量变化较大时，也会使配送运力安排出现困难。

在连锁企业经营中主要采用日配的定时配送形式。日配是定时配送中使用较广泛的方式，尤其在城市内的配送，日配占了绝大多数。

日配的时间要求上是：上午的配送订货下午可送达，下午的配送订货第二天早上送达，送达时间在订货后的24小时之内。或者是用户下午的需要保证第二天上午送到，上午的需要保证下午送到，在实际投入使用前24小时之内送达。

日配方式的开展，可使用户基本上不需要保持库存，不以传统库存为销售经营的保证，而以配送的日配方式实现这一保证。

（2）定量配送。定量配送是指固定的批量在一个指定的时间范围中进行配送。这种配送方式的优点是：数量固定，备货工作较为简单，可以按托盘、集装箱及车辆的装载能力确定配送的定量，能有效地利用托盘、集装箱等集装方式，也可做到整车配送，配送效率高。

（3）定时定量配送。定时定量配送是指按照规定时间和规定的配送数量进行配送。这种方式兼有定时和定量两种方式之优点，但特殊性强，计划难度大，适合采用的对象不多，不是一种普遍采用的方式。

（4）定时定路线配送。定时定路线配送是指在规定的运行路线上制定到达时间表，按运行时间表进行配送，用户可按规定路线及规定时间接货及提出配送要求。这种方式利于安排车辆及驾驶人员。

（5）即时配送。即时配送是指完全按用户突然提出的配送要求，按时间和数量随即进行配送的方式。这是一种具有很高的灵活性的应急方式，即用即时配送可以代替安全储备。

二、配送中心运营管理

配送中心与传统的仓库和运输是不一样的，一般的仓库只重视商品的储存保管，传统的运输只是提供商品运输而已，而配送中心则重视商品流通的全方位功能，同时具有商品储存保管、流通销售、分拣配送、流通加工及信息提供的功能。配送中心的功能如图6-2所示。

1. 流通销售的功能

流通销售是配送中心的一个重要功能。在现代社会，随着法制的健全和市场经济的成熟，许多的直销业者利用配送中心，通过有线电视或互联网等配合即进行商品营销。此种商品销售方式可以大大降低购买成本，因此广受消费者喜爱。

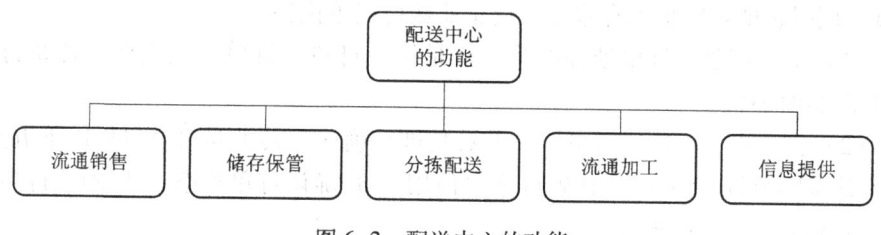

图 6-2 配送中心的功能

2. 储存保管的功能

商品的交易达成之后，除了采用直配直送的批发商之外，其他零售企业均将商品经实际入库、保管、流通加工包装而后出库，因此配送中心具有储存保管的功能。配送中心一般都有商品保管的储放区，因为了为防止缺货，任何的商品或多或少都有一定的安全库存，根据商品的特性及生产前置时间的不同，安全库存的数量也不同。

3. 分拣配送的功能

配送中心就是为了满足多品种、小批量的客户需求而发展起来的，因此配送中心必须根据客户的要求进行分拣配货作业，并以最快的速度送达客户手中或者是在指定时间内配送到客户手中。配送中心的分拣配送效率是物流质量的集中体现，是配送中心最重要的功能。

4. 流通加工的功能

配送中心的流通加工作业包含分类、磅秤、大包改包装、产品组合包装、商标及标签粘贴作业等。这些作业是提升配送中心服务品质的重要手段。

5. 信息提供的功能

配送中心除了具有销售、配送、流通加工和储存保管等功能外，更能为配送中心本身以及上下游企业提供各式各样的信息情报，以供配送中心制定营运管理政策、开发商品线以及制定商品销售推广政策做参考。

三、配送作业管理

配送作业管理就是按照用户的要求，将货物分拣出来，按时按量发送到指定地点的过程。配送作业是配送中心运作的核心内容，因而配送作业流程的合理性以及配送作业效率的高低都会直接影响整个物流系统的正常运行。配送的具体作业程序如下：

1. 订单处理

配送作业的一个核心业务流程是订单处理，订单处理是实现客户服务目标最重要的影响因素。改善订单处理过程，缩短订单处理周期，提高订单满足率和供货的准确率，提供订单处理全程跟踪信息，可以大大提高顾客服务水平与顾客满意度，同时也能够降低库存水平，使企业获得竞争优势。

（1）接受订单。订单处理的第一步是接受订单，订单方式主要有传统订单与电子订单两种。

（2）订单确认。接受订单后，需对其进行确认。其主要内容包括以下五点：① 确认货物数量及日期；② 确认客户信用；③ 确认订单形态；④ 确认订单价格；⑤ 确认加工包装形式。

（3）设定订单号码。每一订单都要有其单独的订单号码，号码由控制单位或成本单位指定，除了便于计算成本外，还可以用于配送和其他有关工作，所有工作说明单及进度报告均应附于此号码。

（4）建立客户档案。客户档案应包括以下内容：客户名称、代号、等级等；客户信用额度；可以销售付款及折扣的条件；开发或负责此客户的业务员资料；客户配送区域；可以收货地址；客户配送路径顺序；适合的送货车辆形态；卸货特性；客户配送要求和延迟订单（过了订货时间的订单）的处理方式（或方法）等。

（5）存货查询及依订单分配存货。输入客户订货商品名称、代号时，系统就查对存货档案的相关资料，看此商品是否缺货，如果缺货则提供商品资料或是此缺货商品已采购但未入库的信息，这些信息便于接单人员与客户协调是否改订替代品或是否允许延后出货等办法，以提高接单人员的接单率及接单处理效率。

（6）计算拣取的标准时间。订单处理人员事先掌握每一个订单或每批订单可能花费的拣取时间，以便有计划地安排出货过程，因此，要计算订单拣取的标准时间。

（7）依订单排定出货时间及拣货顺序。前面已根据存货状况进行了存货的分配，但对于这些已分配存货的订单，应如何安排出货时间及拣货先后顺序，通常会再依客户需求、拣取标准时间及内部工作负荷来拟定。

（8）存货不足的处理。若现有存货数量无法满足客户需求，客户又不愿意以替代品替代时，则应按照客户意愿与公司政策来决定对应方式。

（9）订单资料处理输出。订单资料经由上述程序处理后，即可开始打印一些出货单据，以展开后续的物流作业。需要打出的单据包括：拣货单（出库单）、送货单、缺货资料等。

2. 备货

备货是指准备货物的一系列活动。备货是配送的基础环节，又是决定配送成败与否、规模大小的重要因素，同时，它也是决定配送效益高低的关键环节。如果备货不及时或不合理，成本较高，会大大降低配送的整体效益。备货的主要步骤包括：制订进货作业计划、商品送达、卸货、收货、货物分类、核对有关单据与信息、货品验收和处理进货信息等。

3. 储存

储存货物是供货与进货活动的延续。在配送活动中，货物储存有两种表现形态：一种是暂存形态；另一种是储备形态，包括保险储备和周转储备。

暂存形态的储存是指按照分拣和配货工序的要求，在理货场地储存少量货物。这种形态的储存是为了适应"日配""即时配送"需要而设置的。其数量多少对下一个环节的工作方便与否会产生很大的影响。但一般情况下，不会影响储存活动的总体效益。

4. 流通加工

流通加工是指物品在从生产领域向消费领域流动的过程中，为维护产品质量、改善产品功能、促进销售、提高物流工作效率而对物品进行的加工。在物流配送过程中，为了更好地满足客户的要求，必须对货物进行流通加工。

5. 拣货

在接收到的所有订单中，客户的每张订单都至少包含一项以上商品，将这些不同种类、数量的商品由配送中心取出并集中在一起，就是拣货作业。拣货作业的基本步骤包括：形成拣货资料、选取拣货方法、选择拣货路径、搬运和拣取等。

6. 配货

配货是指把拣取分类完成的货品经过配货检查过程后，装入容器并做好标示，再运到配货准备去，待装车后发送。配货作业需按一定步骤进行，具体包括以下三个步骤。

（1）分货。分货就是把拣货完毕的商品按用户或配送路线进行分类的工作。分货工作一般有以下两种。

① 人工分货。人工分货是指所有分货作业过程全部由人工根据订单或其他传递过来的信息进行，而不借助任何电脑或自动化的辅助设备。

② 自动分类机分货。自动分类机分货是指利用电脑和自动分辨系统完成分货工作。这种方式不仅快速省力，而且准确，尤其适应于多品种业务的配送中心。

（2）配货检查。配货检查是指根据用户信息和车次对拣送物品进行商品号码和数量的核实，以及对产品状态和品质的检查。分类后需要进行配货检查，以保证发运前的货物品种、数量和质量无误。

配货检查比较原始的做法是人工检查，即将货品一一点数并逐一检验所配货的品质及状态情况。目前，配货检查常用的方法有：① 商品条形码检查法；② 声音输入检查法；③ 重量计算检查法。

（3）包装、打捆。配货作业的最后一环，便是对配送货物进行重新包装、打捆，以保护货物，提高运输效率，便于配送到户时客户识别各自的货物等。

7. 送货

送货是利用配送车辆把用户订购的物品从制造厂、生产基地、批发商、经销商或配送中心，送到用户手中的过程。送货通常是一种短距离、小批量、高频率的运输形式。送货作业是配送中心最终直接面对用户的作业，主要有以下五个步骤。

（1）车辆调度。货物配好以后，就要分配任务进行运输调度与装卸作业，即根据配送计划所确定的配送货物数量、特性、客户地址、送货路线与行驶趟次等计划内容，指派车辆与装卸、运送人员，下达运送作业指标和车辆配载方案，安排具体的装车与送货任务，并将发货明细单交给送货人员或司机。

（2）车辆配装。根据不同的配送要求，在选择合适的车辆的基础上对车辆进行配装以提高利用率。

（3）运送。根据配送计划所确定的最优路线，在规定的时间及时准确地将货物运送到客户手中，在运送过程中要注意增强运输车辆的考核与管理。

（4）送达服务与交割。当货物送达收货地点后，送货人员应协助收货单位将货品卸下车，放到指定位置，并与收货人员一起清点货物，做好送货完成确认工作。如果有退货和调货的要求，则应随车带回退调商品，并完成有关单证手续。

（5）费用结算。配送部门的车辆按指定的计划送达客户，完成配送工作后，即可通知财务部门进行费用结算。

8. 退货管理

退货或换货应尽可能地避免，因为退货或换货的处理，只会大幅增加成本，减少利润。退货处理的方法主要有以下四种。

（1）无条件重新发货。对于因为发货人按订单发货发生错误的，则应由发货人重新调整发货方案，将错发货物调回，重新按订单发货，中间发生的所有费用应由发货人承担。

（2）运输单位赔偿。对于因为运输途中产品受到损坏而发生的退货，根据退货情况，由发货人确定所需修理费用或赔偿金额，然后由运输单位负责赔偿。

（3）收取费用，重新发货。对于因为客户订货有误而发生的退货，退货产生的所有费用由客户承担，退货后，再根据客户新的订单重新发货。

（4）重新发货或替代。产品有缺陷，客户要求退货，配送中心接到退货指示后，营业人员以安排车辆收回退货商品，将商品集中到仓库退货处理区进行处理。一旦产品回收活动结束，生产厂家及其销售部门就应立即采取措施，用没有缺陷的同一种产品或替代品重新填补零售商店的货架。

四、配送方法

配送方法主要是指为完成配送任务所采用的具体工作方法，包括配货作业方法和配送路线的选择等。

1. 配货作业方法

配货作业是将储存的货物按发货要求分拣出来，放到发货场所指定位置的作业活动的总称。配货作业可以采用机械化、半机械化或人工作业，常采取"摘果方式"或"播种方式"完成配货作业。

（1）摘果方式。摘果方式又称挑选方式，它是用搬运车辆巡回于货物保管场所，按配送要求，从每个货位或货架上挑选出所需货物，巡回一次完成一次配货作业。这种方式通常适用于不易移动或每一用户需要货物品种多而数量较小的情况。

（2）播种方式。播种方式是将配送数量较多的同种货物集中搬运到发货场所，然后将每一用户所需要的数量取出，分放到每一货位处，直到配送完毕的过程。这种方式适用于较容易移动的货物，即储存货物的灵活性较强，以及需要量较大的货物。

2. 车载货物的配装

合理配装是充分利用运输车辆容积、载重量和降低物流成本的重要手段。配装达到满载满容的基本方法是以车辆的最大容积和载重量为限制条件，并根据各种货物的容量、单件货物的体积建立相应的数学模型，通过计算求出最佳方案。这里要注意以下两个问题。

（1）在货物种类不多、车辆类型单一的情况下，可直接采用人工计算方式，达到货物与车辆的匹配，实现满载满容。

（2）在配装货物种类较多、车辆类型也较多的情况下，采用人工计算有困难时，可采用计算机计算来实现优化配装目的。如果不具备使用计算机的条件，可以从多种配送货物中选出容量最大、最小的两种，利用人工计算配装。

3. 配送路线的确定

配送路线是否合理，直接影响到配送效率和配送效益。确定配送路线所涉及的因素较多，包括用户的要求、配送资源状况及道路拥挤情况等。在配送路线的各种方法中，都要考虑配送要达到的目标，以及实现配送目标的各种限制条件等，即在一定约束条件下，选择最佳的方案。

（1）配送路线确定原则。配送路线的确定与配送目标在原则上是一致的，这些原则包括成本要低、效益要高、路线要短、准时性要高、劳动消耗要少及运用要合理等。

（2）配送路线确定的限制条件。实现配送目标总是要受到许多条件的约束和限制。一般来讲，这些限制和约束条件包括所有用户对货物品种、规格和数量的要求，用户对货物发送时间范围的要求，在允许通行的时间（称是交通拥挤时所做的时间划分）内进行配送，车辆载重量和容积的限制，以及配送能力的约束等。

（3）配送路线的确定方法。确定配送路线的方法很多，诸如方案评价法、数学模型法、经验法和节约历程法等。

项目实施

学习商品采购可以从下列六个方面的步骤展开，如图6-3所示。

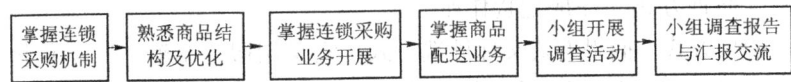

图6-3 商品采购的学习程序

在相关知识学习的基础上，通过选择一家商铺进行商品结构、配送方式等调查，通过讨论分析，进一步了解连锁企业商品结构设计原则，从而对商品结构优化产生感性认识。最后通过配送方式的了解，增强连锁采购管理能力。其学习活动工单，如表6-1所示。

表6-1 商品采购的学习活动工单

学习小组			参考学时	
任务描述	通过相关知识的学习和实地调查分析，明确商品结构的设计原则，掌握商品采购业务流程，熟悉连锁配送要点，从而全面理解和掌握商品采购的相关知识			
活动方案策划					
活动步骤	活动环节	记录内容		完成时间
现场调查	一家门店的商品结构			
	访谈了解配送方法			
资料搜集	连锁企业配送中心运作			
	连锁企业生鲜采购特点			
分析整理	商品结构优化步骤			
	采购作业流程			
	连锁配送核心			

 **项目总结**

零售企业采购的首要环节就是要对所采购的商品进行分类。在具体分类时，企业可以选择不同的标准作为依据进行划分。零售商品结构是指零售企业在一定经营范围内，按一定的标准将经营的商品划分为若干类别与项目，并确定各类别和项目在商品总构成中的比重。按照商品结构可以将商品分为：主力商品、辅助商品和关联商品。

商品目录是零售商根据本企业的销售目标，把应该经营的商品品种，用一定的书面形式，并经过一定的程序固定下来，成为企业制订商品购销计划及组织购销活动的主要依据。商品组合是指零售企业经营的全部商品结构和经营范围，即全部商品线和商品项目的组合方式。

商品采购是零售企业内部运作过程的重要方面，它不仅是商店运作的第一环节，是决定整个零售运作的前提条件，而且是出售商品的利润以达到商店最终运作目的的关键。随着零售商店规模形式的扩大和改变，随着商品销售中零售商与供应商之间关系的演变，采购商品这一环节的专业性和技术性也应不断加强。具体来说，在零售企业，采购管理人员的主要工作内容包括：制订采购计划、确定采购预算、从事采购作业、管理供应商和进行采购控制。

配送就是按用户订货要求，在配送中心或其他物流结点进行货物配备，并以最合理的方式送交用户。配送中心与传统的仓库和运输是不一样的。一般的仓库只重视商品的储存保管，一般传统的运输只是提供商品运输配送而已；而配送中心重视商品流通的全方位功能，同时具有商品储存保管、流通行销、分拣配送、流通加工及信息提供等功能。

 **实战训练**

一、实训目标

1. 通过实训能理解商品结构优化的原则与核心要素。
2. 访问调查本地一家零售门店，了解不同类别商品配送的方法及原因。

二、内容与要求

选择本地相同类型的一家商店进行实地调查。以实地观测、访谈调查为主，结合资料文献的查找，收集相关数据和图文。小组组织讨论，形成调查报告和班级交流汇报材料。

三、组织与实施

1. 以学习小组为单位进行实训，小组规模一般为4~6人，分组要注意小组成员的地域分布、知识技能、兴趣性格的互补性，合理分组，并定出小组长，由小组长协调工作。

2. 全体成员共同参与，分工协作完成任务，并组织讨论、交流。

3. 根据实训的调查报告和汇报情况，相互点评，进行实训成效评价。

四、评价与标准

实训评分指标与标准，如表6-2所示。

表6-2 商品采购调研实训评价评分表

评分等级 评分标准 评分指标	好（80~100分）	中（60~80分）	差（60分以下）	自评	组评	总评
项目实训准备 （10分）	分工明确，能对实训内容事先进行精心准备	分工明确，能对实训内容进行准备，但不够充分	分工不够明确，事先无准备			
相关知识运用 （30分）	能够熟练、自如地运用所学的知识进行分析	基本能够运用所学知识进行分析，分析基本准确，但不够充分	不能够运用所学知识分析实际			
实训报告质量 （30分）	报告结构完整，论点正确，论据充分，分析准确、透彻	报告基本完整，能够根据实际情况进行分析	报告不完整，分析缺乏个人观点			
实训汇报情况 （20分）	报告结构完整，逻辑性强，语言表达清晰，言简意赅，讲演形象好	报告结构基本完整，有一定的逻辑性，语言表达清晰，讲演形象较好	汇报材料组织一般，条理不强，讲演不够严谨			
学习实训态度 （10分）	热情高，态度认真，能够出色地完成任务	有一定热情，基本能够完成任务	敷衍了事，不能完成任务			

复习检测

一、名词解释

1. 联合采购

2. 主力商品

二、选择题

1. 连锁经营商品采购的特征（   ）。
   A. 实行统一采购制度   B. 购销业务统分结合
   C. 计划性强   D. 采购批量大
2. 商品结构的要求包括（   ）。
   A. 适合顾客对商品的选择
   B. 满足顾客需要的结构
   C. 保证顾客对商品配套的需求
   D. 适合商品销售规模和经济效益的要求
3. 影响商品结构的因素包括（   ）。
   A. 商品生产关系   B. 消费者与消费习惯的变化
   C. 商品季节性的变化   D. 经济条件的变化
4. 主力商品的保证包括（   ）。
   A. 采购计划优先   B. 储存货位的优先
   C. 配送优先   D. 上架陈列优先
   E. 促销优先   F. 资金优先

三、简答题

1. 什么是零售商品结构，分析零售商品结构的意义是什么？
2. 零售商品结构的配置策略有哪些？
3. 零售商品组合的含义是什么？如何优化零售商品组合？
4. 编制采购预算的方法有哪些？
5. 采购作业的基本流程包括哪些环节？
6. 什么是商品配送，商品配送有什么意义？
7. 现在零售企业的采购方式有哪些？
8. 配送中心的节本作业流程是怎样的？
9. 常见的配送方法有哪些？

四、能力训练题

比较永辉配送中心与沃尔玛配送中心运作的异同点，并分析其优劣势。

项目七

商品陈列与展示

 学习目标

1. 知识目标
◎ 了解商品陈列原则
◎ 了解商品陈列类别及其作用
◎ 掌握正常货架商品陈列与展示标准
◎ 掌握各类促销陈列与展示标准
◎ 掌握关联陈列与展示标准
◎ 拓展创意陈列思路
2. 能力目标
◎ 学会进行各类型商品陈列与展示

 项目引导

店面设计与商品陈列大有学问,不仅需要研究消费者的心理、各类产品的不同属性和销售情况,而且在设计中应遵循吸引顾客、留住顾客、刺激顾客购买等原则。下面将分别从专业和消费者的角度对店面设计与商品陈列的科学性和接受性进行分析与评价。

White. Coltart 曾说过:"科学的、独具匠心的商品结构与卖场布局,能赋予商品自我推销的能力。"超市为顾客自选式购物,合理的产品陈列与空间布局因而成为超市产品策略中的重要环节。合理的产品陈列与空间布局是超市经营者运用一定的技术展示产品、创造理想的购物环境、最大限度地吸引顾客和方便顾客。如何让顾客在商品面前逗留,如何让超市卖场的商品吸引顾客,让流动中的顾客停下来,拿取商品欣赏并能够将商品放到购物车里,这是超市经营者必须努力去做的工作。通过本项目的学习,使学生对于商品陈列的认知不仅仅局限于把商品摆上货架,而是真正理解商品陈列对于促进销售、降低损耗等起到的作用。

任务一　常规货架陈列与展示

 任务分析

一家 1 万平方米的购物广场往往有近 3 万种商品以供销售。消费者步入零售门店，如何从众多的商品中快速找到自己感兴趣的商品，一方面要求零售企业的平面布局更加合理，另一方面则要求将这些商品更好地陈列并展示在消费者面前。因此，本任务主要介绍常规货架陈列与展示的相关内容，帮助学生理清陈列货架选择的原则及陈列标准设定的依据。

情境引入

超市的商品陈列技巧

超市的商品陈列大有学问，我们是否曾有这样的经历，为买一袋食盐，几乎将整个超市逛了一圈。等到出超市时，手里已经多了不少零食商品。经常逛超市的消费者不难发现，超市的商品陈列很讲究技巧，生活必需品往往放在超市最深处，可买可不买的商品则在收银台最显眼的地方。

在城区一家家居公司上班的罗小姐，平均每周逛一次超市，"本意大多是去购买酱油、米等生活必需品的，可要购买这些商品，就得找遍大半个超市，选好这几样东西，到收银台的途中，总会顺手捎带些口香糖、薯片等。"罗小姐说，她的家里、办公室柜子里，都放有这样的零食，"并非非吃不可，只是在收银台排队时，顺手拿成了习惯。"

为了探究超市的商品陈列技巧，曾有记者走访了城区一家超市，从 3 楼入口处进去，有睡衣、内衣等；下到 2 楼后，电梯口附近是酒、牛奶以及油盐酱醋；与收银台一个通道之隔的柜台上，放着各种饮料；紧靠着收银台的货架上放着儿童糖果、口香糖及计生用品。

为了更加全面地了解超市的商品陈列技巧，记者还去到了另外两家连锁超市，它们对商品陈列远近之分有极其相似的特点，大米、面条等生活必需品都放在超市最深处，靠近收银台的地方均有糖果、饮料、口香糖。记者在一家超市收银台附近观察了 10 分钟，大约五成顾客在排队等候时，会浏览货架上的口香糖等商品，最终有 5 位顾客购买。

记者采访中，一位不愿意透露姓名的超市主管介绍了其中的秘密——超市的商品陈列技巧是考虑到顾客的弹性需求，生活必需品就算放在最远的地方，顾客也一定会买；而口香糖、糖果等，对很多顾客而言，属于可买可不买的商品，对

商家而言，则是利润相对较高的商品，自然要放在最方便顾客拿取的地方，"这些东西如果放在超市中央或者深处，销量绝对会大降。"

 知识学习

商品的陈列要注意研究消费者的购买心理，要既能美化店容店貌，又能扩大商品销售。消费者进入商店，购买到称心如意的商品，一般要经过感知→兴趣→注意→联想→欲求→比较→决定→购买的整个过程，即消费者的购买心理过程。针对消费者的这种购买心理特征，在商品陈列方面，必须做到易为消费者所感知，要最大限度地吸引消费者，使消费者产生兴趣，引起注意，从而刺激消费者的购买欲望，促其做出购买决定，形成购买行为。因此，商品的陈列方式、陈列样品的造型设计、陈列设备、陈列商品的花色等方面，都要与消费者的这种购买心理过程相适应。

顾客一般都是一件件地进行商品选购的，所以为了获得更大的销售额，商品的陈列和展示就显得尤为重要。而陈列的关键就在于如何将门店的构想及商品的魅力传达给客户，进而刺激顾客选择购买。在开始陈列前必须事先确定以下五个项目：

第一，陈列什么：按照品类、品种、品项、单品的顺序去考虑。

第二，陈列多少：对陈列量或是陈列面数量、款型数量等因素进行考虑。

第三，展现给顾客的陈列面：将陈列的哪一面如何展现给顾客。

第四，陈列在哪：陈列场所（定位商品卖场还是促销商品卖场）、位置（高度）、色彩组合，等等。

第五，以何种形态去陈列：陈列方法（层板、挂钩、网格等）是固定还是变化的，从而考虑陈列形态。

产品陈列包含常规陈列和特殊展示两种。常规陈列涉及品种和品类的空间分配。特殊展示涉及商品促销及关联性陈列。在研究商品陈列时，陈列设备的选择也是至关重要的。

一、商品陈列配置图

卖场面积是有限的，也就决定了陈列的商品品项也是有限的，这就需要有效地控制和优化商品品项数，规划和设计商品在卖场中的陈列方位，确定订货量，维护畅销商品排面以及商品的定位和销售管理，这些都需要商品配置设计来完成，以此达到对全店商品的科学和动态管理。具体需要根据货架类型、各品类商品支数、小品类关联度等因素，规划商品陈列配置图。

绘制步骤如下：

（1）分析销售占比：大、中、小分类销售报表和单品销售明细表（按分类）。在规划大、中、小分类所占营业面积时，应先对分类的历史销售数据做全面分析（分类销售额、分类销售占比、分类季节性销售等）及分类中的单品销售数据（单品销量排行榜等），根据数据分析及目标市场定位来确定、分配分类营业面积。根据卖场平面货架分布图规划每一商品大类在卖场中所占的营业面积，配置位置并制作大分类商品所占营业面积及位置，之后将每一个中分类商品安置到各自归属大分类商品货架分布图中去，之后将每一个小分类商品安置到各自归属的中分类商品货架分布图中去，之后规划每一小分类商品所占营业面积和占据陈列货架数量，最后，进入商品配置表的实施工作阶段。

（2）制定卖场平面货架分布图。专家认为，每一米长的货架，每格至少应陈列3个品种，每平方米卖场陈列量应达到11～12个品种。

（3）制定商品陈列配置图。商品配置表是以一座货架为基础来制作的，在货架上针对每一种商品做完整的排面测试，依据商品的大小、高度调整货架后，绘制商品配置表。一座货架对应一张商品配置表，将陈列量与定货量相结合，库存量必须满足陈列的排面要求，商品配置表中的陈列量一旦确定即成为店内订货的主要依据。同时，订货也要参考高库存、订货周期、最低送货量等因素，尤其是对销售的预测。决定单品项商品具体陈列位置和在货架上的排面数时，须遵循有关商品陈列的基本原则。货架上的单品等距分配陈列面。

为了方便顾客和店面商品管理，商品常常是按照类别来陈列，即同类别的商品陈列在一起，这称之为商品组合陈列，也称之为分类陈列。

知识拓展

沃尔玛的陈列配置图

沃尔玛是实施采购统一绘制商品陈列配置图的代表性企业。采购人员在拿到供应商的样品后，会在绘制陈列配置的系统中录入商品的长、宽、高以及商品正面图片。随后绘图员调出该商品类别陈列模拟图，在电脑中调整原有商品陈列面位数，再根据该商品的属性进行陈列安排。不同类别或不同的品牌商品的陈列原则略有不同。直至在电脑中调整到最佳效果后，绘图员确认输出Word版本带有商品UPC码及面位数说明的商品陈列配置图。门店在收到商品陈列配置图的两周内需要完成陈列调整。

袋装薯片陈列原则：品牌—类别—口味，使用标准货架，用层板陈列，不用满足1.5倍及1倍。

小糖果陈列原则：分类—品牌纵向块状陈列，货架的上方使用12英寸挂钩陈列袋装的小糖果；货架的下方使用层板陈列瓶装、罐装、盒装、条装的口香糖和糖果，根据具体情况分别从上到下使用12英寸、14英寸、16英寸的层板。

二、常规陈列与展示原则

超市经营的商品尽管大体相同，但各个超市受时间、空间、促销事件等多种因素的影响，商品陈列的方法大不相同。但是为了使顾客在最短的时间内看到最多的商品品种，超市在商品陈列环节上还是有共性的，通常要遵循以下陈列与展示原则：

1. 安全

陈列不但需要确保商品的安全，还需要确保环境的安全。例如，陈列易滑落商品时建议增加前方的护栏，以防止商品掉落损坏，如图 7-1 所示；再比如，需要低温保存的商品需要存放在保鲜柜中，防止温度过高导致商品变坏，如图 7-2 所示。另外，如果没有选择正确的货架设备，导致层板或货架倒塌，也可能酿成极其严重的人员伤亡事故。

图 7-1　商品陈列护栏　　　　　　图 7-2　低温储存鲜肉

2. 易见

（1）归类陈列。商品陈列分类要方便选购。目前国内营业面积在 100 平方米以上的便利店所经营的商品一般在 2 000～25 000 种。店内商品的大分类、中分类和小分类表示要清楚，使顾客进入店内很容易找到自己想要购买的商品。

使顾客容易看得见、容易理解是商品陈列的基本原则。为了达到这个目的，首先要分类展示。分类陈列时按相互关联使用的原则，将不同但相互关联的商品集中在一起进行销售。其次，使商品能一目了然地放置于分隔的展示空间。最后，要尽可能地方便顾客寻找所需商品。

（2）陈列高度适中。整体陈列布局应该有一定的通透性，例如，为了保持卖场整体的通透性，便于顾客扩大视野范围，往往在小中心区域设置较矮的货架。同时，如果过小的商品陈列在最上层或下层往往会影响顾客选购时的视线，导致销售量下降。不同体积或不同类别的商品在陈列高度选择上需要有所差异。

（3）陈列面位适中。面位数是指商品陈列在货架上的列数，即左右排列几个；面位数不计算上下叠放的数量，如图7-3所示。过少的陈列面位会导致顾客视线扫过却无法关注到；更有甚者会因为顾客挑选商品而导致陈列面位被左右的商品挡住。而过大的陈列面位又可能会导致陈列空间的浪费，降低坪效。

图7-3　面位计算方式

（4）选择恰当陈列器具。陈列器具是让商品显而易见、表现商品价值的东西，所以必须注意以下三点：商品是主角所以不要隐藏它，如图7-4所示；不要制造让人难以选择的状态；使用能营造出商品丰满感的陈列器具，如图7-5所示。

图7-4　正面陈列碟子　　　　　　图7-5　自动前推装置

（5）障碍物撤离。有损陈列价值的障碍物通常是指"陈列设施及备用品的污渍、破损""POP、海报的残留，忘记收纳的装饰品以及过季的商品""空箱子及垃圾"等。一旦发现这些障碍物，应当立即撤去。

3. 易取

所谓易取就是要使商品容易让顾客触摸、拿取和挑选，与此关系最密切的是陈列品高度及远近两个问题。依陈列的高度可将货架分为以下三段：

不同的层面，销量不同，货架中段为手最容易拿到商品的高度，对于男性为距离地面70～160厘米，女性为60～150厘米，这个高度被称为"黄金陈列线"，一般用于陈列主力商品或公司有意推广的商品。

货架上下端为手可以拿到商品的高度，次上端对于男性为距地面160～180厘米，女性为150～170厘米；次下端对于男性为距地面40～70厘米，女性为30～60厘米。这里一般用于陈列次主力商品，其中次下端需顾客屈膝弯腰才能拿到商品，所以比次上端要较为不利。

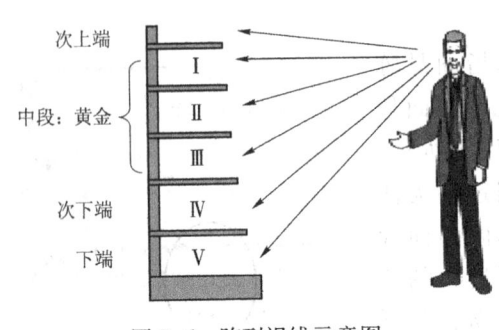

图 7-6　陈列视线示意图

货架上下端为手不易拿到商品的高度，上端对于男性为距地面 180 厘米以上，女性为 170 厘米以上；下端对于男性为距地面 40 厘米以下，女性为 30 厘米以下。这里一般用于陈列低毛利、补充性和体现量感的商品，上端可以有一些色彩调节和装饰陈列，如图 7-6 所示。

知识拓展

黄金区域是陈列中最易见的位置是从水平视线到与视线成 20°角下方的区间部分，如图 7-7 所示。这部分被称为有效陈列范围的黄金区域（空间）。通过在这一区域进行政策性的货架分配就能提高销售量。

视线同货架的关系：进入顾客视线的卖场（货架）可以让顾客感受到门店的形象，且易于让顾客就是否购买做出决定。为了实行有助于提高销售及利润的陈列，潜心研究视线同陈列架间的关系，并将其活用至具体的陈列的确十分关键。

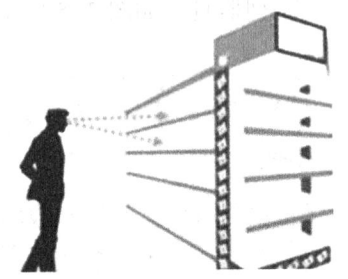

图 7-7　黄金陈列区域

有关远近的问题：放在前面的东西要比放在后面或里面的东西容易拿到手，为使里面的商品容易拿取，常用的办法是架设阶层式的棚架。

顾客在购买商品的时候，一般是先将商品拿到手中从不同的角度进行确认，然后再决定是否购买。当然，有时顾客也会将拿到手中的商品放回去。如果陈列的商品不易拿到和不易放回的话，也许就会丧失将商品销售出去的机会。

为了维持易于触及的陈列，不仅要考虑陈列方法和陈列高度，还有陈列器具的使用方法等因素。通过挑选与商品相整合的陈列器具，且钻研其使用方法，就会令陈列商品变得易于察觉、易于触及。

4. 易选择

顾客即使不问店内的相关工作人员，也能知道哪里有怎样的商品。实施能让顾客独自选购商品的陈列是非常重要的。

（1）不同尺寸的陈列。所谓的不同尺寸陈列是指按照尺寸及容量由大到小或由小到大的顺序进行陈列。这样一来就变得易于选择了。

（2）隔栏的利用。在使用层板陈列的情况下，如果是不规则包装商品或小包装商品的陈列，其摆放位置就会显得凌乱、从而陷入难于选择的状态。而通过使用隔栏，商品就会显得易于区分，陈列也不会那么凌乱。

（3）陈列的宽度。在进行易于选择的陈列设置时，原则上是要求以1个陈列台的陈列宽度来完结1个主题及分类。

（4）价格标识。一货一签是正常货架陈列商品时的基本价格标识要求。一货一签是指每一类商品均需有一张货架标签。如果陈列在多个层板上，还需要在每个层板上都标有价格标识。清晰的价格标识有利于顾客选择与判断。

如果是特价商品或新商品，还可以通过使用不同颜色的标签，或加贴特殊形状的标签以起到提醒的作用。另外，不仅仅是销售商品，向顾客传达正确的信息也很重要。作为由卖场发布的信息，一般主要有"商品具备的特征及功能""新产品""生活信息""季节信息"，等等。

5. 陈列丰富、饱满

在商品陈列中，不管是柜台还是货架，都应显示出丰富性，从顾客的购物心理来看，任何一个顾客买东西都希望从丰富多彩的商品中挑选，如看到货架上只剩下为数不多的商品时都会有疑虑，唯恐是剩下尾货。因此商品陈列应尽可能地将同一类商品中的不同规格、花色、款式的商品品种都展示出来，扩大顾客的选择面，同时也给顾客留下商品丰富的好印象，从而提高零售门店商品周转的效率。从商店本身的利益来看，如货架常常空缺，会白白浪费卖场有效的陈列空间，降低货架的销售与储存功能，增加商店库存的压力，降低了商品的周转率。因此，商店应尽可能缩短库存时间，做到及时上柜，以达到最好的销售效果。美国的一份零售超市调查报告表明，商品满陈列的超市与非满陈列的超市相比较，其销售量按照商品的种类，可分别提高14%～130%，平均可提高24%。

要使商品陈列做到丰富、品种多而且数量足，并不是一股脑儿将所有商品毫无章法地摆在卖场上，将柜台、货架塞得满满的，而是要有秩序、有规律地摆放。商品之间可留有适当的间隔，也可在摆放商品时组合成一定图形或图案，达到让顾客觉得商品丰富的效果。

即使由于某些客观原因造成某些品种缺货或断档，在陈列中也要努力消除这些不利的影响。如可以将众多同类商品摆放出来或适当加大陈列商品的间隔，或补上其他类型的商品。但要注意，一般超市不允许用相邻的商品来填补空缺（除非该相邻商品也是销售率高的商品），应该用销售率高的其他商品填补空缺，同时这个商品与相邻商品要有一个品种和结构之间的配合。

陈列既是企业及门店的政策也是门技术。因此，除了"易于察觉""易于触及""易于选购"之外，努力将"平价""价值感"等门店印象传递给顾客也显得尤为重要。

知识拓展

沃尔玛在商品销售缺货后的操作方法有所不同，考虑到如果将相邻商品填补空缺，往往会让管理人员忽略缺货的跟踪，或者是在空缺商品到货后不能快速准确地陈列到正确的位置上。沃尔玛的陈列要求是在空缺商品的货架标签旁张贴"缺货标签"，并在"缺货标签"上填写缺货时间、订货数量及预计到货时间等信息，以便其他工作人员跟踪到货及补货情况。

6. 清洁、完整

无论是陈列设备还是商品均需保持清洁、卫生，一旦器具及商品上出现了灰尘或污渍，顾客在心理上就不想碰触。

三、常规陈列类型

部分卖场会由采购人员在进行商品汰换时即设置标准商品陈列图，根据不同的陈列类型，安装陈列时略有差异。各类陈列设备最终表现的陈列形式主要包括以下两种：层板陈列、挂钩陈列，另外为体现特色陈列风格，也往往会加设一些特殊的陈列形式。

商品在卖场该怎么陈列？

1. 层板类陈列

（1）根据商品陈列图自下而上安装层板，即先将最底层商品摆放好后，根据二指原则（货架上陈列的商品顶部距离货架上端台板的空隙应控制在两指的宽度）搭层板；

（2）根据面位要求，纵向整齐排列；

（3）如同一层板中部分商品高度较低且能叠放，则可以将该商品在保持二指原则的前提下叠放陈列；

（4）货架下层不容易被看到的地方，可将层板调整成倾斜摆放。

2. 挂钩类陈列

（1）根据商品陈列图自上而下安装挂钩，即先将最顶层挂钩安装好，并将陈列第一排商品，根据一指原则（第一排商品的下方距离第二排挂钩有一指的差距）安装挂钩；

（2）根据面位要求，调整左右商品间距保持在一指宽度，以便于顾客拿取；

（3）如商品外形不规则，应通过错层陈列以合理利用空间，如图7-8所示；

（4）因包装大小差异导致整体陈列美观度下降时，需要微调至美观为止；

（5）原则上，较重的商品不使用挂钩类陈列，以防止背板损坏。如较重商品因展示需要须使用挂钩陈列时，建议使用重型挂钩，即加设背部承重横杆以防止损坏背板，如图7-9所示。

图 7-8　挂钩陈列的空间利用

图 7-9　重型挂钩

知识拓展

挂钩陈列根据背板的不同分为三种，分别是背板挂钩、背网挂钩和重型方管挂钩。背板挂钩与货架背板搭配使用，如图 7-10、图 7-12 所示。背网挂钩与货架背网搭配使用，如图 7-11、图 7-13 所示。重型方管挂钩可与背板挂钩、背网挂钩搭配使用，仅需增加一根承重方管即可。

图 7-10　货架背板

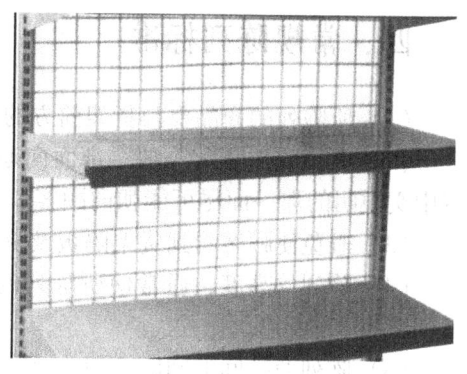
图 7-11　货架背网

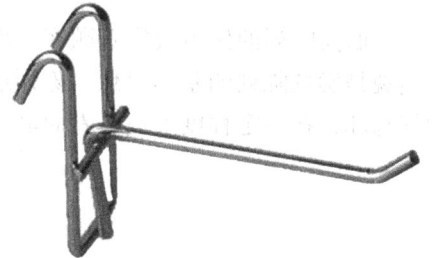
图 7-12　背板挂钩

图 7-13　背网挂钩

除正常的挂钩外,针对商品的特性,为更好展示商品,往往配有特殊的挂类陈列道具,例如碟架、球架等。

3. 其他特殊陈列方式

因商品外观的差异,使用常规陈列设备无法更好地展示、更安全地陈列商品,各零售商开发出各类特殊的陈列方式来适应商品陈列的需求。例如,自行车陈列架,如图 7-14 所示,书籍陈列架,如图 7-15 所示,等。

图 7-14 自行车陈列架

图 7-15 书籍陈列架

四、常规陈列标准

(1)所陈列的商品要与货架前方的"面"保持一致。

(2)商品的"正面"要全部面向通路一侧,如果是进口商品则需要注意把有中文说明的那一面尽可能朝向顾客。

(3)避免使顾客看到货架隔板及货架后面的挡板。

(4)陈列的高度,通常使所陈列的商品与上段货架隔板保持可放进一个手指的距离。

(5)陈列商品间的间距一般为 2~3 毫米。

(6)在进行陈列的时候,要核查所陈列的商品是否正确,并安放宣传板、POP。

通过视觉来打动顾客的效果是非常显著的。商品陈列的优劣决定着顾客对店铺的第一印象,使卖场的整体看上去整齐、美观是卖场陈列的基本思想。陈列还要富于变化,不同陈列方式相互对照效果的好与坏,在一定程度上左右着商品的销售数量。

五、让人感觉良好的陈列

1. 清洁感

不要将商品直接陈列到地板上。无论什么情况都不可将商品直接放到地板上。注意去除货架上的锈、污迹，有计划地进行清扫，对通道、地板也要时常进行清扫。

2. 鲜度感

保证商品质量良好，距超过保鲜期的日期较长，距生产日期较近。保证商品上不带有尘土、伤疤、锈。使商品的正面面对顾客。提高商品魅力的 POP 也是一个重要的因素。

3. 新鲜感

符合季节变化。不同的促销活动使卖场富于变化，要不断创造出新颖的卖场布置。应有富有季节感的装饰。要设置与商品相关的说明看板，相关商品集中陈列。通过照明、音乐渲染购物氛围，演绎使用商品的实际生活场景，演示实际使用方法促进销售。

六、提供信息、具有说服力的卖场

通过视觉提供给顾客的视觉信息是非常重要的，顾客从陈列的商品上获得信息：陈列的高度、位置、排列、广告牌、POP 等。

七、陈列成本问题

为了提高收益性，要考虑：将高品质、高价格、收益性较高的商品与畅销品搭配销售。关联商品的陈列：适时性降低容器、备品的成本，同时要提高效率，防止商品的损耗。

任务二　促销商品陈列与展示

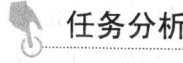
任务分析

通过商品正常陈列设计能让顾客更方便地找到想找的商品类别，但却不利于刺激顾客的购买神经，为此零售店往往会做出一些特别的陈列来引起顾客关注，从而提升销售。这样的陈列俗称为将这些商品做促销陈列。本任务将教会大家如何通过不同的陈列与展示，让整个卖场到处都是吸引顾客眼球的"磁石"商品。

情境引入

啤酒和尿片齐飞

沃尔玛商品陈列技巧成熟，体现着商品陈列的最高水平。开店创业，利用商品陈列技巧提高销量，事半功倍。

在美国沃尔玛超市的货架上，尿片和啤酒赫然地摆在一起出售。一个是日用品，一个是食品，两者风马牛不相及，这究竟是什么原因？

原来，沃尔玛的工作人员在按周期统计产品的销售信息时发现一个奇怪的现象：每逢周末，某一连锁超市啤酒和尿片的销量都很大。为了搞清楚这个原因，他们派出工作人员进行调查。通过观察和走访后了解到，在美国有孩子的家庭中，太太经常嘱咐丈夫下班后要为孩子买尿片，而丈夫们在买完尿片以后又顺手带回了自己爱喝的啤酒，因此啤酒和尿片销量一起增长。

搞清原因后，沃尔玛的工作人员打破常规，尝试将啤酒和尿片摆在一起，结果使得啤酒和尿片的销量双双激增，为商家带来了大量的利润。

在寸土寸金的货架陈列竞争中，为了刺激消费者的购买欲望，商场常常采取按照类别陈列的方式便于消费者选择，比如将文具类商品集中在一起陈列。

但是，有些商品之间的关系表面上看并没有什么关联关系（相关性），比如啤酒和尿片，但是它们事实上又存在很强的依赖性。如果能够挖掘出这类隐性产品之间的关联关系，就可以大大提高消费者的随机购买率，从而提高超市的利润率。

 知识学习

促销陈列是零售企业结合某一特定的事件、某一时期、某一季节、某一节日对促销商品进行专门陈列，如情人节巧克力销售专柜、夏季的纳凉商品专柜等。

促销活动的举办过程中，终端陈列是一个绕不过的话题。好的终端陈列好像就是一个会招徕顾客的促销员，站在那里招徕顾客，吸引顾客到自己的专柜上来，对促进终端销售起到重要作用。同时，终端陈列就跟人的打扮化妆一样，没有绝对的标准，只有个人的喜好和顾客的评断标准。

促销商品陈列主要形式包括堆头/网篮陈列、端架陈列、促销墙陈列、格子墙陈列、扶梯陈列等。

一、堆头、网篮陈列

堆头是指超市中商品单独堆放所形成的商品陈列方式，有时是一个品牌产品单独陈列，有时会是几个品牌的组合堆头。其中箱式产品堆码在卡板上一般称作堆头陈列；袋装商品不容易整齐叠放，而堆放在网装陈列框中，称作为网篮陈列。

1. 商品选择

商场的面积是非常有限和宝贵的，每一个堆头所占的面积都比较大，对于商场而言，就要在这块面积上创造出尽可能大的效益；对顾客而言，堆头商品向顾客提供了一种强烈的信息，所以商场正确地选择堆头商品是很重要的。切记，不要为打堆头而随便找几种商品。堆头商品一般选择以下八种：

（1）商场为了与竞争对手区别，吸引顾客、提高销售而主动让利，从而取得比周边竞争对手价格更低的优势；

（2）供应商为了促进自身商品的销售而主动进行的促销调价，这种降价可能与周边市场同时进行；

（3）本商场有特色的商品，如自有品牌商品；

（4）新引进的商品，为了推广新商品而特意做堆头陈列；

（5）供应商为了促进销售，愿意认缴堆头费从而取得某一堆头的陈列权；

（6）做限时限量销售的促销商品；

（7）本部门根据销售的实际情况，认为调整到堆头上可以极大地提高销量的商品；

（8）销量大的季节性商品，季节性商品往往销量比较大，同时也使得商场陈列符合季节变化需求。

2. 陈列要求

（1）陈列高度。堆头太低和太高都是不好的，堆头高度运用得当，可以增加卖场错落有致的感觉。堆头陈列是最能突出商品表现力的陈列方式。堆头太低，顾客只能看见商品的瓶盖，堆头太高，顾客取货不方便，而大部分顾客的身高都在1.5~1.9米，当一个顾客推着购物车稍弯腰时，视线的高度一般在1.3~1.7米，所以，确定堆头的高度有以下三个原则：

① 主通道的堆头高度不得超过1.3米，以增强卖场的通透性；

② 货架端头的堆垛后部可与货架同高，但前部不得超过1.3米；也可以采用上部为货架层板，下部为堆垛的形式；

③ 靠墙堆垛可采用梯形陈列，后部可达2米高，但前部不得超过1.3米。

（2）打底物选择。堆头打底物的选择非常重要，它决定了打出来的堆头是否美观、是否整齐。卖场里的每一个堆头都不是独立的，它必须与周围的商品陈列相协调，包括颜色、形状。堆头的打底物一般来说有以下四种：

① 特意定做的堆头柜，如图7-16所示。上方用来陈列商品，下方柜内用于存放库存，对于店内库存面积有限的商场，采用堆头柜的陈列方式较好，同时，堆头补货可以很方便进行，这样可以节约劳动力。

② 用商品打底，如图7-17所示。打底的商品品种不能太多，最多一个面一

个品种，在货源充足的情况下，可以采用这种方式，但要注意打底的商品和堆头上陈列的商品要对应。用商品打底的好的方面在于，同一个面一种颜色，甚至开箱将商品裸露陈列，这样商品的表现力极强，对于特别畅销的商品，这种陈列可以保证销售所需；不好的方面在于，堆头内压的货太多，不利于商品的周转。打堆头时，对于堆头内的商品要进行登记，主要登记商品的条形码、品名、数量、离最佳销售日期以及保质期终止日的时间。

图7-16 定做的堆头柜

图7-17 直接用商品打底

③ 供应商做形象堆头，如图7-18所示。供应商提供一系列堆头陈列所需道具，此时，卖场的主要责任在于对道具的把关，一定要是新的陈列道具。

④ 在打底物上贴产品的广告纸或商场自己做的海报，如图7-19所示。由于不能保证堆头打底物和堆头上陈列的商品一致，此时，可采用空箱或其他商品来打底，然后在打底物上贴堆头陈列商品的广告纸，但进行这种操作时一定要注意，必须将整个打底物贴满，不得露出打底物，而且贴纸必须贴平、贴齐。

使用后面三种堆头打底方式时，可只在堆头外围采用，堆头内可用商品空箱填满。

图7-18 供应商形象堆头

图7-19 用广告海报贴

知识拓展

打堆头时，往往要涉及商品的割箱，割箱的要求如下：准备一条直尺，量好动刀开割的位置。刀要锋利，割出来的箱不能有毛边，刀口要平、齐。堆头每一层割箱的高度要统一，并且每一列割箱的边线要对齐统一。割箱时，不得割伤商品；为了避免割伤商品，可先将箱内的商品取出一部分，或者将介刀出鞘的部分调整到合适的长度（事先需要揣摩），使刀出鞘的长度稍长于箱的厚度，斜拿刀进行割箱，拿尺的手要用力。

（3）堆头的形状。堆头的形状有平面形、梯形、特形等，其中平面形指的是堆头表面陈列的商品是平铺的；梯形指的是堆头下大上小；一般堆头是方形的，但根据商品的特点及实际需要，可设计出不同的堆头形状，如龙船形的粽子堆头、圆柱形的可乐堆头、高低错落有致的化妆品堆头。不同的商品可选用不同的堆头形状，每一位员工都可发挥自身的主观能动性，设计出不同的堆头形状来，但一定要注意以下五个方面：

① 根据商品的特性来选取堆头的形状，从堆头的形状使人联想到堆头上陈列的商品，如龙船形的粽子堆头，由龙船而使人想起端午节，从端午节而使人想起要吃粽子，从而促进商品的销售。如果把可口可乐堆成龙船的形状则会贻笑大方。

② 为了增加商品的表现力而根据商品的形状来选取堆头的形状，如将可口可乐堆头打成圆柱形的，其目的是将可口可乐圆柱形的形状发挥到极致，吸引人的目光，增强顾客对本商场可乐的印象，从而促进销售。

③ 在一片全是方方正正的堆头中间加入一到两个特形堆头，可以增强卖场的活性，但该堆头的位置一定要放在这一片堆头前部的正中位置，这样与周边的堆头就协调了。

④ 一切努力都是为了销售，堆头的形状要对销售有促进作用，切不可为了花哨。

⑤ 堆头的形状选取还要考虑到成本，这包括劳动力成本和物料成本。

二、端架陈列

在各长方形货架靠通道外侧即端头陈列，如图 7-20 所示。在超市中，中央陈列架的两端是顾客通过流量最大、往返频率最高的地方。从视角上说，顾客可以从三个方向看见陈列在这一位置的商品。因此，端头是商品陈列极佳的黄金位置，是卖场内最能引起顾客注意力的重要场所。同时端头还能起到接力棒的作用，吸引和引导顾客按店铺设计安排不停地向前走。引导提示、宣传可以说是其主要功能。所以端头一般用来陈列特价商品，或要推荐给顾客的新商品以及利润高的商品。由此可见，端头陈列商品的多样性，使零售从业人员必须改变特殊展示都是陈列特价品的观念。在端头陈列架的商品配置上，一部分可以是跌幅最大的特价品，另一部分可以是高利润的商品或新商品。

端头陈列可以是进行单一商品的大量陈列，也可以是几种商品的组合陈列，如图7-21所示。将几种商品组合陈列是能够将更多的顾客注意力引向更多的商品。在美国曾进行过一项调查，调查资料显示，将单一的商品陈列改为复合商品组合陈列，销售额就会有很大的提高。尽管销售额的提高会因商品的不同而有差异，但销售额在任何情况下都会有相当大的增加。

图7-20　端架陈列

图7-21　端架+堆头陈列

三、促销墙陈列

促销墙形成部门的背景，从主通道上应能看得见，用来吸引顾客的视线并进来购物，如图7-22所示。促销墙应有一个主题，例如季节性、自有品牌、进口商品、清洁护理或出游系列主题等。

促销墙陈列标准包括：① 必须按主题陈列，如啤酒饮料系列、电扇空调系列、沙滩系列、清凉系列、保健系列等。② 陈列时需将挂钩类商品和层板类商品分开，尽量将挂钩类商品放左边，这样看起来比较美观。③ 当促销墙使用挂钩陈列商品时，注意挂钩的密度，尽量不要露出背网。④ 促销墙每层层板尽量在同一水平线上，陈列系列商品时须按纵向陈列。⑤ 每一组促销墙要用大价格牌（服装的促销墙使用小价格牌）标识、POP或促销主题，每个单品配置一张标价签。

图7-22　促销墙陈列

四、格子墙陈列

格子墙是卖场的背景之一,与堆头、端架等配合形成主题明确的陈列,如图 7-23 所示。例如以护肤为主题的陈列中,可使用格子墙陈列一些套装、BB 护肤用品、柔湿巾等,这样整个主题更明确,顾客可以直接买到与护肤有关的商品,从而提高了销量。格子墙陈列商品要与旁边正常货架商品有关联。商品的选择价位不能太高,并且商品彼此有关联或与附近的堆头、端架有关联;同时格子墙陈列也可以单独用来进行有主题的促销。

格子墙陈列要求包括:① 上沿尽可能放最高,下沿以不低于购物车高度为标准。② 格子墙一个面只陈列一个单品,一个单品配一个价格标识。

图 7-23 格子墙陈列

五、扶梯斜坡商品陈列

扶梯斜坡是多数卖场里的一个特卖商品陈列区域,如图 7-24 所示。正确的扶梯斜坡陈列,对于增加顾客购物篮里的商品数、提高客单价,并最终促进销售非常重要。扶梯商品选择标准包括:① 商品单价必须低于人民币 10 元。② 商品必须是高消费品和冲动购买型商品,例如 3 条装毛巾、面巾纸等。③ 它们不应该是顾客需要停下来看、挑选并做出购买决定的商品。④ 为保持顾客的新鲜感,建议每两周更换商品品种。

图 7-24 扶梯商品陈列

扶梯斜坡商品陈列标准包括:① 陈列标准为每边扶梯斜坡最多 5 种商品,一侧尽量保证在每侧不超过 3 个品种。该标准是为了方便顾客在扶梯行进过程中拿取商品,且便于区域整理以保证一个丰满、整齐的陈列。② 每一商品都必须有一个翻页牌、POP 等价格标识。

因顾客挑选扶梯商品时扶梯处于动态,导致扶梯商品特别容易乱。因此每两小时就进行一次区域整理,节假日和客流高峰期应随时整理、补货。另外在斜槽中需要有陈列商品的台阶状商品陈列柜,以保护商品不与护梯履带发生摩擦损坏商品；同时可以在保证商品摆放整齐的情况下控制商品的存货量。

 项目实施

学习商品陈列与展示可以从下列六个方面的步骤展开，如图 7-25 所示。

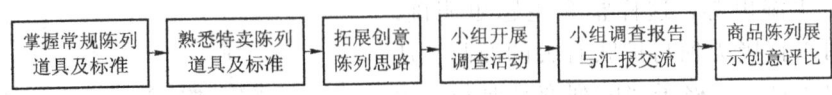

图 7-25　商品陈列与展示的学习程序

在相关知识学习的基础上，通过选择三家购物广场进行陈列设备及陈列效果调查，通过讨论分析，进一步熟悉商品陈列的道具及陈列标准，从而对商品陈列与展示产生感性认识。最后通过商品陈列展示创意评比，增强创意陈列能力。其学习活动工单如表 7-1 所示。

表 7-1　商品陈列与展示的学习活动工单

学习小组			参考学时	
任务描述	通过相关知识的学习和实地调查分析，了解商品陈列与展示的各类道具，掌握常规陈列的标准及促销陈列的标准，对创意陈列有一定的赏析能力，从而全面理解和掌握商品陈列与展示的相关知识			
活动方案策划				
活动步骤	活动环节	记录内容		完成时间
现场调查	三家门店陈列类型			
	创意陈列			
	顾客的关注度			
资料搜集	创意陈列图片			
	最新陈列设备			
分析整理	常规陈列标准			
	促销陈列标准			

项目总结

店面设计与商品陈列是零售形象差异化的最有力武器。它可以被看作是广告和促销的延伸。店面设计与商品陈列的设计首先是满足基本的、功能性的需求,同时追求一种愉悦的购物体验,引导消费。通过对常规陈列、促销陈列道具及陈列标准的学习,拓展创意陈列思路,最终对整体陈列与展示有一个全面的认知与规划。

实战训练

一、实训目标

1. 通过实训能理解商品陈列与展示的不同类型及效果分析。
2. 通过实训能动手进行促销陈列的设计与摆放。

二、内容与要求

选择本地相同类型的三家商店进行实地调查。以实地观测、访谈调查为主,结合资料文献的查找,收集相关数据和图文。小组组织讨论,形成调查报告和班级交流汇报材料。

三、组织与实施

1. 以学习小组为单位进行实训,小组规模一般为4~6人,分组要注意小组成员的地域分布、知识技能、兴趣性格的互补性,合理分组,并定出小组长,由小组长协调工作。
2. 全体成员共同参与,分工协作完成任务,并组织讨论、交流。
3. 根据实训的调查报告和汇报情况,相互点评,进行实训成效评价。

四、评价与标准

实训评分指标与标准,如表7-2所示。

表7-2 商品陈列与展示调研实训评价评分表

评分指标 \ 评分标准 \ 评分等级	好(80~100分)	中(60~80分)	差(60分以下)	自评	组评	总评
项目实训准备(10分)	分工明确,能对实训内容事先进行精心准备	分工明确,能对实训内容进行准备,但不够充分	分工不够明确,事先无准备			
相关知识运用(30分)	能够熟练、自如地运用所学的知识进行分析	基本能够运用所学知识进行分析,分析基本准确,但不够充分	不能够运用所学知识分析实际			

续表

评分指标	好（80~100分）	中（60~80分）	差（60分以下）	自评	组评	总评
实训报告质量（30分）	报告结构完整，论点正确，论据充分，分析准确、透彻	报告基本完整，能够根据实际情况进行分析	报告不完整，分析缺乏个人观点			
实训汇报情况（20分）	报告结构完整，逻辑性强，语言表达清晰，言简意赅，讲演形象好	报告结构基本完整，有一定的逻辑性，语言表达清晰，讲演形象较好	汇报材料组织一般，条理不强，讲演不够严谨			
学习实训态度（10分）	热情高，态度认真，能够出色地完成任务	有一定热情，基本能够完成任务	敷衍了事，不能完成任务			

复习检测

一、名词解释

1. 二八原则
2. 端架
3. 堆头

二、简答题

1. 常规货架类型及陈列标准？
2. 促销陈列类型包括哪些？
3. 扶梯促销商品选择要点？
4. 堆头陈列的标准有哪些？

项目八
商品定价

 学习目标

1. 知识目标
◎ 了解商品定价在零售策略中的重要性
◎ 掌握企业定价的目标和成本构成
◎ 了解零售企业定价的影响因素
◎ 掌握零售商品定价的三大类方法：成本导向定价法；需求导向定价法；竞争导向定价法
◎ 掌握三类零售商品定价的策略：心理定价策略；产品组合定价策略；捆绑定价策略
◎ 了解商品提价和降价的原因
◎ 了解与零售定价相关的法规条款
◎ 了解网络对零售定价体系的冲击

2. 能力目标
◎ 能对不同类别商品进行定价
◎ 学会通过市场调查调整商品价格

 项目引导

跨国零售企业进入中国十余年来一直没有停下其扩张的脚步；本土企业在竞争压力下也不断整合壮大。近些年网络购物的兴起更将零售竞争推向白热化。如何吸引顾客、保持客源，直接关系到零售企业的生存和发展。在这场争夺中，价格始终作为战胜对手的有力武器。对于零售企业而言，给商品定价是执行零售策略的一项重要决策，因为价格是消费者认知价值的重要构成要素。定价是整个经营管理中至关重要的环节。通过本项目学习，使学生对商品定价有一个更直观的认知，在销售额、待客量与利润额之间找到平衡，真正实现可持续的盈利能力。

任务一 零售商品定价的影响因素

 任务分析

所有零售商都希望在赢得客户的同时避免牺牲利润,这除了要求采购部门和人员能找到更优质的供应商合作、谈判得到更优惠的成本外,也要求商品定价更有技巧。只有知道哪些因素会影响零售商品定价,才能做到在商品定价时不顾此失彼,同时才能揭开商品定价的层层面纱,厘清各影响因素之间的关系,打好价格组合牌。因此本任务主要分析零售商品定价的影响因素。

情境引入

张大娘便利店的定价原则

张大娘在小区门口有一间200平方米的店面,张大娘退休后就想开家便利店。经过一段时间的忙碌,店铺装修好了,货架也搭好了,一部分的商品是业务员上门推销的,还有一部分商品是张大娘去批发市场批发回来的。在开门营业前老两口商量开了。

张大爷说:"就算自家店面不用付房租,但以前租给别人每月也有3 000元收入,老两口辛辛苦苦一个月总不能比什么也不干租给别人还赚得少吧?加上水电费、物业费、各种税收以及老两口的人工费,最终的利润怎么也得超过6 000元,也就是说每天得赚200元左右,赔钱买卖是不能做的。"

张大娘说:"都是街坊邻居,怎么也不能卖贵了。如果卖得比别的地方贵,生意不好不说,还得让人戳脊梁骨。"

张大爷不太同意了:"那咱们进货不用钱啊?怎么说也得在进价的基础上加点钱吧。"

张大娘接过话头:"那加一点点利润,多卖点不就得了。"

张大爷还是有点反对:"很多东西再便宜也卖不了多少啊,又不是大米、白面大家天天都用得着。"

……

争执到后半夜,老两口还是谁也没有说服谁。你也来评评理,看看哪位老人家说得对。

 知识学习

零售商制定零售价格,主要须考量以下五个因素:定价目标、市场需求、商品与服务的成本、市场竞争性、相关法规。

一、定价目标

定价目标是指零售企业在制定特定水平的价格的基础上，凭借价格所产生的销售效果去实现预期的目的。当零售企业慎重地选定了目标市场并进行市场定位后，就有必要非常明确地把价格包含在其营销组合战略中。例如，假定一家零售店为满足消费水平较高的消费者的需要，想经营一种豪华型野营帐篷，这就意味着要高定价。这种价格策略主要是由其市场定位决策所决定的。与此同时，零售企业还可以追求附加目标。企业对定价目标越明确，制定价格就越容易。对于利润、销售收入、市场份额等这类目标，每一种价格都会收到不同的效果。零售企业的定价目标主要有：生存目标、当期利润最大化目标、市场份额领先目标等。

1. 生存目标

零售企业遇到激烈竞争时，或者消费者需求变动时，要把维持生存作为主要目标。为了维持企业生存，使存货尽快周转，必须定低价，并且希望市场是价格敏感型的市场。

2. 当期利润最大化目标

实现利润最大化是零售企业追求的最终目标。企业生存和发展的前提条件是不断获得更多利润。当期利润最大化是大多数企业追求的直接目标，这就要求零售企业在定价时，先对需求和成本进行估计，然后评价可供选择的价格，通过比较，选定一种能够产生当期利润最大、现金流量多或投资收益率高的价格。

3. 市场份额领先目标

占领市场份额是零售企业定价策略的另外一个重要目标。提高市场占有率，就是扩大了市场份额，增加了产品的销售量，也就为提高企业利润总额提供了可靠的保证。此外获得市场份额领先地位的企业，可以在拥有较大的市场份额后充分享有规模经济效益。因此，为了追求市场份额的领先地位，企业应制定尽可能低的价格。从这个目标派生的目标是追求一个特定的市场份额，比如说，如果企业打算在一年内把市场份额从10%增加到15%，它就要寻求一个准确的价格策略以达到目标。

二、市场需求

商品价格的高低，最终取决于市场的供求关系。市场需求是企业定价策略的导向。零售企业要确定商品价格，必须了解市场需求的变动。

1. 市场需求与价格变动

微观经济学认为，价格是影响需求的主要因素，但在这种决定关系中还存在着一些非价格的因素。非价格因素对需求的影响时刻在起作用，因此，要确定出价格对需求的真正作用程度，还应该先排除非价格因素的干扰。非价格因素有以下三种。

(1) 收入。当消费者的收入增加时，需求量也会增加。

(2) 替代品价格的变化。很多商品都有替代品，当某一产品的替代品的价格降低时，人们往往会倾向于购买它的替代品，从而使该产品需求量减少。

(3) 消费者偏好。消费者一旦对某种产品产生了偏好，即使其价格升高，仍会购买，需求量并不一定因提价而降低。

2. 价格需求弹性

价格需求弹性是指因价格而引起需求量的相应变动率，反映了需求变动对价格变动的敏感程度。E 表示价格需求弹性，则

$$E = 需求量变动的百分比 \div 价格变动的百分比$$

对于大多数产品而言，在产品处于高价位时降低价格，对销售量的增加会更明显；与此相反，定价较低的产品即使降价，其销售量的增加也不明显。这就说明，价格战并不能时时奏效。影响价格需求弹性的因素有很多，主要有如下五个方面。

(1) 产品的用途。产品的用途越多，需求越有弹性。例如，电池这种产品用途很多，故其需求弹性很大。

(2) 替代品的数目及替代程度。某种产品的替代品越多，替代品越相近，其需求弹性也越大。因为替代品多，当这种商品的价格上涨时，消费者就可以购买其替代品。例如，对于各种水果，因为不同种类的水果可以相互替代，所以其需求弹性就较大。

(3) 消费者在这一商品上的消费支出占总消费支出的比重。比重大，则该产品需求弹性就大；比重小，则产品的需求弹性小。例如，如果汽车降价，则销售量就会快速上升。

(4) 消费者改变购买和消费习惯的难易程度。如果消费者的消费习惯容易改变，则产品的需求弹性大；若不易改变，则产品需求弹性小。例如，很多消费者对某一类饮料形成了偏好，这种偏好很难改变，因此即使其他类饮料价格下降，也无法吸引他们去购买。

(5) 文化价值的取向或偏向。产品越接近消费者核心价值观，则消费者越愿意消费，其需求弹性就小。

三、商品与服务的成本

在很大程度上，需求决定着零售企业为产品定价的最高限，而成本则是最低限。零售企业制定的价格，应尽可能覆盖所有的成本。

1. 固定成本

固定成本是指在短期内不随商品销售量变化而变化的成本。例如，固定资产折旧费、零售企业管理人员工资等。

2. 变动成本

变动成本是指在上述的同一时期内，随商品的销售量变动而成正比例变化的成本。例如，产品包装费、理货员的工资、收银员的工资、POP 促销费用、商品陈列费用以及其他销售费用。

3. 总成本

总成本即固定成本和变动成本之和。当销售量为零时，总成本等于固定成本。

四、市场竞争性（竞争对手的价格）

在市场需求为价格规定了最高限，而成本为价格规定了最低限的时候，制定商品价格时还应该考虑竞争对手的价格。竞争对手的价格以及它们对本企业价格变动所作出的反应也是零售企业定价时应考虑的一个重要因素。零售企业必须对每一个竞争者的商品价格状况及其产品质量情况有充分的了解。这可以通过以下几种方法来实现：一是派专门人员了解行情，比较竞争者所提供的产品质量和价格；二是获取竞争者的价格表并购买竞争者的产品，然后进行比较研究；三是向顾客了解他们对于竞争对手所提供的产品价格和质量的看法。

零售企业可以把了解到的竞争者的价格和产品情况作为自己定价的基点。如果企业所经营的产品与主要竞争者的产品相类似，那么零售企业必须根据自己的市场定位来制定价格策略，以避免在竞争中被淘汰。

五、相关法规

在自由经济的体制下，零售业者固然拥有很大的定价自主权，但是必须要注意的是，不能违反公平交易法或其他相关法令。《中华人民共和国价格法》自 1998 年 5 月 1 日开始实施，主要目的在于维持公平竞争的环境及公平交易的秩序。若零售商开展跨境业务，则还需要关注其他国家的相关法律法规。

例如，我国盐、烟等商品均有统一指导定价，各零售商均应遵守相关规定。

再比如，家乐福在法国定价特别困难，因为法国法规限制品牌商品的降价幅度。因此，家乐福受到专门贩卖自有品牌商品的连锁商店 ALDI 与 Lidl 的影响，这两家来自德国的连锁量贩店不受法国法规限制，所以产品价格总是比家乐福低，也因此抢占法国市场，抢走许多家乐福的顾客。

零售企业在制定价格时，除了要考虑以上五个方面的因素外，还应考虑市场购买心理，如消费者的价值观念、消费者的质量价格心理、消费者的价格预期心理和消费者对价格变动的反应心理等因素。

任务二　零售商品的定价方法

 任务分析

零售商仅仅了解零售商品定价的影响因素还远远不够，如何充分评估各项影响因素，综合分析并加以运用，才能让商品定价落地，做到真正配合企业战略。从零售业发展的几十年来看，就主、客观环境与零售业主的判断而言，还没有形成真正意义上的科学性理论研究。本任务将介绍一些常用的定价技巧与方法，并通过对各类定价方法的优劣势分析，让大家对商品定价有一个形象、具体的认知。

情境引入

张大娘便利店的商品定价

张大娘和张大爷经过多次的讨论，找到了点商品定价的方向。

首先张大娘根据自己小区的人口数量以及会到小区便利店购买的人数来算，预估每天能有 2 000 元营业额。如果按每天得赚 200 元来算，每件商品得赚 10 个点。张大娘就建议把采购单据拿出来统一加价 10%。

张大爷又不同意了："如果把鸡蛋也只加价 10%，那鸡蛋被人碰破了怎么办，那不又得赔钱。"

张大娘想想觉得张大爷说得有道理，但还是担心卖贵了以后邻里们就不来买了。张大爷提醒说："那还不简单，咱们今天分头去周围的便利店、杂货店，甚至是大型超市去看看，只要不卖得比他们贵，那邻里们不就觉得张大娘便利店便宜了嘛。"

市场调查中……

老两口经过市场调查，终于把店里的商品价格都确定下来了。开业当天，一名当地知名品牌的业务员来到店里，看到他们公司的商品价格后，找到张大娘建议把两支商品的价格调低点，张大娘顺着业务员的手指才发现，原来瓶身上有建议零售价1.5元，而自己标价为1.6元。

 知识学习

定价方法是零售企业在特定的定价目标指导下，依据对价格影响因素的分析研究，运用价格决策理论，对产品价格水平进行计算决定的具体执行。零售企业在选择定价方法时，应参考成本费用、市场需求和竞争状况这三个主要因素中的一个或多个，制定符合自己情况的价格。零售商品的定价方法主要有成本导向定价法、需求导向定价法和竞争导向定价法三类，也有一些商品的零售价是由供应商决定的，具体分析如下。

一、成本导向定价法

成本导向定价法以产品成本作为定价的基本依据，具体形式主要有成本加成定价法和目标利润定价法。

1. 成本加成定价法

成本加成定价法是指按照单位成本加上一定百分比的加成来确定产品销售价格的定价方法。成本加成定价法是零售企业普遍采用的定价方法。

在这种定价法中，加成率的确定是定价的关键。加成率的计算有两种方式：倒扣率和顺加率。

$$倒扣率=(售价-进价)\div 售价\times 100\%$$
$$顺加率=(售价-进价)\div 进价\times 100\%$$

利用倒扣率和顺加率来计算销售价格的公式如下：

$$产品售价=进价\div(1-倒扣率)$$
$$产品售价=进价\times(1+顺加率)$$

在零售企业中，百货商店、杂货店一般采用倒扣率来确定产品售价，而蔬菜、水果商店则采用顺加率来确定产品售价。

加成率的确定应考虑商品的需求弹性和企业的预期利润。在实践中，同一行业往往会形成一个为大多数企业所接受的加成率。例如一些类别商品的倒扣率：书籍34%、服装41%、装饰用的珠宝饰物46%、女帽50%等。同一类别不同品牌的商品取毛利率的点数也不尽相同。一般来说知名品牌的毛利率会取得相对低些，而非知名品牌或不易直接对比的品牌，则往往会取更高的毛利率。

成本加成定价法具有计算简单、方便易行的特点，在正常情况下，按此方法定价可以使企业获取预期利润。但是，如果同行业中的所有企业都使用这种方法定价，他们的价格就会趋于一致，这样虽然能避免价格竞争，却忽视了市场需求和竞争状况的影响，缺乏灵活性，难以适应市场竞争的变化形势。

成本加成定价法运用在生鲜等易损耗的商品时，还需要特别关注采购成本中需要计算相应的损耗率以及生鲜商品的包装重量（俗称皮重）。以下列举某生鲜超市易损耗商品真实成本的计算公式。

（1）水果。产品售价＝采购总价÷[（商品带包装重量－皮重）×（1－3%）]，其中3%是预估水果损耗率（烂果）。

（2）蔬菜。产品售价＝采购总价÷[（商品带包装重量－皮重）×（1－损耗率）]。不同蔬菜的损耗率会有很大差异，而同一蔬菜在不同季节损耗率也有很大差异，需要定期做损耗率测试。若在批发市场进行精品加工，则需将加工人员工资根据每日加工数量平均到各种商品成本中。

（3）冻品/冰鲜。产品售价＝采购总价÷[（商品带包装重量－皮重）×（1－扣冰率）]，其中商品皮重及扣冰率可以通过测试得出。例如，先将10箱冷冻胴骨从冷藏库取出后称出总重量，将拆开的包装箱集中称重后除以10得出皮重，再将这10箱胴骨放在常温下化冻，最后将化冻后的胴骨称重。

2. 目标利润定价法

目标利润定价法是根据损益平衡点的总成本、预期利润和估计的销售数量来确定产品价格的方法。运用目标利润定价法确定出来的价格能带来企业所追求的利润。

目标利润定价法要借助于损益平衡点这一概念。

假设：Q_0 表示保本销售量，P_0 表示价格，C 表示单位变动成本，F 表示固定成本，则保本销售量可用公式表示为：

$$Q_0 = F/(P_0 - C)$$

在此价格下实现的销售额，刚好弥补成本，因此，该价格实际上是保本价格。由上式可推出：

$$P_0 = F/Q_0 + C$$

在零售企业实际定价过程中，可利用此方法进行定价方案的比较与选择。如果零售企业要在几个价格方案中进行选择，只要估计出每个价格对应的预计销售量，将其与此价格下的保本销售量进行对比，低于保本销售量的则被淘汰。在保留的定价方案中，具体的选择取决于零售企业的定价目标。假设企业预期利润为 L，预计销售量为 Q，则实际价格 P 的计算公式为：

$$P = (F+L)/Q + C$$

零售企业在运用目标利润定价法时，对销售量的估计和对预期利润的确定要考虑多方面因素的影响，以保证制定出的价格的可行性。

二、需求导向定价法

需求导向定价法以顾客对产品价值的认知和需求强度作为定价依据，其具体形式主要有认知价值定价法和需求强度定价法。

1. 认知价值定价法

认知价值定价法是指企业根据顾客对产品的认知价值来制定价格的一种方法。它是伴随现代营销观念的发展而产生的一种新型定价方法。

企业在制定价格时，应考虑到顾客对产品价值的评判。顾客在购买商品时总会对其进行比较与鉴别，顾客对商品价值的理解不同，会形成不同的价格限度。如果价格刚好定在这个限度内，顾客就会顺利购买。因此，企业可据此拟定一个可销价格，进而估计此价格水平下的销量、成本及盈利情况，最后确定实际价格。

认知价值定价的关键在于准确地估计顾客对产品的认知价值。如果估计过高，定价就会过高，销量就会减少；如果估计过低，定价就会过低，这样固然可以多销，但利润就会减少。一般而言，当提高商品价格时，销售量会下降，因为会有越来越多的消费者觉得此商品没有价值。消费者价格敏感度决定了不同价位下的产品销售量，若目标市场的消费者价格敏感度低，提高价格后销售量不会明显下降；然而，若消费者价格敏感度高，当提高价格时，销售量将会明显下降。

下面结合实例，具体讲述把握认知价值的方法。定价实验是可以用来检测消费者价格敏感度的一个方法。设想以下情况：如表 8-1 所示，一家连锁零售店在不同的试点进行定价实验。图 8-1 为不同价格下的销售量，图 8-2 为不同价格下的利润。

表 8-1　定价实验资料

试点店	价格	销售量	收入	采购成本	利润
A	8	150	1 200	7.5	75
B	10	50	500		125
C	12	20	240		90

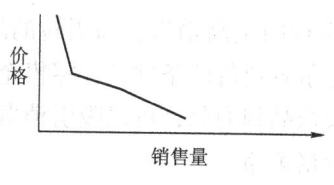

图 8-1　不同价格下的销售量

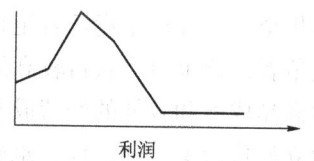

图 8-2　不同价格下的利润

2. 需求强度定价法

需求强度定价法是根据市场需求的强弱，利用需求函数来制定产品价格的一种方法。

需求函数是在需求表、需求曲线及需求规律的基础上形成的对需求规律的数字描述。它表明价格与需求之间呈反方向变化的关系。需求函数的形式很多，为简便起见，我们只分析线性需求函数。

假设某商品的价格为 P，销售量为 Q，商品的线性需求函数的形式：

$$Q = a - bP$$

其中，参数 $a>0$，$b>0$。

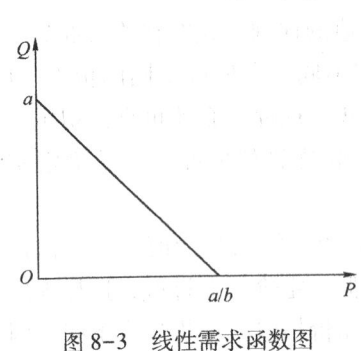

图 8-3 线性需求函数图

我们可以找出该直线与坐标轴相交的两点 $(0, a)$ 和 $(a/b, 0)$，绘出线性需求函数图，如图 8-3 所示。

点 $(0, a)$ 的经济意义是，价格为零时，市场对该商品的绝对饱和需求量为 a。点 $(a/b, 0)$ 的经济意义是，销售量为零时的价格为 a/b，此时，商品一点也卖不出去。

在这一需求函数条件下，企业的定价方法是：求出需求函数的反函数，即 $P = a/b - 1/b \cdot Q$。然后根据企业对市场需求量的调查和统计确定具体的销售价格。

三、竞争导向定价法

竞争导向定价法是以市场上相互竞争的同类产品的价格作为定价的基本依据，并随着竞争状况的变化来调整价格水平。具体形式主要有随行就市定价法和投标定价法。

在竞争导向定价法中，零售企业是以竞争者的价格为依据，而不是以需求或成本为依据。当竞争者变更价格时，按竞争导向定价的零售企业也相应变更商品价格。以竞争者的价格为依据，零售企业在定价时可以采取低于竞争者定价、等于竞争者定价和高于竞争者定价三种形式。

1. 低于竞争者定价

零售企业选择低于竞争者定价的方法时所实行的是高销售、高周转的战略。低于竞争者定价也可以获得较高的利润。低于竞争者定价的条件是：零售企业有较低的商品成本和较低的经营成本。低价经营大众品牌商品，可以吸引消费者前来，树立低价形象。如百佳、永辉都采取这种价格策略。

2. 等于竞争者定价

零售企业选择与竞争者相同的价格，是基于不以价格作为主要的销售工具，而是把地点、商品、服务和促销等零售要素作为重要销售工具，以达到吸引消费者的目的。

3. 高于竞争者定价

零售企业选择高于竞争者的价格是期望通过单位商品的销售获得较高的利润，而不是追求较大的销售量。

四、供应商定价法

供应商定价在零售企业的联营和自营两种经营形式中都存在。在联营经营中，商品的价格基本上由供货商确定，但零售企业会根据其商品在卖场的销售情况，提出调整价格的建议。

在零售企业自营商品中，也有一些商品的零售价是由制造商或批发商决定的。供货商向零售企业建议零售价格，提供一份零售价目表，或印在包装上，或粘在商品上。虽然使用供应商的定价并不是法律的要求，但是许多零售企业认为，这种方法对于市场价格水平来说是公平的。

从实际操作上来说，零售企业应把这几种定价方法结合起来运用，因为它们各有其长处和短处。

任务三　零售商品的定价策略

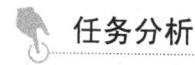

超市的价格定位"艺术"

任务分析

对零售商来说，有三种可供选择的形象定位，相应的定价方法和策略也不相同。

（1）高档的形象定位。企业采取品质导向定价，以其商品高品质的形象定位作为主要的竞争优势。这意味着较小的目标市场、高运营成本和低存货周转率。单位商品毛利高，可运用的定价策略有质量—价格联系和声望定价。高档百货商店和一些专业店可采取此方法，因为它们的目标顾客认为，高价意味着高品质，低价则意味着劣质。

（2）中档的形象定位。企业采取市场导向的平均价格，向中等收入阶层提供可靠的服务及良好的购物环境，商品利润中等，存货质量一般高于平均水平，多采取成本加成的定价方法，即将单位商品成本、零售运营费用及期望利润加总来定出价格。这种企业可能会受到折扣商店和声望商店的零售商们的双重挤压。传统的百货商店即属于此类。

（3）低档的形象定位。采取折扣导向定价，利用低价作为企业的主要竞争优势。商店一般采用简单的店内装饰，对以价格为基准的目标市场回报以低单位毛利、低运营成本和高存货周转率，综合超市和折扣商店就属于这一类。

目前，中低层收入者仍是我国消费的主体，普遍存在低价的偏好。那么，零售企业究竟应掌握哪些定价策略和技巧，才能在竞争激烈的市场获得成功？

情境引入

永辉超市：加大高毛利商品比例

2011年，永辉超市的主营业务毛利率为19.25%，销售净利率为3.32%，存货周转率为7.64次，其中前两项分别高于行业平均水平（主营业务毛利率12.57%，销售净利率2.76%），但该公司的存货周转率下降较快。

个中原因从该公司的财报中可以看出端倪。2011年，永辉超市生鲜比重有所下降，虽然生鲜主营业务收入同比增长24%，但与总营收44%的增长幅度相比是下降的，这显然降低了存货周转，因为生鲜是聚客产品。公司在财报中也表示，"生鲜占比首次下降到50%以下，主要是食用品快速增长及新开门店面积增大，在卖场中面积占比缩小所致。"在成本飞涨的2011年，生鲜的毛利率只有13.18%，这显然不足以对抗通胀。为此，永辉超市2011年加大了高毛利商品的比例，报告期内，在品类管理及采购方面有较大提升，开始尝试"咏悦汇"葡萄酒专卖、"安歌母婴馆"婴儿用品专区、"新肌荟"化妆品专区等专卖店经营模式；标准化营运程度（形象、商品摆设布局等）有所提高。同时，在食品上也开始注重干货，食品占公司全部主营业务收入的比例由2010年的38.6%上升到2011年的45.78%，接近"生鲜及加工"占比，稳定了公司的综合毛利率。

同时，毛利率达28.22%的服装占总营收的比重也有所上升，服装业务收入同比增长45.78%，高于总营收44%的增长幅度。占公司全部主营业务收入8.4%，占比较上一年度略有提升。卖场面积的50%是生鲜，销售业绩的50%是生鲜，员工人数的50%是生鲜，曾是永辉特色。虽然生鲜比例降低，但永辉的生鲜自有品牌仍然占了生鲜产品的半边天。此举在食品安全和提升毛利方面意义重大。永辉建立了自己的蔬菜基地，其生产的自有品牌的蔬菜通过各卖场的风冷柜进行销售，提升毛利空间；此外，永辉还对其他商家进行批发销售，牢牢地掌握了商品价格的话语权。在永辉，有大型专业的豆制品生产加工厂、熟食生产加工厂、活鱼配送基地、冷冻品中转配送中心、水果储存配送中心、蔬菜种植基地、香蕉培育中心，等等。正是这样完善的后台保证了门店充足的货源和差异化经营。通过增大高毛利商品比例，公司的综合毛利率提升了0.12%，这在通胀下实属不易，但与此同时，公司的存货周转出现了下滑，2010年约38天周转一次，2011年是47天周转一次。

这说明，永辉超市在生鲜之外的其他品类上并没有太强的竞争力，厚利与多销不能兼得，但为了抵消成本上涨压力，也只能被迫如此。2007—2009 年，永辉超市固定资产净额占总资产的比重一直在 20% 以下，具有典型的轻资产特征。该企业不像其他企业靠坐商转租赚取大部分利润，但 2011 年，在租金飞涨的背景下，为了降低扩张成本，公司明显加大了利用自己的品牌知名度转租的力度，转租收入增幅达到了 56%，这大大缓解了租金压力。即使这样，公司的租金费用依然上涨了 52%，增幅大于 44% 的营收增幅，可以预计，未来在扩张依然没有减速的情况下，公司的租金压力依然巨大。

不仅仅是永辉超市，2011 年，通胀对很多超市都构成了巨大压力。如家乐福也在通过扩大高毛利商品的销售量，来优化利润结构。其加大了曲奇、巧克力等高毛利商品，这些商品对家乐福可以不收堆头费、促销费甚至降低合同扣点的方式，让供应商轻装上阵，从而共同把销售做大。

（资料来源：http：//www.chinavalue.net/Media/Article.aspx? ArticleId=93337）

 知识学习

零售企业在确定了基本价格后，要建立一种多价位结构，以适应不同的需求特点。因此，有必要针对不同的消费心理、购买行为、地区差异和需求差异等对基本价格进行修改和调整。

一、心理定价策略

心理定价策略是依据消费者的购买心理来修改价格。对于同样的商品，不同的消费者因其需求动机和需求偏好不同，会有不同的价格需求。因此，实施心理价格策略，制定迎合消费者心理的价格，往往能起到意想不到的效果。具体做法有：

1. 整数定价策略

整数定价就是在调整产品价格时采取合零凑整的办法。把价格定在整数或整数水平以上，给人以较高档次产品的感觉。如将价格为 1 000 元或 1 050 元，而不是 990 元。消费者认为，较高档次的产品能显示其身份、地位等，能得到一种心理上的满足。

2. 尾数定价策略

尾数定价策略是指保留价格尾数、采用零头标价，将价格定在整数水平以下，使价格保留在较低一级档次上。尾数定价一方面给人以便宜感，另一方面，因标价精确给人以可信感。对于需求弹性较强的商品，尾数定价往往能带来需求量的大幅增加。如将价格定为 19.80 元，而不是 20 元。以零头数结尾的一种定价策略，往往是用某些奇数或人们中意的数结尾。大型超市内商品价格常以 9，5，8，6 等数字结尾，使消费者一方面产生吉利的好感，另一方面也产生一种价格便宜的感觉。

3. 奇数定价策略

奇数定价策略与尾数定价策略有一定的重叠，它是指订一个尾数是奇数的价格——特别是以9为尾数。奇数定价在零售业有悠久的历史。在19世纪与20世纪时，奇数定价是用来减少因员工偷窃所造成的损失。如果商品有个奇数价格，销售人员必须到收银柜台找钱给顾客并记录销售，让销售人员难以私下保留销售款。奇数定价也可以追踪减价的次数，例如，一个原始价格20美元，第一次的减价是17.99美元，第二次的减价是15.98美元，依次类推。

奇数定价的实证研究结果各有利弊，但是，许多零售商还是相信奇数定价可增加销售利益。例如，在CVS商店的电脑化定价系统，开始应用成本加价，提高分位的数字，使价格接近5美元或9美元。沃尔玛运用更精细微调方法，以一个固定百分比的成本加价法，形成各种不同尾数的价格。

奇数定价背后所隐含的理论是假设购物者不会注意到最后价格尾数或价格数字，那么2.99美元会被视为2美元。另一个隐含的道理是，价格9尾数字表示低价。所以针对价格较敏感的商品，许多零售商会将其价格压降到9的数字，以建立一个良好的价格形象，例如，一般定价是3.09美元，许多零售商会将价格压降到2.99美元。

依据研究结果，提出以下建议作为决定价格尾数决策的指导方针。

（1）当市场价格敏感度高，则应调高或调低价格以接近高尾部数字，如9。

（2）市场价格敏感度不高，则零售商使用尾数9所冒的形象风险将高于零售利益。因此价格尾数应使用偶数与整数较适当。

（3）许多为迎合高层次消费者的零售商，透过周期性的折扣价吸引高价格敏感的市场。也就是使用一个综效的策略：只有在折扣与特别促销档期，才能打破一般整数的价格政策，使用尾数9的价格。

4. 声望定价策略

声望定价策略是指针对消费者"一分钱一分货"的心理，对在消费者心目中享有声望、具有信誉的产品制定较高价格。价格高低时常被当做商品质量最直观的反映，特别是在消费者识别名优产品时，这种意识尤为强烈。这种声望定价技巧，不仅在零售商业中应用，而且在餐饮、服务、修理、科技、医疗、文化教育等行业也被广泛运用。

神奇的数字9

5. 习惯定价策略

习惯定价策略是指按照消费者的习惯性标准来定价。日常消费品价格，一般采用习惯定价。因为这类商品一般易于在消费者心目中形成一种习惯性标准，符合其标准的价格容易被顾客接受，否则易引起顾客的怀疑。因此这类

用声望来定价

产品价格应力求稳定,在不得不涨价时,应采取改换包装或品牌等措施,减少消费者的抵触心理,并引导消费者逐步形成新的习惯价格。

6. 招徕定价策略

招徕定价策略是指将产品价格调整到低于价目表的价格,甚至低于成本费用,以招徕顾客并促进其他产品的销售。例如,有的超级市场和百货商店大力降低少数几种商品的价格,特别设置几种低价畅销商品,有的则把一些商品用处理价、大减价来销售,以招徕顾客。顾客多了,不仅卖出了低价商品,更重要的是带动和扩大了一般商品和高价商品的销售。

最适合招徕定价策略采用的为经常购买的商品,如大米、鸡蛋,或如可口可乐与百事可乐等知名品牌。因为每周必须购买这些商品,所以顾客会注意到这些商品的广告。零售商希望消费者在购买此招徕商品时,也能购买一些每周必须购买的商品。

采用招徕定价策略吸引顾客可能会面临一个问题,某些顾客从一个商店到另一个商店,只购买特价商品,其对零售商而言,很明显是无利益的顾客。

7. 错觉定价策略

通常消费者对商品重量的敏感要远低于对价格的敏感,如500克装的某品牌奶粉标价为9.3元,后推出450克装的同样奶粉,标价为8.5元,后者的销量明显比前者要好。其实算一下就会发现,后者每克的实际价格略高一点,但后者更容易吸引消费者的注意力。

招徕定价

8. 系列定价策略

系列定价策略又叫"价格线分类定价法",即零售商依商品类别,限定一个价格范围,该范围内分布着若干价格点,每个价格点代表不同的品质水平。如确定一盒手帕的价格范围是6元至15元,价格点分别定为6元、9元和15元,使顾客感到档次明显,有助于他们去发现不同价位的商品品质的差别,便于商品销售,也为后面的价格调整作了铺垫。在这种定价中,各价格点间差距不能太小也不能过大,太小让消费者感觉不到品质的差别,过大也会让消费者产生疑惑。此定价策略给消费者与零售商带来如下影响:

(1) 可去除多样价格选择的困扰。消费者只能选择低、中或高价格。

(2) 从零售商的观点来说,商品管理的作业较简化。也就是,在某价格线分类内的所有商品皆可一起营销。而且,消费者采购商品前,心理上会预定一个价格线分数。

(3) 价格线分类能让消费者有较大的弹性。如果有一个精确的方程式计算原始零售价(原始成本加价),则可计算出许多原始零售价格点。但是,在价格线分类定价策略中,某些商品可能以高于或低于预期成本的价格被购买。当然,价格线分类定价也会限制消费者弹性。消费者也许会被迫放弃某些有潜在利益的商品，因为他们并没有落在该价格线分类内。

虽然许多制造商与零售商简化他们所提供的产品，来节省配销与库存费用以及让消费者易于选择，而价格线分类定价法也使顾客习惯购买较为昂贵的商品。研究显示，消费者会趋向中间的价格线分类选择购买商品。例如，有一家照相机零售店开始贩卖一款超级豪华照相机，多数消费者将会购买仅次于超级豪华款式的最昂贵款式照相机。所以，零售商必须确定贩卖越昂贵的商品越能获利，还得减少库存节省成本。

二、折扣定价策略

折扣定价是在正常价格的基础上给予一定的折扣和让价。一般是在短期内降低商品价格以吸引更多消费者购买，从而实现销量在短期内增加的一种定价方法。采取这种定价策略是为了鼓励消费者购买。常用的折扣定价策略有以下四种。

1. 积分卡累计折扣定价策略

积分卡累计折扣定价策略是一种比较常用的累计数量折扣定价法，顾客缴纳少量费用（或免费）即可获得一张积分卡，规定顾客在一定时期内累计购买商品达到一定金额，则按其购买金额大小给予不同的折扣。这种定价方法能起到稳定顾客群的作用，目前很多零售企业实行的就是这种积分卡累计折扣定价策略。

2. 会员卡折扣法

消费者只需缴纳少量费用，或达到一定购买量即可持有会员卡，成为零售商的会员。会员可享受多种优惠：如价格、赊销、分期付款、年底分红或返还、定期的联谊活动、优惠日活动、获得商店最新商品信息等。此外，目前有不少商家向顾客发放优惠卡，在出售商品时就按顾客的购买金额给予一定的折扣率。这种折扣法对增大商店的目标顾客宽度作用很大。

3. 限时折扣定价法

限时折扣定价法即在特定的营业时段对商品进行打折，以刺激消费者的购买欲望。这样，一方面可增强商场内人气，活跃气氛，调动顾客购买欲望，同时可促使一些临近保质期的商品在到期前全部销售完。在运用折扣定价法时商家必须要做到：明确目的，为实现企业总利润最大化服务；做好策划，包括折扣商品范围、折扣率大小、折扣的时机、折扣的期间、折扣的频率、折扣的方式；考虑企业自身的定位。

4. 季节折扣定价法

商家在采用此方法时要注意：在消费高潮时的季节折扣要与竞争对手的同类商品价格拉开差距，具有明显的价格优势。而在销售淡季时，折扣则既要体现反季节促销，又要体现季节性清货。前面是扩大销售，后面是为了清理库存。

折扣定价法的另一种分类方式，可分为一次性折扣定价法和累计折扣定价法。一次性折扣定价法即在一定时间内对所有商品规定一定下浮比例的折扣，一般在店庆、季节拍卖和商品展销时采用较多。一次性折扣定价法是阶段性地把商店的销售推向高潮的定价法，实施的时间和频率要事先订好计划。例如，积分卡属于累计折扣定价法。

三、新产品定价策略

新产品定价策略是零售企业价格策略的一个关键环节，它关系到新经营产品能否顺利进入市场，并能否为以后占领市场打下良好的基础。企业在推出产品时，主要有两种定价策略可供选择。

1. 市场撇脂定价策略

市场撇脂定价策略是指在新产品初上市时，把产品的价格定得很高，以攫取最大利润，有如从鲜奶中撇取奶油一样。根据实践经验，在以下条件下可以采取市场撇脂定价策略。

（1）市场有足够的购买者，他们的需求缺乏弹性，即使把价格定得很高，市场需求也不会大量减少。

（2）高价使需求减少一些，单位成本增加一些，但这不至于抵消高价所带来的利益。

（3）在高价情况下，仍然独家经营，别无竞争者。有专利保护的产品就是如此。

（4）某种产品的价格定得很高，使人们产生这种产品是高档产品的印象。

2. 市场渗透定价策略

（1）先入为主低价渗透策略。外资零售企业往往在开业之初采用低毛利、低价格策略，给消费者造成一种十分"便宜"的印象，以后再有计划地逐步提高某些商品价格，使消费者在形成第一印象之后不知不觉地忽略商品价格上调的事实。这种做法不同于国内零售企业开业初的让利促销，让利促销容易在消费者心中形成开业过后价格会大幅上调的印象，无法起到价格促销的长期效果。

（2）以盈补缺差别毛利率定价策略。对不同的商品采取不同的毛利率定价，以盈补缺，实现盈利和低价双获得。

（3）控制敏感商品价格策略。据调查，仅有 30% 左右的消费者在进入商场前有明确的购买目标，其余 70% 消费者的购买决定是在商场作出的，而且他们只对部分商品在不同商场的不同价格有记忆，这部分商品即为敏感商品。敏感商品一般是需求弹性大、消费者使用量大、购买频率高的商品，实行低价销售在市场上拥有绝对竞争优势，有利于塑造商场价格便宜的良好形象。

四、产品组合定价策略

产品组合定价策略是指零售企业从追求整体效益最大和动态最优出发，对所经营的各种商品进行最佳的价格组合。根据系统论原理，零售企业在对某一商品采取价格策略时，还需综合配套，动态优化，这样才能顺利地实现零售店的定价目标。

1. 替代商品综合定价策略

替代商品是指用途大致相同，可以互相代替的商品。替代商品价格策略是指零售企业为达到某种营销目的，有意识地安排本商店替代商品之间的价格比例而采取的定价策略。

对于有替代关系的商品，提高一种商品的价格，虽然会使该商品销量降低，但是会提高其替代商品的销量。零售企业可以利用此效应来制定组合价格策略，通过适当提高畅销品价格、降低滞销品价格，使两者的销量都能保持在一定水平，从而增加零售企业的总赢利。

2. 互补商品综合定价策略

互补商品是指需要配套使用的商品。互补商品价格策略是指商场利用价格对消费连带品需求的调节功能来全面扩展销量所采取的定价技巧。

对于互补商品，有意降低购买频率低、需求弹性高的商品价格，同时提高购买频率高而需求弹性低的商品价格，会取得各种商品销量全面增长的效果。

3. 产品与服务综合定价策略

对于大件耐用消费品，消费者往往会担心能否长期安全使用，或担心搬运难、怕损坏、怕维修难、怕易耗件不易买到等问题，这些担心都会影响产品的销售和零售企业的收入。对此，零售店可以改变单纯制定销售价的办法，实行销售与服务"一揽子"综合定价策略，即将提供商品售后服务的费用（包括送货上门，代为安装、调试，附送易耗件，三包期内上门修理的费用）算入销售价格内，并将售后服务措施公布于众，这样就可以消除顾客的心理障碍，进而促进销售。

五、特卖商品定价策略

降价幅度特别大的商品，对顾客有很强的吸引力。一些外资零售企业每隔一段时间就会选择一些商品，以非常低廉的特价形式招徕顾客，时间多选在节假日，且长年不断，周期性循环。特价商品需要一个数量的控制，如每周推出一批或每天推出一种，它们主要由两种类型商品组成：一类是低值易耗、需求量大、周转快、购买频率高的商品；另一类是消费者购买频率不高、周转较慢、在价格刺激下偶尔购买的商品，以期引发消费者的购买欲望，加速商品的周转。

六、销售赠品定价策略

销售赠品定价策略即向消费者免费赠送或购买达到一定金额时可获得赠送礼

品的方法，具体有三种方式：一是免费赠送，只要进店即可免费获得一件礼品，如气球、面纸、鲜花等；二是买后送，购物满一定金额才能获得礼品，如酱油、洗洁精、玩具等；三是随着商品附赠，像买咖啡送咖啡杯，买生鲜食品送保鲜膜等。这种策略一方面可以促使消费者使用新产品，另一方面也用实物反映价格优惠，有利于以后市场价格地位的确定。

任务四 零售商品的价格调整

 任务分析

在供应商第一次供货时，零售商需要定价，在运营过程中零售商还需要根据市场的变化、自身经营的需要等情况不断进行商品的价格调整。只有这样才能在多变的市场环境下不会被动挨打。什么时候必须降价，什么时候可以适当涨价；如何涨价让顾客不感觉贵了，如何降价让顾客觉得十分优惠，本任务将带领大家体验零售运营中的变化与起伏。

情境引入

日化产品、方便面涨价刚被叫停，
饺子饼干又喊涨，超市商品调价暗潮涌动

原定于4月1日上调售价的多个品牌日化产品和康师傅桶装方便面，因国家发改委出手干预而喊"停"。涨价主角之一的联合利华发表声明，称暂缓调价，并向消费者表示歉意。康师傅宣布了同样的消息。不过，最近超市仍有不少商品在价格调整方面蠢蠢欲动。

1. 日化产品和方便面涨价被叫停

3月月底，温州世纪联华、好又多、易初莲花、人本等超市均收到日化产品和康师傅产品涨价通知，称将在"4月1日起"调高价格，但最后没有提上日程。"3月28日，我们得到通知，4月1日起调价。不过到了3月30日，又接到总部通知，改口说价格暂时不变。"世纪联华超市南国店一负责人表示。

"3月中下旬就听说日化产品要涨价，为了应对日化用品旺季，我们还加大了备货量，以期供应商涨价后，还能维持一段时间原价吸引顾客。"易初莲花超市一负责人表示。"这次调价一波三折，超市也很被动。像联合利华、宝洁等品牌在超市日化产品中份额占60%~70%，调价对超市影响较大。有些商品调价我们可以和供应商谈判，但联合利华、宝洁等大品牌如果真要调，我们也只能执行，毕竟超市日化产品少了这两个品牌根本不行。"一超市业内人士如此说。

2. 饺子饼干也喊涨

虽然联合利华和康师傅在发改委干预下暂缓价格调整,不过近期超市商品价格调整暗潮涌动。这两天,世纪联华冷冻食品的负责人伤透了脑筋,在超市销量占比第一的湾仔码头系列食品要全线提价。"目前,采购部门正和供应商僵持,超市暂未调整零售价格。"该超市一负责人表示。

不过,好又多超市已经调整了湾仔码头系列产品的售价。世纪联华超市南国店800克装湾仔码头大白菜手工水饺售价为25.8元,好又多鸿店售价为30.2元;800克该品牌荠菜水饺和三鲜水饺,世纪联华南国店售价为27元,好又多鸿店售价为30.2元。

此外,有媒体称康师傅、卡夫部分产品被发现近期已上调价格。而在超市饼干货架上的大部分品牌都属于这两家旗下,卡夫包括太平苏打、王子、趣多多、达能、鬼脸嘟嘟、奥利奥等,康师傅则包括3+2苏打夹心、3+2咸酥夹心、五谷珍宝、美味酥、蛋黄也酥酥等。目前,温州各家超市虽尚未调整售价,但如果大城市超市都调价了,温州市场调价也不会太远。

不管是涨了的、正要涨的,还是要涨没涨成的,厂家涨价的理由大多和原材料涨价有关。"即使成本上升,作为业内龙头企业,也是有能力承受的。"一业内人士明显不同意厂家观点,举例说,康师傅近期发布的财报显示,尽管原材料价格上涨使得其方便面毛利率同比下降2.62个百分点,至28.83%。但相比其他方便面企业,10%~20%的毛利率依旧高出不少。此外,棕榈油价格从2月15日的每吨10 400元,跌至目前的9 400元,跌幅达10%,无疑可让方便面生产企业大松一口气。

(资料来源:http://epaper.wzdsb.net/Html/2011-04-08/13/content_ 0.htm)

 知识学习

零售企业处在一个动态的市场环境中,产品价格的制定与修改都不能是一成不变的。企业必须根据市场环境的变化,不断地对价格进行调整,发动价格进攻战略。价格进攻战略包括两种情况:一是根据市场条件的变化主动进行调价,即主动变价战略;二是针对竞争对手的价格变动进行的调价,即应对变价战略。但无论是主动变价还是应对变价,零售企业所面临的价格变动方向都是两个:提价或降价。

一、提价

提价是指零售企业在制定的初始价格的基础上调高价格的行为。提价往往会导致消费者的抵触,对企业的经营造成风险,但是由于一些客观原因企业必须提价时,企业应该考虑各方面的因素,采取灵活的提价策略。

1. 零售企业提价的原因

（1）成本上升。原材料等生产要素的价格上涨，造成生产企业的成本提高，导致零售企业的商品进价上升，因此零售企业不得不提高商品价格，否则就会造成经营亏损。

（2）需求上涨。由于市场需求大幅上涨，造成商品供不应求，无法满足所有顾客的需要。在这种情况下，零售企业可采取提价策略，一方面可以抑制需求，另一方面可以取得更大收益。零售企业的提价方式包括：取消价格折扣；在商品大类中增加价格较高的商品；直接提价。

（3）定价目标调整。当零售企业处于进入市场阶段时，为了在市场上立足，会以维持生存为定价目标，商品价格较低，其经营状况是微利或略亏。当企业在市场上站稳了脚后，则要考虑获得更高的回报，此时企业可能考虑提价。

在以上三种提价原因中，第一种是被动的提价，后两种属于主动提价。无论是被动提价，还是主动提价，都存在风险，必须慎重。

2. 零售企业提价的风险

零售企业提价的风险是显而易见的，它可能会抑制需求，使商品的销售量减少，进而影响企业的利润。同时，高价格、高利润也会导致竞争者不断涌入市场，使竞争日益加剧。因此，为了减少顾客不满，企业提价时应当向顾客说明提价原因，并帮助顾客寻找省钱的途径。而且，如果有可能，当市场供不应求时，企业应当积极组织货源，增加商品的供应量，牢固地占领和扩大市场。

3. 零售企业提价的策略

顾客对于价格较为敏感，直接提价可能导致顾客反感，零售企业可通过以下提价策略，既提高实际价格，又不会对销售产生大的负面影响。

（1）在价格不变的情况下减少成本。具体来说，有以下三种做法。

① 零售企业可通过减少数量折扣或提高数量折扣的累计金额，从而实现实际价格的提高。

② 零售企业可减少促销活动和促销人员，通过减少促销成本开支，来实现不提价而实际价格上升。

③ 零售企业还可通过减少服务项目，或对某些服务项目收费等措施，在不提价的前提下，使实际价格提高。

（2）与供应企业协商，改变商品而价格不变。零售企业可与制造企业进行协商，通过压缩商品重量、使用相对便宜的原材料、使用大包装、改变商品特点等，使成本降低。这样，可在最后的零售价格不变的基础上使实际价格提高。但这样会改变商品的质量，也有可能会影响商品的销量。

（3）分类商品提价。零售企业可以只对价格不敏感的商品提价或较大幅度提价，而对顾客较为敏感的商品不提价或小幅提价，从而使总体价格上升。

（4）提高商品的认知价值。在只有提价一条路可走时，零售企业还可以通过提高顾客对商品的认知价值来实现提价。零售企业可通过加强促销人员的介绍、说服和服务等来促使顾客对商品价值有更好的理解。

4. 零售企业提价时应该注意的问题

顾客通常有一种"买涨不买跌"的心理，有时适当的提价可能使顾客产生商品质量过硬、可能价格还要上升等想法，因此，适当的提价可能并不一定面临风险。

在提价前，企业必须充分了解政府部门对提价的态度、市场上顾客和竞争者对提价的反应。在零售企业提价的具体操作过程中还应注意提价的时机、提价的方式和提价的幅度。总之，合理采取提价策略既能适当地增加利润，又能提升商品和企业形象。

二、降价

零售企业的降价是指企业调低零售价格的行为。

1. 零售企业降价的原因

在现代市场经济条件下，企业降价的原因主要有以下四个方面。

（1）需求减少或销售萎缩。在需求方面，由于商品的需求不足，为了刺激购买、扩大销售，零售企业必须实行降价。

（2）竞争者降价。在竞争方面，在强大的竞争者的压力之下，企业的市场占有率下降，企业只有通过降价来扩大自己的市场份额。

（3）商品成本下降。在成本方面，由于经营规模扩大、成本下降，零售企业为了让利顾客、扩大销售，从而实行降价。

（4）商品自身问题。在商品方面，由于商品过时、商品处于销售淡季、商品质量有瑕疵等原因实行降价甩卖。

2. 零售企业降价的风险

人们总是认为，零售企业的降价要比提价更容易操作。因为零售企业的降价可使顾客得到实惠，不会引起顾客的抵触情绪。但是，事实上零售企业的降价也是存在着风险的：一是顾客可能会因价格下降而怀疑商品质量；二是降价可能会使企业的利润减少；三是降价可能会引起供应商的不满；四是降价可能会引起竞争者的报复，从而使零售企业陷入价格大战中。最后还有可能导致原先购买的顾客因为价格波动而产生吃亏心理，间接导致对该零售企业的满意度下降。

3. 零售企业降价策略的运用

（1）明确降价目的。零售企业必须明确降价的目的是应付竞争，还是让利顾客，或者是商品的低价处理，因为不同的降价目的，其采取的降价策略应有所区别。

（2）选择合适的降价时机和合理的持续时间。零售企业应根据以往的销售记录和市场的需求变化，选择适当的降价时机。例如，换季商品如果在过季后开始降价,则很有可能需要损失更多的利润才能把库存消化掉。但如果根据库存情况,在快过季前的一个月开始先清仓库存量大的商品,则可能获利更大。同时降价持续时间的长短不仅关系到降价的效果,而且会影响企业的经营成本。一般来说,食品类降价持续时间为一周至两周较为合适,非食品类降价持续时间为一个月较为合适,生鲜类因为成本变化快,降价分拣续一天至三天和一天中某个时段较为合适。当然具体操作时可根据降价目的进行调整。

(3) 确定合适的降价幅度。零售企业的降价幅度应根据具体情况确定,一般来说,应与其降价目标相适应,同时考虑其他相关因素。例如,如果是商品库存处理,则降价幅度可以较大;而如果商品进价下降,则要根据进货成本下降幅度以及竞争者的降价幅度来设定降价幅度。

4. 零售企业降价时应该注意的问题

零售企业应明确降价不是竞争的唯一出路,如果因为竞争者降价而降价,可能会出现恶性竞争、两败俱伤的局面。零售企业可通过加强今后服务等非价格手段来提高竞争力。零售企业在降价的时候还应该做好计划和具体的安排,尽量减少降价次数,同时注意降价不能降质量,以免给消费者造成企业经营不善等不良印象,得不偿失。

任务五 相关法规

 任务分析

为了规范价格行为,发挥价格合理配置资源的作用,稳定市场价格总水平,保护消费者和经营者的合法权益,促进社会主义市场经济健康发展,国家颁布了《中华人民共和国价格法》。本任务将帮助学生了解哪些可为哪些不可为。

情境引入

沃尔玛再涉价格欺诈被罚 10 万元

日前,湖北省物价局通报当地 6 起价格违法典型案例,涉及串通涨价、超市价格欺诈、幼儿园乱收费等行为,其中,武汉市沃尔玛徐东大街卖场涉价格欺诈被处以 10 万元罚款。

武汉市沃尔玛徐东大街卖场 5 月 3 日开展"买赠"活动,买蓝月亮洗衣液新产品满 68 元送 500 克茶清洗洁精 1 瓶。蓝月亮洗衣液新产品之一"蓝月亮亮白薰草液"5 月 3 日之前 7 日内,在该交易场所实际成交价格为 47.59 元,但在该次促销活动期间标示的销售价格为 48.8 元,买赠促销活动价格高于该次经营活动前7日内在该交易场所成交的有交易票据的最低交易价格,构成价格欺诈。湖北省物价局已依法对其处以10万元的罚款。

这并非沃尔玛第一次涉及价格欺诈问题,此前,沃尔玛和家乐福的部分超市因价格欺诈被发改委予以处罚。

《第一财经日报》昨日就此事致电沃尔玛,沃尔玛中国区回应称,武汉沃尔玛已积极配合政府相关部门对此事进行核查,对相关问题严肃处理。商场将继续加强商品价格监管,严查疏漏,确保价格准确无误、合法合规。

"有意的价格欺诈或无意价签管理漏洞都会造成价格问题,这在零售业界其实普遍存在,假如是有意的,那么就是恶意欺诈消费者,比如虚高售价、假意优惠等,卖场借假促销提升营收;假如是无意的,那么就是价签管理问题,比如工作人员放置错误价签、电脑更新不及时等。"一位从事零售业近10年的沈先生分析道。

(资料来源:http://www.sina.com.cn 2012年9月27日 01:40 第一财经日报微博)

知识学习

1997年12月29日,《中华人民共和国价格法》已由中华人民共和国第八届全国人民代表大会常务委员会第二十九次会议于1997年12月29日通过,自1998年5月1日起施行。

第三条 国家实行并逐步完善宏观经济调控下主要由市场形成价格的机制。价格的制定应当符合价值规律,大多数商品和服务价格实行市场调节价,极少数商品和服务价格实行政府指导价或者政府定价。

市场调节价,是指由经营者自主制定,通过市场竞争形成的价格。

本法所称经营者是指从事生产、经营商品或者提供有偿服务的法人、其他组织和个人。

政府指导价,是指依照本法规定,由政府价格主管部门或者其他有关部门,按照定价权限和范围规定基准价及其浮动幅度,指导经营者制定的价格。

政府定价,是指依照本法规定,由政府价格主管部门或者其他有关部门,按照定价权限和范围制定的价格。

第四条 国家支持和促进公平、公开、合法的市场竞争,维护正常的价格秩序,对价格活动实行管理、监督和必要的调控。

第五条 国务院价格主管部门统一负责全国的价格工作。国务院其他有关部门在各自的职责范围内,负责有关的价格工作。

县级以上地方各级人民政府价格主管部门负责本行政区域内的价格工作。县级以上地方各级人民政府其他有关部门在各自的职责范围内,负责有关的价格工作。

第六条 商品价格和服务价格，除依照本法第十八条规定适用政府指导价或者政府定价外，实行市场调节价，由经营者依照本法自主制定。

第七条 经营者定价，应当遵循公平、合法和诚实信用的原则。

第八条 经营者定价的基本依据是生产经营成本和市场供求状况。

第九条 经营者应当努力改进生产经营管理，降低生产经营成本，为消费者提供价格合理的商品和服务，并在市场竞争中获取合法利润。

第十条 经营者应当根据其经营条件建立、健全内部价格管理制度，准确记录与核定商品和服务的生产经营成本，不得弄虚作假。

第十一条 经营者进行价格活动，享有下列权利：

（一）自主制定属于市场调节的价格；

（二）在政府指导价规定的幅度内制定价格；

（三）制定属于政府指导价、政府定价产品范围内的新产品的试销价格，特定产品除外；

（四）检举、控告侵犯其依法自主定价权利的行为。

第十二条 经营者进行价格活动，应当遵守法律、法规，执行依法制定的政府指导价、政府定价和法定的价格干预措施、紧急措施。

第十三条 经营者销售、收购商品和提供服务，应当按照政府价格主管部门的规定明码标价，注明商品的品名、产地、规格、等级、计价单位、价格或者服务的项目、收费标准等有关情况。

经营者不得在标价之外加价出售商品，不得收取任何未予标明的费用。

第十四条 经营者不得有下列不正当价格行为：

（一）相互串通，操纵市场价格，损害其他经营者或者消费者的合法权益；

（二）在依法降价处理鲜活商品、季节性商品、积压商品等商品外，为了排挤竞争对手或者独占市场，以低于成本的价格倾销，扰乱正常的生产经营秩序，损害国家利益或者其他经营者的合法权益；

（三）捏造、散布涨价信息，哄抬价格，推动商品价格过高上涨的；

（四）利用虚假的或者使人误解的价格手段，诱骗消费者或者其他经营者与其进行交易；

（五）提供相同商品或者服务，对具有同等交易条件的其他经营者实行价格歧视；

（六）采取抬高等级或者压低等级等手段收购、销售商品或者提供服务，变相提高或者压低价格；

（七）违反法律、法规的规定牟取暴利；

（八）法律、行政法规禁止的其他不正当价格行为。

第十五条 各类中介机构提供有偿服务收取费用，应当遵守本法的规定。法律另有规定的，按照有关规定执行。

第十六条　经营者销售进口商品、收购出口商品，应当遵守本章的有关规定，维护国内市场秩序。

第十七条　行业组织应当遵守价格法律、法规，加强价格自律，接受政府价格主管部门的工作指导。

项目三　政府的定价行为

第十八条　下列商品和服务价格，政府在必要时可以实行政府指导价或者政府定价：

（一）与国民经济发展和人民生活关系重大的极少数商品价格；

（二）资源稀缺的少数商品价格；

（三）自然垄断经营的商品价格；

（四）重要的公用事业价格；

（五）重要的公益性服务价格。

第十九条　政府指导价、政府定价的定价权限和具体适用范围，以中央的和地方的定价目录为依据。

中央定价目录由国务院价格主管部门制定、修订，报国务院批准后公布。

地方定价目录由省、自治区、直辖市人民政府价格主管部门按照中央定价目录规定的定价权限和具体适用范围制定，经本级人民政府审核同意，报国务院价格主管部门审定后公布。

省、自治区、直辖市人民政府以下各级地方人民政府不得制定定价目录。

第二十条　国务院价格主管部门和其他有关部门，按照中央定价目录规定的定价权限和具体适用范围制定政府指导价、政府定价；其中重要的商品和服务价格的政府指导价、政府定价，应当按照规定经国务院批准。

省、自治区、直辖市人民政府价格主管部门和其他有关部门，应当按照地方定价目录规定的定价权限和具体适用范围制定在本地区执行的政府指导价、政府定价。

市、县人民政府可以根据省、自治区、直辖市人民政府的授权，按照地方定价目录规定的定价权限和具体适用范围制定在本地区执行的政府指导价、政府定价。

第二十一条　制定政府指导价、政府定价，应当依据有关商品或者服务的社会平均成本和市场供求状况、国民经济与社会发展要求以及社会承受能力，实行合理的购销差价、批零差价、地区差价和季节差价。

第二十二条　政府价格主管部门和其他有关部门制定政府指导价、政府定价，应当开展价格、成本调查，听取消费者、经营者和有关方面的意见。

政府价格主管部门开展对政府指导价、政府定价的价格、成本调查时，有关单位应当如实反映情况，提供必需的账簿、文件以及其他资料。

第二十三条　制定关系群众切身利益的公用事业价格、公益性服务价格、自然垄断经营的商品价格等政府指导价、政府定价，应当建立听证会制度，由政府价格主管部门主持，征求消费者、经营者和有关方面的意见，论证其必要性、可行性。

第二十四条　政府指导价、政府定价制定后，由制定价格的部门向消费者、经营者公布。

第二十五条　政府指导价、政府定价的具体适用范围、价格水平，应当根据经济运行情况，按照规定的定价权限和程序适时调整。

消费者、经营者可以对政府指导价、政府定价提出调整建议。

项目四　价格总水平调控

第二十六条　稳定市场价格总水平是国家重要的宏观经济政策目标。国家根据国民经济发展的需要和社会承受能力，确定市场价格总水平调控目标，列入国民经济和社会发展计划，并综合运用货币、财政、投资、进出口等方面的政策和措施，予以实现。

第二十七条　政府可以建立重要商品储备制度，设立价格调节基金，调控价格，稳定市场。

第二十八条　为适应价格调控和管理的需要，政府价格主管部门应当建立价格监测制度，对重要商品、服务价格的变动进行监测。

第二十九条　政府在粮食等重要农产品的市场购买价格过低时，可以在收购中实行保护价格，并采取相应的经济措施保证其实现。

第三十条　当重要商品和服务价格显著上涨或者有可能显著上涨，国务院和省、自治区、直辖市人民政府可以对部分价格采取限定差价率或者利润率、规定限价、实行提价申报制度和调价备案制度等干预措施。

省、自治区、直辖市人民政府采取前款规定的干预措施，应当报国务院备案。

第三十一条　当市场价格总水平出现剧烈波动等异常状态时，国务院可以在全国范围内或者部分区域内采取临时集中定价权限、部分或者全面冻结价格的紧急措施。

第三十二条　依照本法第三十条、第三十一条的规定实行干预措施、紧急措施的情形消除后，应当及时解除干预措施、紧急措施。

项目五　价格监督检查

第三十三条　县级以上各级人民政府价格主管部门，依法对价格活动进行监督检查，并依照本法的规定对价格违法行为实施行政处罚。

第三十四条　政府价格主管部门进行价格监督检查时，可以行使下列职权：

（一）询问当事人或者有关人员，并要求其提供证明材料和与价格违法行为有关的其他资料；

（二）查询、复制与价格违法行为有关的账簿、单据、凭证、文件及其他资料，核对与价格违法行为有关的银行资料；

（三）检查与价格违法行为有关的财物，必要时可以责令当事人暂停相关营业；

（四）在证据可能灭失或者以后难以取得的情况下，可以依法先行登记保存，当事人或者有关人员不得转移、隐匿或者销毁。

第三十五条　经营者接受政府价格主管部门的监督检查时，应当如实提供价格监督检查所必需的账簿、单据、凭证、文件以及其他资料。

第三十六条　政府部门价格工作人员不得将依法取得的资料或者了解的情况用于依法进行价格管理以外的任何其他目的，不得泄露当事人的商业秘密。

第三十七条　消费者组织、职工价格监督组织、居民委员会、村民委员会等组织以及消费者，有权对价格行为进行社会监督。政府价格主管部门应当充分发挥群众的价格监督作用。

新闻单位有权进行价格舆论监督。

第三十八条　政府价格主管部门应当建立对价格违法行为的举报制度。

任何单位和个人均有权对价格违法行为进行举报。政府价格主管部门应当对举报者给予鼓励，并负责为举报者保密。

项目六　法律责任

第三十九条　经营者不执行政府指导价、政府定价以及法定的价格干预措施、紧急措施的，责令改正，没收违法所得，可以并处违法所得五倍以下的罚款；没有违法所得的，可以处以罚款；情节严重的，责令停业整顿。

第四十条　经营者有本法第十四条所列行为之一的，责令改正，没收违法所得，可以并处违法所得五倍以下的罚款；没有违法所得的，予以警告，可以并处罚款；情节严重的，责令停业整顿，或者由工商行政管理机关吊销营业执照。有关法律对本法第十四条所列行为的处罚及处罚机关另有规定的，可以依照有关法律的规定执行。

有本法第十四条第（一）项、第（二）项所列行为，属于是全国性的，由国务院价格主管部门认定；属于是省及省以下区域性的，由省、自治区、直辖市人民政府价格主管部门认定。

第四十一条　经营者因价格违法行为致使消费者或者其他经营者多付价款的，应当退还多付部分；造成损害的，应当依法承担赔偿责任。

第四十二条　经营者违反明码标价规定的，责令改正，没收违法所得，可以并处五千元以下的罚款。

第四十三条　经营者被责令暂停相关营业而不停止的，或者转移、隐匿、销毁依法登记保存的财物的，处相关营业所得或者转移、隐匿、销毁的财物价值一倍以上三倍以下的罚款。

第四十四条　拒绝按照规定提供监督检查所需资料或者提供虚假资料的，责令改正，予以警告；逾期不改正的，可以处以罚款。

第四十五条 地方各级人民政府或者各级人民政府有关部门违反本法规定，超越定价权限和范围擅自制定、调整价格或者不执行法定的价格干预措施、紧急措施的，责令改正，并可以通报批评；对直接负责的主管人员和其他直接责任人员，依法给予行政处分。

第四十六条 价格工作人员泄露国家秘密、商业秘密以及滥用职权、徇私舞弊、玩忽职守、索贿受贿，构成犯罪的，依法追究刑事责任；尚不构成犯罪的，依法给予处分。

除我国外，其他国家也有相关法规限制与伦理道德议题，具体包括：价格歧视、维持转卖价格、水平限价、掠夺性定价、引诱转购战术、结账价与标示价差。

一、价格歧视

价格歧视是指零售商针对相同的商品或服务，向不同的顾客索取不同的价格；美国零售商与顾客之间的价格歧视通常是合法的。

基本上，消费者若以折价券或在特定情况下（如早上7:00前购物），即可享有优惠价格。当消费者购买汽车、珠宝或收藏品时，通常会向卖方议价来获取理想价格。即使是相同的理发与干洗服务，女性通常也得比男性付更高的价钱。美国某些州立法禁止对不同性别、民族或种族地位采取价格歧视定价。

某些时间，消费者并不知道受到价格歧视，如果消费者发觉后，会感觉受到不公平对待，将来就不会再光顾该零售店。例如，可口可乐考虑对贩卖机饮料调涨价格，而引起消费者反感。

二、掠夺性定价

掠夺性定价是指占优势的零售商为驱除竞争者而先订一个低于成本的价格，当竞争者消失后再调涨价格，以弥补先前的损失。

美国有些州的原始法规宣告，低于成本的不合理售价是非法的行为。然而只要动机并非是破坏竞争，零售商可以采用任何价格销售商品。例如，一些小城市的独立商店指控沃尔玛以低于成本价销售商品，企图将其驱逐出市场，然而沃尔玛坚称没有违反法规，因为其并无伤害竞争者的意图。不过，沃尔玛承认与其他零售店一样，将某些商品以低于成本价销售，希望吸引消费者来店消费附带购买其他商品。

三、维持转售价格

维持转售价格是指供货商常鼓励零售商以特定价格来销售其商品——即制造商建议零售价。供货商设定制造商建议零售价来减少零售商之间的竞价、消除搭便车行为，以及激励零售商提供完整的服务给消费者。供货商为非法牟利，以联合广告或不供货给不配合零售商，来执行制造商建议零售价政策，虽然维持转售价格的合法性经多次修正立法，但目前在美国已经合法。

四、水平限价

水平限价是指零售商之间协议限定以相同价格销售商品。水平限价是为了降低竞争并且不合法。原则上，零售商之间禁止讨论定价或销售条件。如果购买者或店长想知道竞争者的售价，可经由其广告、网站或店面查询。

五、引诱转购战术

引诱转购战术是非法的，利用低于正常价格商品（诱饵）的欺骗性广告，诱引顾客来店购买，却推说广告商品缺货或贬低广告商品品质，游说顾客购买较高价替代品。为避免让顾客失望及违反美国联邦商业法，零售商须备足广告商品，缺货时还须提供顾客以当日价择日再购买的服务。

六、结账价与标示价差

许多顾客与校准人员会注意到零售店结账价格扫描机的正确性问题。一般而言，零售店常因价格扫描机出错而损失金额，因此有必要定时随机抽样稽核结账价与标示价差问题以及检讨价格扫描机错误原因，同时也有后期研发减少结账出错的流程。

任务六　网络对商品定价的影响

 任务分析

传统的零售商务情况下，消费者购买商品往往是先搜集商品信息，然后选购商品，最后将商品运送回家。其购买成本不仅包括商品价格，而且包括运输费（包括自己去商店、商场和回家的车旅费等）和交易的时间、精力成本。

在电子商务环境下，消费者购买商品的成本包括货物送到时的商品费用、上网的设备使用费及时间、精力等。相对于传统零售业务，电子商务大大降低消费者的交易成本，消费者不必再为购买商品而在不同商店之间奔走，不必再为和业务员讨价还价而筋疲力尽。电子商务使得消费者进行商品价格比较几乎在"弹指之间"就能完成，从而大大提高了商品价格的透明度。这对于传统零售商的商品定价来说，就面临着极大的挑战。

情境引入

基于几种畅销书的价格离散研究

在这个研究中，我们从当当网、亚马逊、京东网、99网上书城、蔚蓝网、中国图书网、文轩网等7家国内主要销售图书音像制品的购物网站上共收集到10种畅销书的价格信息。为了能够和实体店进行价格比较，我们还从新华书店实体店收集到这 10 种畅销书的价格。为了保证信息的有效性，我们将收集任务安排在 6 月 1 日到 6 月 5 日之间。并且没有选择从比价网上收集信息，而是分别从上述 7 家网站收集价格信息后进行汇总。这样做是出于两点考虑：一方面国内还没有权威的比较价格的网站出现；另一方面比较价格的网站的数据更新速度没法保证。由于资源有限，我们就以标准差除以平均值所得的数来简单的表示离散度，如表 8-2 所示。

表 8-2

表1：　　　　　　　　　　　　　　　　　　　　　　　　　　　　单位：元每本

图书＼网站	当当网	亚马逊	京东网	99网上书城	蔚蓝网	中国图书网	文轩网	平均价格	离散度	出现最低价的网站
《史蒂夫乔布斯传》	48.9	48.9	48.9	50.3	47.6	46.9	51.0	49.0	2.6%	中国图书网
《生如夏花：泰戈尔经典诗选》	20.6	22.5	18.7	20.6	18.8	18.5	23.0	20.4	8.4%	中国图书网
《生命之书：365天的静思冥想》	20.3	18.4	18.4	29.4	16.6	29.1	25.7	22.6	22.1%	蔚蓝网
《去，你的旅行》	15.0	19.9	18.0	25.3	24.3	25.9	22.6	21.6	17.5%	当当网

而在新华书店实体店，这些书的价格均超过网络价格。

（《电子商务环境下有形商品定价的影响因素——基于几种不同类型的畅销书在网络与实体店销售的价格离散分析》，哈尔滨工业大学经管学院工商管理系，胡建新、王祥、瞿建伟、邵雨南）

 知识学习

因特网爆炸式发展导致了电子商务的直接产生，因特网本身所具有的开放性、全球性、低成本、高效率的特点成为电子商务的内在特征，并使得电子商务大大超越了作为一种新的贸易方式所具有的价值。

一、电子商务的特色和优势

与传统商务相比，电子商务凭借其交易虚拟化、低成本、透明化以及高效率等特点，逐步成为网络时代重要的营销渠道：

1. 交易虚拟化

通过因特网为代表的计算机互联网络进行的贸易，贸易双方从贸易磋商、签订合同到支付等环节,无须当面进行,均通过计算机互联网络完成,整个交易完全虚拟化。对卖方来说,可以到网络管理机构申请域名,制作自己的主页,组织产品信息上网。而虚拟现实、网上聊天等新技术的发展使买方能够根据自己的需求选择广告,并将信息反馈给卖方。通过信息的推拉互动,签订电子合同,完成交易并进行电子支付。整个交易都在网络这个虚拟的环境中进行。

2. 交易成本低

电子商务使得买卖双方的交易成本大大降低,具体表现在:

(1) 距离越远,网络上进行信息传递的成本相对于信件、电话、传真而言就越低。此外,缩短时间及减少重复的数据录入也降低了信息成本。

(2) 买卖双方通过网络进行商务活动,无须中介者参与,减少了交易的有关环节。

(3) 卖方可通过互联网络进行产品介绍、宣传,避免了在传统方式下做广告、发印刷产品等大量费用。

(4) 电子商务实行"无纸贸易",可减少90%的文件处理费。

(5) 互联网使买卖双方即时沟通供需信息,使无库存生产和无库存销售成为可能,从而使库存成本降为零。

(6) 企业利用内部网(Intranet)可实现"无纸办公(OA)",提高了内部信息传递的效率,节省时间,并降低管理成本。通过互联网络把其公司总部、代理商以及分布在各地的子公司、分公司联系在一起,及时对各地市场情况做出反应,即时生产,即时销售,降低存货费用,采用效率快捷的配送公司提供交货服务,从而降低产品成本。

(7) 传统的贸易平台是地面店铺,新的电子商务贸易平台则是网吧或办公室。

3. 交易效率高

由于互联网络将贸易中的商业报文标准化,使商业报文能在世界各地瞬间完成传递与计算机自动处理,将原料采购、产品生产、需求与销售、银行汇兑、保险、货物托运及申报等过程在最短的时间内完成,而无须人员干预。传统贸易方式中,用信件、电话和传真传递信息,必须有人的参与,且每个环节都要花不少时间。有时由于人员合作和工作时间的问题,会延误传输时间,失去最佳商机。电子商务克服了传统贸易方式费用高、易出错、处理速度慢等缺点,极大地缩短了交易时间,使整个交易快捷与方便。

4. 交易透明化

买卖双方从交易的洽谈、签约以及货款的支付、交货通知等整个交易过程都在网络上进行。通畅、快捷的信息传输可以保证各种信息之间互相核对,可以防止伪造信息的流通。例如,在典型的许可证EDI系统中,由于加强了发证单位和验证单位的通信、核对,假的许可证就不易漏网。海关EDI也尽量杜绝了边境的假出口、兜圈子、骗退税等行径。

对企业来说，电子商务的优势可以归纳为一句话：电子商务可以增加销售额并降低成本，并带来更为丰厚的利润。

二、从电子商务企业定价特点看电子商务对商品价格的影响

1. 成本透明化

电子商务之所以有如此强盛的生命力，是因为它的快捷、方便与低成本。它的出现改变了传统的交易方式，也带来了深层次的问题，用经济学家的话说叫作"成本透明"。精明的买主会通过互联网与不同的在线供应商在不同的产品阶段上讨价还价，进而推出生产厂家生产流程中各阶段的成本及产品的完全制造成本，再通过其售价推算出卖方赚取了多少利润，"成本透明"不仅威胁到零售商也威胁到生产商。

2. 市场全球化

电子商务企业从诞生的那刻起面对的就是开放的、全球化的世界市场。用户可以在世界各地直接通过网站进行购买，而不用考虑网站属于哪一个国家或者地区。如果产品的来源地和销售目的地与传统市场渠道类似，则可以采用原来的定价方法；如果产品的来源地和销售目的地与传统市场渠道差距非常大，定价时就必须考虑这种地理位置差异带来的影响。因此，电子商务企业面对的是全球性网上市场，企业不能以统一市场策略来面对差异性极大的全球性市场，必须采用全球化和本地化相结合的原则进行企业的定价。

3. 购买者议价能力趋强

在电子商务环境下出现了虚拟团购也就是虚拟联合采购。它是一些采购信息网站在向公众提供各类采购和市场信息的同时，还允许来自世界各地的采购商将他们对于某一产品的需求批量和价格公布于网上，广泛召集有同样采购需求的志愿者，形成一定的采购批量即虚拟团购批量。虚拟团购利用网络为买卖双方对某种产品的交易提供一个公开寻价和寻找合作伙伴的机会，最终以批量为筹码向供货企业压价。网络成为一个纽带，将原本分散在世界各地毫无联系的顾客联合起来，形成一种向供货商讨价还价的工具和筹码，避免了因采购量小，而在与供货商的价格谈判中处于劣势地位的问题，使购买者的议价能力显著提高。

4. 主导定价顾客化

所谓主导定价顾客化，也就是定价策略由原来的按照产品本身成本定价转为按照顾客能够接受的成本定价。在网络环境下，顾客在市场供求竞争关系中由过去的被动选择地位提升到主动选择地位，顾客需求引导着企业的发展。顾客主导定价是一种双赢的策略，它既能更好地满足顾客的需求，同时又不影响企业的收益。

电子商务销售最大的优势就在于其低价，这是因为网上商品没有多层中转，于是也就没有多层加价，它们一般都是从生产厂家直接到消费者。如果在互联网上消费者可以买到最低价格的商品并能得到最好的服务，还会有人去其他地方购物吗？当然，消费者在网上购物时，可能会面对欺诈行为。但随着互联网的发展，它传递商品信息速度进一步加快，加上提供同一商品的多家网站必然会考虑自己的长远发展，而争相提供准确翔实的商品信息和价格，并提供优质服务，以抓住更多的用户，所以网上市场肯定会越来越完善。这也意味着电子商务也更加丰富多彩。

越来越多的传统零售商开始构建自己的网络销售平台，以期在网络销售中分一杯羹。但摆在各家传统零售商面前的问题还有很多，例如，如何平衡网络和实体店的价格以及解决生鲜类商品的线下配送问题等。

项目实施

学习商品定价可以从下列六个方面的步骤展开，如图8-4所示。

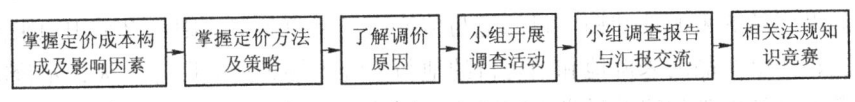

图8-4　商品定价的学习程序

在相关知识学习的基础上，通过选择三家同类型零售企业进行价格调查，通过对比分析，进一步了解哪些类型商品价格趋于一致，哪些商品价格不容易横向对比，即不容易找到对比参照商品，从而对商品定价原则产生感性认识。最后再通过组织与商品定价相关的法律知识竞赛以增强对相关法规的熟悉度与理解程度，其学习活动工单，如表8-3所示。

表8-3　商品定价的学习活动工单

学习小组		参考学时	
任务描述	通过相关知识的学习和实地调查分析，明确商品定价的影响因素，通过访谈了解商品价格调整的原因。熟悉商品定价相关法律法规，从而全面理解和掌握商品定价的相关知识		
活动方案策划				

续表

活动步骤	活动环节	记录内容	完成时间
现场调查	三家门店价格调查		
	访谈10名顾客对该门店价格评价，觉得哪家便宜哪家贵		
	价格法知识竞赛		
资料搜集	网络有关零售价格问题的案例5则		
	收集同一商品网络价格，对比差异		
分析整理	顾客价格感知与店内实际定价的联系		
	违反价格法的主要原因与类型		

项目总结

零售商对商品进行定价，既希望树立物超所值的企业形象，又希望获得利润实现可持续发展。首先，从零售商品定价的影响因素出发，介绍零售商品定价的方法及定价策略。然后，对零售商品价格调整进行分析与研究，并通过相关价格法规的介绍强化学员法律意识。最后，通过越来越热门的"网络"冲击，引导学员看到商品定价的复杂性及方向。

实战训练

一、实训目标

1. 通过实训能深刻理解商品定价的影响因素。
2. 访问调查本地三家同类型零售门店，分析定价与顾客心理感知的关系。
3. 通过组织知识竞赛，提升对价格法规的理解与认知。

二、内容与要求

选择本地相同类型的三家商店进行实地调查。以实地观测、访谈调查为主，结合资料文献的查找，收集相关数据和案例。小组组织讨论，形成调查报告和班级交流汇报材料。

三、组织与实施

1. 以学习小组为单位进行实训，小组规模一般为4~6人，分组要注意小组成员的地域分布、知识技能、兴趣性格的互补性，合理分组，并定出小组长，由小组长协调工作。

2. 全体成员共同参与，分工协作完成任务，并组织讨论、交流。

3. 根据实训的调查报告和汇报情况，相互点评，进行实训成效评价。

四、评价与标准

实训评分指标与标准，如表 8-4 所示。

表 8-4　商品定价调研实训评价评分表

评分指标 \ 评分等级 \ 评分标准	好（80~100分）	中（60~80分）	差（60分以下）	自评	组评	总评
项目实训准备（10分）	分工明确，能对实训内容事先进行精心准备	分工明确，能对实训内容进行准备，但不够充分	分工不够明确，事先无准备			
相关知识运用（30分）	能够熟练、自如地运用所学的知识进行分析	基本能够运用所学知识进行分析，分析基本准确，但不够充分	不能够运用所学知识分析实际			
实训报告质量（30分）	报告结构完整，论点正确，论据充分，分析准确、透彻	报告基本完整，能够根据实际情况进行分析	报告不完整，分析缺乏个人观点			
实训汇报情况（20分）	报告结构完整，逻辑性强，语言表达清晰，言简意赅，讲演形象好	报告结构基本完整，有一定的逻辑性，语言表达清晰，讲演形象较好	汇报材料组织一般，条理不强，讲演不够严谨			
学习实训态度（10分）	热情高，态度认真，能够出色地完成任务	有一定热情，基本能够完成任务	敷衍了事，不能完成任务			

复习检测

一、名词解释

1. 成本加成定价法
2. 目标利润定价法

3. 折扣定价策略
4. 市场撇脂定价策略

二、选择题

1. 商品与服务的成本包括（　　）。
   A. 固定成本　　　　　　　　B. 变动成本
2. 需求导向定价法包括（　　）。
   A. 认知价值定价法　　　　　B. 需求强度定价法
   C. 目标利润定价法　　　　　D. 供应商定价法
3. 心理定价策略包括（　　）。
   A. 整数定价策略　　　　　　B. 尾数定价策略
   C. 奇数定价策略　　　　　　D. 声望定价策略
   E. 习惯定价策略　　　　　　F. 招徕定价策略
   G. 错觉定价策略　　　　　　H. 系列定价策略

三、简答题

1. 商品定价的影响因素包括哪些？
2. 零售企业提价的原因有哪些？
3. 零售企业降价的风险有哪些？

四、能力训练题

通过价格调查，列出顾客价格感知与商品定价的关联度。

项目九

商品促销

 学习目标

1. 知识目标
◎ 了解零售商品促销策划的步骤
◎ 明确促销方式的种类和促销媒体的种类
◎ 掌握促销预算确定的方法和促销效果评价的方法
◎ 了解赠送优惠券、折价优惠和集点优惠

2. 能力目标
◎ 能判断商品促销时机
◎ 能设计出合理、有效的促销方案
◎ 学会运用竞赛、免费赠送、会员制、POP 等手段来促销商品

 项目引导

现代市场营销不仅要求企业销售适销对路的产品，制定吸引人的价格，使目标顾客获得他们所需要的产品，而且要求企业控制其在市场上的形象，设计并传播与产品有关的外观、特色、购买条件以及给目标顾客带来的利益等方面的信息，即进行促销活动。

从市场营销的角度看，零售促销是零售企业通过人员和非人员的方式，促进零售企业与消费者之间的信息沟通，引发、刺激消费者的消费欲望和兴趣，使其产生购买行为的活动。零售促销是零售管理中的一个重要环节。零售企业的管理者应该掌握如何制订零售促销计划，如何设计零售促销组合。而在零售促销组合中，零售企业使用比较普遍的是零售商品的销售促进策略，那么常见的零售销售促进策略有哪些？在使用过程中应该注意什么事项？本项目将对这些问题逐一进行分析。

任务一　了解零售营销概念

任务分析

零售营销是市场营销的一个重要分支。所谓零售营销，零售营销直接面对最终消费者，通过物料设计、策略支持、渠道安排等多种多样的组合方式促使顾客产生购物冲动的一系列营销策划。零售业者计划和执行关于商品、服务或创意的观念、定价、促销和分销，以创造出符合消费者用于个人或家庭消费的交换的一种过程。

零售营销既是一门艺术又是一门科学，它需要分析并选择消费者市场，分析竞争对手，宣传零售商品，塑造零售企业形象，调查与预测零售市场，制定商品价格，营造购物环境，进行营销传播和销售促进，以此获得顾客的忠诚。

情境引入

感动营业

日本有一家大型速食连锁店，为了吸引妈妈与小孩对公司有更大的忠诚度与喜爱，举办了"孩子绘画成就比赛"，收到来自日本各地1万多份的比赛作品。结果以1/2超额得奖的高比例，让快乐获奖的人更为普及。但重点并不止于此，该公司还专门将得奖礼物快递到5 000多位小孩的家里。这些礼物拆开来看，包括有一封该公司社长的亲笔签名（不是用印的），恭喜得奖的鼓励与肯定该小孩成就的信函，还有一张印制精致的奖状以及5 000日元的图书礼券，鼓励小孩子以后多买书来充实自己。当妈妈及小孩接到这三份礼物后，无不为之动容。几天后，妈妈又接到该公司附近连锁店店长亲自打来的恭喜与问候的电话，真令人感动。过了两周，得奖在前500名内的小孩子跟母亲又一起出席在东京总公司的颁奖典礼，并举行合照，这些合照照片，一周后又出现在日本三大报的头版广告上，每个小孩及母亲都有荣幸之感。

（资料来源：http：//wenku.baidu.com/view/3d52c7dfad51f01dc281f13e.html）

知识学习

由于零售商是直接面对最终消费者的产业，可供选择的零售组合要素比较多，因此，与制造商或批发商相比，零售商在营销上有许多特点，掌握这些特点对有效实施零售营销具有重要意义。

一、零售营销的主要特点

由于零售商是直接面对最终消费者的产业，可供选择的零售组合要素比较多，因此，与制造商或批发商相比，零售商在营销上有许多特点，掌握这些特点对有效实施零售营销具有重要意义。零售营销的主要特点如下：

（1）零售商面对的顾客是以个人为主；
（2）购买者以女性为主；
（3）购买动机或原因是获得效用；
（4）女性购买态度是以感性为主；
（5）购买批量小而购买次数较多；
（6）付款方式是以现金或信用卡为主。

二、零售营销新方法

1. 关系营销

关系营销（Relationship Marketing）把营销活动看成一个零售企业与消费者、供应商、竞争者、政府机构及其他公众发生互动作用的过程。关系营销的实质是培养顾客的忠诚度。

2. 体验营销

体验营销（Experiential Marketing）在 21 世纪的体验经济下已经显得越来越重要。零售企业作为销售终端直接和消费者接触，如何掌握体验营销的策略并结合企业自身的特点加以有效运用将直接影响着企业的成败。在体验经济下，消费者越来越重视情感因素，顾客导向的精神需求显得越来越重要。

3. 色彩营销

在零售业里，色彩营销（Color Marketing）就是建立在对顾客的心理和习惯研究的基础之上，通过对商场的标准色、商品的陈列、内外部环境的协调、销售技巧等配以恰当的色彩，满足众多消费者的视觉、心理和特殊需求，从而提高商场营销活动的效率，让色彩帮助营销，实现需求、色彩、商品三者的有机结合，从而最终促成交易，实现销售目标。

4. 文化营销

所谓文化营销是基于文化与营销的契合点，有意识地通过发现、甄别、培养或创造某种核心价值观念来达成企业经营目标的一种营销方式。文化营销以消费者为中心，但是它强调物质需要背后的文化内涵，把文化观念融汇到营销活动的全过程，是文化与营销的一种互动与交融。

近年来，很多零售企业尝试将文化营销的理念嵌入营销竞争之中，着力提高商业服务的文化档次,把消费者的购物过程变成知识的启迪、艺术的享受、情感的交流过程,相继开展了消费者知识讲座、摄影大奖赛、时装表演等丰富多彩的营销活动,收到了明显的社会效益和经济效益。

(1) 产品文化营销。产品文化营销是文化营销的核心,它具体表现为设计、造型、生产、包装、品牌、使用等各个方面。例如,春节消费市场的特点之一就是年货市场文化味特浓。一些零售超市独具匠心地将庙会引进店内,推出多种商品一条街等;还有的特意将春联、灯笼、年画、剪纸、爆竹等民俗年货纳为年货街,不再小规模销售;还有的在店堂布置上下足功夫:一串串红灯笼,形形色色的"福"字,大大小小的中国结,身着唐装的收银员和热闹的迎春锣鼓,增添了浓浓的年味。这些具有鲜明传统文化色彩的营销措施,使产品的包装体现出了自身的特色,不仅良好地继承了优秀的中华传统文化,而且创新发展融合了时代文化风貌,巧妙地利用文化差异增添产品的魅力。一方面使消费者赏心悦目,激起他们的共鸣与感动;另一方面商家自身也取得了良好的经济和社会效益。这其实就是文化营销战略的具体体现。

(2) 品牌文化营销。品牌文化营销就是要突出品牌个性,丰富品牌的内涵,增强品牌在目标市场上的号召力。目前,对中国零售企业来讲,在品牌建设方面面临着两条战线作战的问题:一方面需要迅速打造零售商的企业品牌,使得自己能够在即将展开的全面"斗争"中占据"有利地形";另一方面零售企业在努力打造旗下自有品牌,各零售商家开始进入自有品牌产品竞争中。

(3) 个性文化营销。个性文化营销是随着社会经济的发展,市场进一步细分化和个性化的必然要求,它强调当今企业须满足顾客个性化的需求,代表着当今企业营销理论和实践发展的新趋势。

个性文化营销包含两个方面的含义:一方面是指企业的营销要有自己的个性、用自己的特色创造出需求以吸引消费者;另一方面是企业要全方位地满足顾客个性化的需求。

三、零售营销新领域

1. 零售业国际化

零售业国际化是指零售企业通过从事跨越国界的商业经营活动,从而获得经济利益的商业行为和过程。随着零售业改革开放的深入发展,一些零售企业也开始走出国门。国际化经营可以优化资源配置,提高国际竞争力,是零售企业实现规模经营的重要途径。作为我国零售企业进入的一个新领域,我们需要了解零售业国际化的动因和形式、中国零售业国际化的现状、中国零售业国际化的战略选择以及零售业国际化的发展趋势等。

2. B2C 电子商务模式

B2C（Business to Consumer）方式即网上零售，通过因特网为厂商和顾客提供双向互动式的信息交流，开辟新的交易平台，为消费者提供了一种新的购物方式。零售业和电子商务的结合出现了电子零售业（RE-Commerce），传统零售也由此开始了一场数字化的革命。电子商务的兴起对传统批发商、零售商、代理商的地位产生了重大的影响，并引发了从百货商店、超级市场、连锁商店演进而来的以"网上商店"为标志的第四次零售革命。

任务二 制订零售促销计划

 任务分析

零售企业的订货、到货、陈列需要一定的周期，为此，零售商需要做好零售促销计划，以便提前订货与陈列。是天天做促销，还是全年根据节假日或节气来做促销？不同的零售企业会根据各自的战略有所调整。在零售业内有一句俗语：有节过节、没节造势。其实，这句俗语就很形象地概括了各零售商的心声。通过形式多样的促销活动，来拉动顾客购买、锁定市场份额。

情境引入

××超市全年促销计划如表9-1所示。

表9-1 ××超市全年促销计划

促销时间	主题	波段	节庆	天数
12/29-01/10	除旧布新接新年	春节第一波		13
12/29-01/28	春节年货礼品专刊			31
01/11-01/28	春节年货一条街	春节第二波	除夕：1/28（六）	18
01/20-01/28	办年货，庆团圆	生鲜/年货专刊		9
01/29-02/14	新春特卖闹元宵	春节第三波	元宵：2/12（日）	17
02/15-02/28	低价狂飙省省省			14
03/01-03/14	美丽女人，精明选择		妇女节：3/8（三）	14
03/15-03/28	×××月-精省礼券	第一波		14
03/29-04/11	×××月-现金抵用券	第二波	清明：4/5（三）	14

续表

促销时间	主题	波段	节庆	天数
04/05—04/30	五一团购专刊			26
04/12—04/25	购物乐出游			14
04/26—05/09	庆五一,抢五折		劳动节:5/1(一)	14
05/10—05/23	开心大抢购		母亲节:5/14(日)	14
05/24—06/06	端午"粽"奖全家欢		端午:5/31(三)	14
06/07—06/20	世界杯激情夏日	第一波	父亲节:6/18(日)	14
06/21—07/04	世界杯激情夏日	第二波		14
07/05—07/18	暑假乐翻天			14
07/19—08/01	盛夏清凉价			14
08/02—08/15	门店八周年庆	周年庆第一波		14
08/16—08/29	门店八周年庆	周年庆第二波		14
08/30—09/12	(×××)就是便宜			14
08/30—10/06	中秋礼品专刊			38
09/13—09/26	好礼耀中秋	中秋节		14
09/27—10/10	好礼成双庆佳节	国庆	国庆:10/1(日)	14
10/11—10/24	缤纷嘉年华			14
10/25—11/07	悭钱一族尽在×××			14
11/08—11/21	全国九周年庆	周年庆第一波		14
11/22—12/05	全国九周年庆	周年庆第二波		14
12/06—12/19	欢欢喜喜迎圣诞			14
12/20—01/02	年终减价大风暴		圣诞节:12/25	14
01/03—01/16	迎新年超低价			14
01/17—02/17	春节年货礼品专刊			32
01/17—01/30	春节第一波			14

知识学习

零售企业的促销活动主要围绕零售企业的年度促销计划展开。促销活动能否实现计划的目标,并取得预期的活动效果,关键在于活动策划是否有创意、是否周密。促销策略实施的步骤分为确定促销目标、选择促销时机、确定促销商品、确定促销主题、选择促销方式、选择促销媒介和确定促销预算、评价促销效果等方面。

一、促销目标的确定

零售企业在不同时期的促销活动都有其具体目标，促销目标不同，促销方式也不尽相同。所以，在制定促销策略时，首先要明确具体的促销目标，这样才能有的放矢，事半功倍。零售企业促销目标有：提高销售额、提高利润额、提高来客数、提升企业形象、加快商品的周转和对抗竞争对手等。

二、促销时机的选择

同样的促销活动方式、同等的费用，由于促销活动所展开的时机不同，会产生不同甚至相反的效果。良好的促销活动必须把握时机，选择促销时机是促销活动策划的重要内容之一。促销时机的选择主要包括以下两个方面的问题。

1. 促销活动期限

将期限在一个月以上的促销活动称为长期促销活动，其目的是塑造商店的差异化优势，增强顾客对商店的忠诚度，以确保顾客长期来店购物。例如，提供免费停车，购物满一定金额可享受免费送货，经常向顾客免费赠送资料等。短期促销活动通常是3~7天，其目的是在有限的时间内，通过特定的主题活动来提高来客数及销量，以实现预期的营业目标。

2. 促销活动的时机

季节和天气的变化，节假日与重大事件等因素，都会引起消费需求的变化。把握好时机就等于把握了消费需求，在不同的时机采用适当的促销方式会取得非常好的效果。零售企业常利用的促销时机有以下五种。

（1）季节。消费者在不同的季节会有不同的市场需求，这对各类商品的畅销、滞销会产生很大的影响。春、夏、秋、冬都可以成为零售企业促销的好时机，选择该季最畅销的商品种类进行促销，其促销效果会非常明显。同时，应在淡季策划有创意的促销活动，使淡季不淡，通过提前或延迟销售期来提高销量。

（2）日期。顾客在一个月或一个星期之中的购物是不平衡的。例如，周末休息日的需求与平日会有差异，所以促销活动的实施也应与日期相配合，有针对性地进行促销活动。

（3）天气。天气变化对人们购物的影响越来越大，它不仅对人们的出行有影响，而且对人们的消费心理也有着重要的影响。天气不好时，如何向顾客提供价格合理、鲜度良好的商品以及舒适的购物环境（如伞套、伞架、防滑垫、干爽的卖场等）也是促销计划中应考虑的因素。

（4）节假日。节假日已成为零售企业进行促销的重要机会之一，应依节日的不同来策划不同的促销活动，一般可将节日分为以下四类。

① 法定节日。法定节日是指人们依法享有休息日的节日，如元旦、春节、"三八"妇女节、"五一"劳动节、"六一"儿童节、"十一"国庆节等。

② 西方节日。西方节日是指西方传统节日。现在许多青年人热衷于西方的传统节日，如圣诞节、情人节、母亲节和父亲节等。

③ 宗教节日。宗教节日是指与宗教信仰有关的节日，如农历七月十五传统的祭祀活动、西方的复活节等。

④ 民俗节日。民俗节日对于商品的销售有很大影响，尤其是节日特色商品，如元宵节、清明节、端午节、中秋节、重阳节等。

（5）重大事件。重大事件是指各种社会性的活动或事件，如重大政策法令出台，学校旅行、放假、考试、运动会、文化活动等，这些事件与活动常会为促销带来机会，有计划地加以利用，会取得较好的促销效果。

零售企业也常利用店庆、新店开业同庆等方式，创造、引导事件，从而为促销带来机会。除此之外，零售企业还会举办"热带水果节""自有品牌商品周"等活动，以补充全年促销空当。

三、促销商品的确定

顾客的基本需求是能买到价格合适的商品，所以促销商品的品种和价格是否具有吸引力，将影响促销活动的成败。一般来说，促销商品有以下五种。

1. 节令性商品

根据季节和节日选择时令性的促销商品，如夏季选择饮料、泳具、防晒护肤品、空调、风扇等。

2. 敏感性商品

敏感性商品一般属必需品，由于消费者十分熟悉它的市场价格，极易感受到价格的变化，如饮料、牛奶、鸡蛋、大米和油等。选择这类商品作为促销商品，在定价上稍低于市场的价格，能很有效地吸引更多的顾客。

3. 众知性商品

众知性商品一般是指品牌和知名度高、市场上随处可见、替代性强的商品，选择此类商品作为促销商品，往往可以获得供货商的大力支持。

4. 特殊性商品

特殊性商品主要是指商店自行开发、使用自有品牌或市场上无对比的商品，这类商品的促销活动主要应体现商品的特殊性，价格不宜定得太低，但也应注意价格与品质的一致性。

5. 新上市商品

新上市商品是指厂家新推出投放到市场的商品，这类商品的促销活动主要体现在体验上，例如试吃、试用等；同时还可以体现在赠品配送上。

四、促销主题的确定

零售企业开展一系列的促销活动或进行大型、统一的促销活动时，需要设计一个统一、鲜明的主题，使一系列的活动成为一个有机的整体。

1. 促销主题的要求

一个良好的促销主题往往会产生画龙点睛的震撼效果，具有吸引力的促销主题应把握以下三个方面。

首先，主题的表现形式要易于传播，可以是一个口号，也可以是一句陈述或一个表白，能代表整个活动所要传达的信息。

其次，提出的主题要独特新颖，有鲜明的个性，表达有新意，语句简明扼要、高度概括、悦耳动听，有强烈的感染力和号召力。富有新意的促销内容、促销方式和促销口号容易吸引消费者，并能给消费者留下深刻的印象。

最后，促销的主题要形象化、有吸引力和有人情味，并突出一个"实"字，要使顾客感觉亲切可信，感受到实实在在的利益。

2. 促销主题的类型

促销活动一般可分为四种，促销主题对应也分为四类。

（1）开业促销活动。开业促销活动是促销活动中最重要的一种，因为它只有一次，而且与潜在顾客是第一次接触，顾客对商店的商品、价格、服务和气氛等印象，将会影响其日后是否愿意再度光顾商店。

（2）周年庆促销活动。周年庆促销活动的重要性仅次于开业促销，因为每年只有一次。对此，供货商一般都会给予较优惠的条件，以配合商店的促销活动。

（3）例行性促销活动。例行性促销，通常是为了配合法定节日、民俗节日及地方习俗等而举办的促销活动。例如，超市每月均会举办2~3次例行性促销活动，以吸引新顾客光临，并提高老顾客的购买数量。

（4）竞争性促销活动。竞争性促销活动往往发生在商店数量密集的地区。当某商店采取特价促销或周年庆促销活动时，该地区的其他商店均会推出竞争性促销活动以避免营业额衰退。

五、促销方式的选择

促销方式的选择是促销策划的一个重要内容，促销方式应该以促销目标、促销主题及促销商品特点为依据，再依据促销方式的促销效果来确定。零售企业的促销方式主要有广告、销售促进、公关和人员促销等。

超市春节营销必备技巧

1. 广告

广告是指通过媒体,将企业的信息传播给消费者,实现树立形象和促销的目的。广告具体有广播广告、随包装广告、直达信函、商品目录、电影电视广告、杂志广告、小册子、海报和宣传单、说明书、广告牌、招牌、售货现场广告、视听材料、标志与标语等。

2. 销售促进

销售促进是指狭义上的促销,即鼓励消费者购买商品或服务的短期性刺激方法。销售促进具体有特价、赠送礼品、有奖销售、集点销售、现场演示、优惠券、交易会和展览会等。

3. 公关

公关是指零售企业不需付款,而通过第三方传播商业性重要新闻信息,树立公司形象,促进产品销售的活动。公关具体有记者招待会、演讲、研讨会、年度报告和慈善捐款等。

4. 人员促销

人员促销一方面是指企业营业员的现场促销活动;另一方面,是由销售人员主动登门拜访消费者,主要是拜访团体客户,提供上门服务,这样可建立稳固的关系。

六、促销媒体的选择

零售企业举办促销活动,必须通过相应的媒体把信息发布出去。媒体的选择应该根据促销活动的方式、商圈范围、顾客特点和媒体本身的成本等因素进行选择。

1. 报纸

报纸的优点在于富有灵活性、及时性,对当地市场覆盖面大,受众广泛,可信度高;局限性在于寿命短,复制质量差,读者传阅少。

2. 电视

电视的优点在于结合影像、声音和动作,对感官有吸引力,可使受众注意力高度集中,接受人数多;局限性在于成本高,拥挤混杂,演播瞬间消逝,观众选择性较小。

3. 广播

广播的优点在于传播面广,受众人数多,成本低;局限性在于只有声音效果,比电视的吸引力低,一播即逝。

4. 杂志

杂志的优点在于地理和人口选择性强,可信度高,复制质量高,寿命长,读者传阅多;局限性在于广告购买前置时间长,刊登位置没有保证。

5. 户外广告

户外广告的优点在于富有灵活性，展示重复率高、成本低、竞争弱；局限性在于不能选择观众，创造性有限。

6. 海报

发放海报的优点在于点对点送达率高、可选择目标群体多、产品信息传递量大且准确；局限性在于传播面有限。

7. 网络

网络的优点是传播速度快、价格相对传统媒体较低，呈现形式可多样化；局限性在于覆盖人群只是常使用互联网的中青年，而老年群体关注网络较少。

七、促销预算的确定

通过促销预算来确定合理的促销费用是促销活动能够顺利进行的保证。确定促销预算的总原则是促销为企业所增加的利润应当大于促销费用的支出。零售企业促销预算包括两项内容：一是需要的资金量；二是资金的来源。

1. 确定促销预算的方法

（1）营业额比例法。营业额比例法是指按营业额的一定比例来提取促销费用，其优点是简单、明确和易控制，这个比例数的大小因企业不同、市场不同会有很大差异；缺点是缺乏弹性，不一定能满足促销的实际需求，会影响促销效果。

（2）逐项累积法。逐项累积法是指根据年度促销计划设定的促销活动所需的经费，逐项累积得出需要的促销费用，如广告费、礼品费、人员费和公关费等。这种方法的优点是以促销活动为主，考虑到了实际的需要；缺点是费用支出较大，如未达到预期效果，必将影响整体的效益。

（3）量入为出法。量入为出法是根据企业的财力来确定促销预算。这种方法的优点是能确保企业的最低利润水平，不会因促销费用开支过大而影响利润的最低水平；缺点是由此确定的促销预算可能低于最优预算支出水平，也可能高于最优水平。

（4）竞争对等法。竞争对等法是指企业按竞争对手的促销费用来决定自己的促销预算的方法。这种方法的优点是能借助他人的预算经验，并有助于维持本企业的市场份额；缺点是情报未必准确，而且每家公司的情况也不同。

（5）目标任务法。目标任务法是根据促销目的和任务来确定促销预算的方法。这种方法的优点是促销效果较好，使预算能满足实际需求；缺点是促销费用的确定仍带有主观性，且促销预算不易控制。

2. 促销费用的来源

在现在的零售促销活动中，厂商与商店共同负担促销经费的方式已成为一种趋势，其主要方法是将厂商的促销活动融入商店的促销计划内。例如，由厂商提供样品和赠品；举办推广特定商品的促销活动；配合厂商在大众传播媒介的促销活动；在店内开展优惠促销活动等。

八、促销效果的评价

促销活动结束后，应立即对其进行效果评估，以总结经验与教训。但是很多企业却忽视这一工作，即使有的企业试图评估，可能也做得不够深入，而有关获利性的评估更是少之又少。其实，促销效果评估是促销决策的重要一环，它对整个市场营销战略的实施具有重要意义。

对促销效果评估的方法依市场类型的不同会有所差异。总的来说，主要有销售绩效分析、消费者固定样本数据分析、消费者调查和实验研究四种方法。

1. 销售绩效分析

销售绩效分析是最普通、最常用的一种评估方法，即对活动前、活动期间和活动后的销售额或市场份额进行比较分析，根据数据变动来判别促销活动的影响。这时主要有三种不同情况，具体分析如下。

第一种情况：假如企业在促销活动前占有6%的市场份额，活动期间上升至10%，活动结束后又跌至5%，经过了一段时间又回升至7%。这是一种较为理想的结果。显然，此次促销活动吸引了新的消费者，也刺激了原有消费者更多地购买。活动结束后销售量的下降，主要是消费者需消耗他们的存货所致。此后市场份额又回升到7%，说明该企业获得了一些新顾客。

第二种情况：企业产品的市场份额在促销期间上升至10%，活动结束后立即跌至2%，经过一段时间后又回升至6%。这表明，活动期间，购买者主要是现有顾客并且在储存商品，活动结束他们便消费这些商品，最后又恢复到以前的正常购买频率。这说明，此次促销活动的结果在很大程度上表现为购买时间模式的改变而非总需求的改变。但企业在这种情况下的促销并不一定是浪费，特别是当企业库存过多、资金周转不灵时，这种促销活动还是有一定意义的。

第三种情况：企业的市场份额在活动期间只上升了很少或没有改变，活动期一过就回落，并停留在比原来更低的水平上。这说明该产品基本上处于销售衰退期，此次活动只是使衰退速度放慢了一些，但无法改变衰退的趋势。

2. 消费者固定样本数据分析

消费者固定样本数据分析可用来评估消费者对促销的反应。道森·泰伯特和布莱恩·斯腾塔尔曾对消费者固定样本数据进行了专门研究，他们发现优惠活动通常促进了品牌转移，其比率则视具体的优惠形式而定。通过媒体送出的赠券能引起大规模的品牌转移，降价的效果却没有这样明显，而附在包装内的折价券则对品牌转移几乎没什么影响。尤其需要注意的是，在优惠活动结束之后，消费者通常又会恢复购买原来品牌的偏好。

3. 消费者调查

消费者调查是在目标市场中找一组消费者进行面谈，以了解活动结束后有多少消费者能回忆起这项促销活动；他们如何看待这次活动，有多少人从中受益；对他们以后的品牌选择行为有什么影响等，并可以进一步采用某些标准对消费者进行分类研究，以得到更为具体的结论。这种方法常用来研究某种促销工具对消费者的影响程度。

4. 实验研究

实验研究是指通过变更刺激程度、优惠时间、优惠分配、媒体等属性来获得必要的经验数据，以供比较分析和得出结论。优惠属性的改变与地理区域的变换相搭配，可以了解不同地区的促销效果。同时，运用实验研究方法还需做一些顾客追踪调查，以了解不同优惠属性所引起消费者的不同反应水平的原因及其规律，为改进促销活动、提高促销效果提供依据。

任务三　设计零售促销组合

任务分析

酒香不怕巷子深的年代已经过去，如果要想让促销效果更好，除了促销本身要满足顾客需求外，还应该加强相关宣传。促销信息对目标客户的送达率直接影响着促销效果。本任务将重点从广告宣传的角度来展开。

情境引入

电商大战

2012年8月15日，电商大战如约展开。京东商城、苏宁易购、国美商城三家电商的家电产品当日价格针锋相对，互不相让。京东商城公布，截至15日中午，京东商城大家电销售额突破2亿。苏宁易购公布，截至15日晚6时，苏宁易购网站访客数比去年同期增长了近10倍，PV数增长了12倍，而整体销售规模也同比增长了10倍，同时表态此番大促销会持续到20日。

这场电商大战的结果也许差强人意，但从口水战到后期的全国皆讨论，双方纷纷见诸报端，并连续几天占领CCTV黄金时间段。一时间对电器兴趣缺缺的女生们也纷纷打听京东为何物，苏宁有网上商城了吗？

知识学习

促销是一个系统而严密的组织活动，需要各个环节的紧密合作。一个好的销售计划一般是在零售企业整体战略的基础上，将多个促销要素加以综合，使企业的全部促销活动互相配合、协调一致，最大限度地发挥整体效果，实现促销目标。

零售企业在促销活动上需要花费大量费用。例如百货公司一般将销售额的3%用于广告，8%～10%用于人员推销或服务支持。而许多连锁百货商店在促销上的投资更大，常会雇用内部或外部公共关系人员进行积极的公众宣传，扩大影响力。

一、零售广告

零售广告是指由明确的付费主体，通过大众媒体进行的非个人的沟通传达方式。这一定义需要从以下三个方面理解。

首先，付费的方式。这一点是广告和公众宣传的主要区别。在公共宣传中，零售企业不用为因传递信息而占用的时间和空间付费。而在广告宣传中，零售企业需要承担费用。

其次，零售广告是非个人的展示。广告中的标准信息是传达给整个受众群的，不能因个别顾客偏好而调整。

最后，零售广告使用的是大众媒体，包括报纸、电台、网络及其他大众沟通渠道，而非个人接触。

1. 零售广告的目标

零售广告的目标包括：短期销售额的增长、店内更大的客流量、树立并强化零售店形象、告知商品与服务的特性、使销售人员工作更轻松、大力发展对自有品牌的需求，等等。零售商应该在诸多目标中选择若干个，并以此为基础进行广告设计和宣传。

2. 零售企业和制造企业广告的区别

（1）零售商一般有比制造商在地理上更集中的目标市场。由于零售企业的特殊性，使它们比制造企业更能适应当地市场的需求、习惯及偏好。但是，零售企业一般不能像制造企业那样容易地利用全国性传媒。一般来说，只有最大的零售连锁店及特许经营店才可能采用全国性媒体做广告。

（2）零售广告更注重即时性，主要表现在以下三个方面。

首先，零售企业广告的目标之一是短期内销售额的增长，因此，其更追求销售速度。相反，制造商更关心对产品或企业的好感培养，而不是短期的销售增长。

其次，许多零售广告强调价格，而制造商广告一般是强调产品的某些特性。另外，零售商经常在一则广告中展示多种商品，而制造商在单个广告中则会尽力减少所宣传的产品种类。

最后，零售商在媒体上的花费一般比制造商低。因为许多制造商与批发商希望将商品广泛分销,所以他们有时会与零售商共同分担广告费用,而且零售广告费还可以由两个或更多的零售商来分担。

3. 零售广告的优点和缺点

(1) 零售广告的优点。零售广告可以吸引大量的公众;现在可供选择的媒体很多,因此,零售商可以与某一媒体配合,主攻目标市场;零售商可以控制信息内容、发布时间及大小,这样就可以将标准化的信息以选定的形式和内容向整体公众传播;广告使顾客在购物前就对零售商及其产品和服务有所了解,这使得自助服务或减少服务成为可能。

(2) 零售广告的缺点。零售广告由于信息单一化,缺乏灵活性,零售商无法针对个别顾客的需求做广告;有些类型的广告需要大量资金,这使小零售商无法利用某些特定媒体;大部分媒体可覆盖大片地理区域,而零售商的商圈有限,对零售商而言可能产生浪费。例如,一家小型连锁超市可能会发现某报纸的读者只有40%居住在其商圈内;一些媒体需要一段较长的前置时间来登载广告,这降低了零售商宣传短期流行商品等时效性强的商品的作用。

4. 零售广告的类型

按照内容的不同,零售广告可以分为开拓型广告、竞争型广告、提示型广告和社会事业型广告。开拓型广告以树立顾客意识为目标并提供信息;竞争型广告以竞争者的顾客为目标,适用于实力较强的企业;提示型广告适用于品牌忠诚度高的顾客,强调使零售商成功的特性;社会事业型广告着重在公众面前树立零售商的良好形象而不强调产品或服务的销售,社会事业型广告的本质是公众服务信息的传递。

按照支付方式的不同,零售广告可以分为全部由零售商支付费用的广告、合作广告两种。合作广告分为纵向联合广告和横向联合广告。在投资广告时,零售商可以支付自己应承担的费用并找合作企业。纵向联合广告就是零售商与批发商或制造商共同付费的广告;横向联合广告是指两个或更多的零售商共同承担广告费用的广告。采用横向联合广告的多为小型的、无竞争关系的零售商。零售商自己支付费用的优点是具有可控制性及灵活性,缺点是所需费用高及需要付出巨大人力成本。合作广告可以降低费用,但可控性差。

在制定合作广告战略时,零售商应考虑以下几个问题:广告的质量标准是什么?各方在广告费用中的出资比例是多少?广告在什么时间刊登?使用什么媒体?对信息的内容有特殊规定吗?就广告费用支付问题需要确定何种文件条款?广告是否混淆了各零售商的形象?

二、零售公共宣传

零售公共宣传是指零售企业为在公众中(顾客、投资者、政府、渠道成员、雇员、一般大众）塑造良好形象而展开的一切沟通联系活动。公共关系活动可以是针对大众或个人的。公众宣传是公共关系中主要的大众沟通形式，它由大众媒体来传递信息，媒体所提供的时间或空间是不付费的，没有明确的商业赞助商。广告和公共宣传最基本的差异是公共宣传是不付费的。

1. 零售公共宣传的目标

零售公共宣传的目标包括：提高零售商的知名度；维持或改进公司形象；展示零售商为提高公众生活质量所作出的贡献；展示创新精神；以让人高度信任的方式传达对企业有利的信息；减少总促销费用。

2. 零售公共宣传的优点和缺点

（1）零售公共宣传的优点。零售公共宣传的优点是：能树立或进一步增强企业形象；客观地向消费者提供关于零售商的信息，且可信度高；信息所占用的时间和空间不必付费；可触及大量的受众；可能还有附加的效果；人们对新闻报道的关注度要比纯粹的广告更高，对其真实性更有信心。

（2）零售公共宣传的缺点。零售公共宣传的缺点主要有：在公众宣传中，对于一给定的媒体，零售商很难控制信息及其发布时机、刊出位置及覆盖面；虽然公众宣传中没有媒体费用，但却有公共关系人员及活动本身（如商店开业）而产生的费用。

3. 零售公共宣传的类型

零售公共宣传可分为预期型和意外型公共宣传，形象增强型和形象减损型公共宣传。

预期型公共宣传是指零售商事先做好活动策划并努力吸引媒体进行报道，或预计某些事件会引起媒体的报道。例如，零售商希望其进行的居民区服务、假日展览、新产品的销售、新店开业这样的活动能引起媒体关注。

意外型公众宣传是指媒体在零售商事先未曾注意的情况下报道其表现。例如，电视和报纸记者可以匿名访问某个零售商，评价他们的表现及服务质量；一次失火，一次员工罢工或其他具有新闻价值的事件都可能被媒体报道。

正面的公众宣传是指媒体用赞赏的口吻来报道企业，即形象增强型公共宣传。例如，杰出的零售商为公众所做的努力等。但是，媒体也可以对企业进行负面的公众宣传，即形象减损型公共宣传。例如，一家商店开业，媒体可能用不那么热情的语言描述其店址，批评商店对周围环境的影响以及提出其他批评性意见，零售商是无法控制这些信息的。这就是公共宣传必须被看作是促销组合的一个组成部分，而不是全部的原因。

三、零售人员推销

零售人员推销是指为达销售目的而与一位或多位顾客进行的口头沟通。零售商利用人员推销的程度取决于其传递的形象、所售产品的类型、自我服务的水平及其对维持长期顾客关系的兴趣和对顾客的期望等多种因素。

1. 零售人员促销的目标

零售人员促销的目标是：劝说顾客购买；促进冲动型商品的销售；完成与顾客的交易；上门推销和电话推销；向公司决策制定者反馈信息；向顾客提供充分的服务；保持、提高顾客满意度等。

2. 人员推销的优点和缺点

人员推销的特点在于销售人员直接与顾客接触，其主要的优点有：销售人员可根据个别顾客的需要来调整信息；销售人员可采用不同方式满足顾客需求；顾客的注意力集中度比面对广告时要高；对店铺零售商来说，资源浪费很少或没有浪费；大多数走进商店的人都是潜在的顾客；人员推销比广告更容易引起顾客回应；可提供立即的服务及解答等。

人员推销也存在很多缺点，主要的缺点有：在一定的时间内接触的顾客有限；与每位顾客沟通的成本较高；顾客最初并不是由于人员推销而被引入商店的；不鼓励自我服务；一些顾客认为销售人员帮不上忙，对商品不内行，而且过于主动等。

四、零售销售促进

零售销售促进是一种以促进短期销售为目的的短期促销活动，其目的是促进顾客购买及增强商家的销售效率，主要包括展示、竞赛、抽奖、赠券及会员顾客的优惠计划等形式。

1. 零售销售促进的目标

零售销售促进的目标是复合的，例如，利用堆头展示和赠券提高短期销售量，通过会员顾客的优惠计划和礼品赠送维持顾客的忠诚度，突出商品的新颖性等。具体来说主要包括以下两种目标。

（1）吸引顾客。吸引顾客可以通过销售促进达到。比如，运动用品商店的零售商可以利用运动员的形象来吸引顾客；超市可以用某一商品的低价吸引顾客到店，并带动购买其他正常价格的商品；经营汽车和家庭器具的商店里某商品的促销可吸引顾客进店享受其他高价的维修服务，从而使零售店获利。吸引顾客是为了打开商店买卖的大门，不局限于让顾客购买促销的商品，这是与制造商的促销策略不同的地方，也意味着零售商促销策略更为复杂。

（2）清除存货。零售商经常会发现他们的存货越积越多，这就需要通过销售促进来降低库存；为了减少库存通常会进行销售促进活动。

除此之外，零售销售促进还有助于增强商店形象，建立价格实惠的公众形象。

2. 零售销售促进的优点和缺点

零售销售促进的主要优点有：能吸引顾客注意；可围绕特别的主题，采取特别的适用方式；顾客可得到一些有价值的东西，如赠券或赠品；有助于吸引顾客光顾并维持其忠诚度；促进冲动型购买的上升；顾客会感到有趣，特别是在有竞赛活动和产品演示时。

销售促进的缺点是：某活动的结束可能会引起顾客的不良反应；用老套的方式可能会有损零售商的形象；许多销售促进只能达到短期效果；只能作为其他促销方式的补充使用。

3. 零售销售促进的类型

零售销售促进的类型主要有：POP 广告、竞赛、抽奖、赠券、品类打折和惠顾回报计划等。具体每种销售促进的方式将在下一任务进行详细介绍。

任务四　零售销售促进策略

 任务分析

降价是最直接的促销，但赤裸裸的降价往往带来顾客一时间的疯抢，竞争对手的快速跟进，很可能最终是赔了夫人又折兵，赚了吆喝不赚钱。为此，高明的零售商往往通过一些促销方式变形包装，让顾客既觉得实惠，又不会在提价后拒绝购买。本任务将介绍目前常用的一些零售销售促进策略。

情境引入

秒　杀

秒杀是淘宝非常常见最有轰动效应的一种促销方式。那作为一个卖家到底怎么才能做好秒杀活动呢？一位参与过淘宝组织的几次大型秒杀活动的淘宝店主分享了他的经验。

一、什么样的宝贝适合秒杀

（1）既然是秒杀，秒杀宝贝的价格就必须够震撼，一个不痛不痒的价格是无法吸引买家疯抢的。但并不是说卖家要把价格低到白送的程度，否则将会是惨痛的教训。所以卖家必须研究一件宝贝到底以什么价格秒杀才是最佳的。研究价格的方法：参考淘宝其他店铺日常的价格情况，不能做到行业最低，那至少做到品类或者型号最低，否则就不要去选择这样的宝贝秒杀。

（2）如果店铺开店时间不长，秒杀的宝贝一定不要选择一直无人问津的宝贝，宝贝都没有人评价过优劣，是很难让买家对宝贝充分信任的。无人问津的产品当然也可能是因为价格高没人买，但更可能是没人喜欢这样的宝贝，这个参考一下宝贝的浏览量就可以知道。

（3）秒杀的宝贝如果是店铺的主销产品，那需要根据实际情况决定是另外再上架一个同样的宝贝专做秒杀用，还是就拿主销产品的宝贝页面作为秒杀用。选择的原则在于，如果秒杀活动后对主销产品产生严重的后遗症，比如再有买家来买都希望用秒杀价买，你不降价就不买的情况比例太高，那就应该另外上架一个宝贝做秒杀用。当然这个需要大家在实践中去总结。

（4）秒杀的宝贝最好是比较受欢迎的一类，也就是购买人群基数大的宝贝，很难想象没什么人需要的宝贝能让大家去疯抢。因为即使你价格低，买家也会因为其用处不大而没有兴趣参加秒杀，在这里推荐大家选择人们日常生活中经常用的宝贝。

（5）秒杀的宝贝最好是店铺货源充足的宝贝，秒杀的数量不宜过多也不宜过少，如果你的宝贝在2秒钟内秒完下架（我们就试过），会有很多买家认为你是在作弊。因此，秒杀的数量最好能维持1分钟抢拍。这里需要说明的是，单位时间秒杀的数量取决于你的价格设置，价格过低则1分钟内秒杀的数量就会很大，卖家将很难承受。

二、秒杀的准备工作

（1）做好秒杀宝贝的库存准备，千万不要出现秒杀产品最后因为货源的原因导致店铺信用的损害。同时店铺中主销宝贝的库存也要做好储备，毕竟秒杀活动期间是流量的高峰，对店铺的销售拉动是非常重要的。

（2）做好宝贝包装物料的准备，要保证好秒杀宝贝能安全地到达用户手中就要做好运输包装，千万别因为是秒杀宝贝就忽略了这一环。让用户有好的体验才会再来你的店铺网购。

（3）如果人员允许，最好能多找几个人一起提前打好包装，如果你销量不错，可以要求快递公司派人过来帮忙，相信他们会很乐意的。

（4）提前对客服做好相关培训，特别是对秒杀规则一定要明确。客服代表你的店铺，如果客服的言论与秒杀规则不符，产生争议的时候，淘宝小二可是会按你客服的言论为准的。

（5）最后，要在秒杀的页面非常详细地阐述秒杀的规则，因为当关注的人多的时候，客服是无法一一回应用户的提问的。先公示出来既减轻客服的压力，也有利于产生争议的时候有据可查。

三、提高店铺的黏性才能发挥秒杀的作用

（1）为秒杀宝贝量身定做促销套餐，参加秒杀的店铺最好购买"搭配套餐"工具，比如你参加秒杀的是裙子，那就为这条裙子搭配好一套服装，在宝贝详细内页中展出上身效果，一定会带来额外销量。当然，你搭配服装的水平不能太低。

（2）在全店推出足够吸引人的促销活动，如全店免邮、全店几折、全店"满就送"、收藏有礼等促销活动。这样，秒杀的时候能为你带来额外惊喜哦。

（3）在秒杀宝贝的页面制作其他推荐宝贝，推荐的宝贝最好和秒杀的宝贝价格接近，或者搭配所需。这样可以为没有秒到宝贝的用户提供备选，也为秒到宝贝的用户提供额外选择。

（4）增加吸引眼球而又实惠的其他类秒杀活动，比如预售抽奖活动，这个同样很有吸引力哦。不过这个需要淘宝小二协助，具体大家可再交流。

（5）培训客服沟通技巧，让用户能在关注秒杀宝贝的同时对店铺和其他宝贝有更多了解，说不定店铺有买家感兴趣的宝贝。

（6）推介自己的店铺会员制，甚至可以要求要购买秒杀宝贝必须是店铺会员，但成为店铺会员必须门槛低，不能要求消费几百元才能是会员。发展店铺会员的目的是让更多的人关注店铺。

 知识学习

由于市场竞争日趋激烈，零售企业开始越来越多地运用一些销售促进的手段来刺激消费者的购买行为，以达到带动销售的目的。

菲利普·科特勒曾说过，销售促进是通过提供额外的购买动因，增加产品所能提供的利益，临时改变消费者所感知的品牌价格或价值，达到加快购买速度和加大购买数量的目的。美国营销协会定义委员会为销售促进所下的定义则是："刺激消费者购买和经销商效益的种种企业市场营销活动。例如，陈列、演出、展览会、示范表演以及其他非经常发生的推销努力。"由上述的定义可以看出，促销活动是企业为了有效达成销售目标，而进行的一系列通过传递有关本企业及产品的各种信息等手段诱导目标消费者购买某一产品或服务的活动。促销实质上是一种沟通活动，即营销者发出作为刺激消费的各种信息，把信息传递到一个或更多的目标对象，以影响其态度和行为。这个活动有三个主体：作为购买者的顾客、对顾客进行促销活动的批发商和零售商、生产商品的厂商。

销售促进是企业销售的开路先锋与推进器。它历来被各国视为促销利器。如今，美国每年印刷的折价券数量足以绕地球50周。据美国唐纳利公司的市场调查显示，每年全美的销售促进费用高达上千亿美元，是广告费用的几倍。销售促进在引起试用、改变购买习惯、刺激购买数量、刺激潜在需求、吸引中间商、推广新产品、宣传附送品、防范竞争者及巩固品牌形象等方面具有独特的功效。正如美国促销协会总裁威廉姆·A·罗宾逊所说，广告创造有利的销售环境后，销售促进就可以将商品推进输送管中。

促销是企业开发市场的重要手段，主要有打折、大减价、返券、买赠、优惠券、限时促销、反时令促销等常见形式。

一、折价优惠

折价优惠是零售企业最常用的销售促进策略之一。折价优惠是指企业在一定时期内调低一定数量商品的售价,是一种回馈消费者的销售促进活动。折价优惠包括供应商降低成本、零售商减少自己的利润和供应商与零售商联合让利三种形式。零售企业之所以采用折价优惠,主要是为了与竞争者相抗衡;同时,折价优惠还用来增加销售,扩大市场份额。从长远角度来讲,折价优惠也可以增加企业利润。

大部分零售企业惯用折价优惠来巩固已有的消费者群体,或利用这一促销方式来应对竞争者的活动。通常,折价优惠在销售点上能强烈地吸引消费者的注意,并能促进其购买欲,提高销售点的销售量,甚至可刺激消费者购买一些单价较高的商品。

折价优惠呈现形式包括直接降低零售价、在原零售价基础上打一定折扣、满减促销以及组合促销等。满减促销也就是满 X 元减 Y 元,比如满 500 减 180,前台销售 500 元,结算直接扣减 180 元,顾客实际应付为 320 元。组合促销有两种方式,即奇偶定价和奇偶打折,奇偶定价是指第 1 件 X 元,第 2 件 Y 元,第 3 件 Z 元……其中 $X \geqslant Y \geqslant Z$;奇偶打折就是指第 1 件 X 折,第 2 件 Y 折,第 3 件 Z 折……其中 $X \geqslant Y \geqslant Z$。推出不同形式的折价优惠让顾客不断有新鲜感,同时减少顾客对价格的直接前台对比。

折价优惠信息的传送方式灵活多样,种类繁多,但较为常用的方式主要有下列三种。

1. 标签上的运用

在商品的正式标签上可以运用锯齿形设计,旗形设计或者其他创意设计,将折价优惠明显地告知消费者,如图 9-1 所示。比如,"惊爆价!××原价 3.8 元,现价 1 元",其折价标志清晰易懂。

图 9-1 促销标签

2. 促销信息印制在商品包装上

通常情况下,要将促销信息印制在包装上需要产品供应商。例如,黑人牙膏会在包装上直接写"7 折";也可以将几个包装商品放在一起做折价促销,可以将折价金额标示在套装袋上。此方式常在香皂、口香糖、糖果等商品上使用，如图 9-2 所示。

3. 捆绑促销胶带

提供两个以上的商品进行折价促销，比如，"买一送一""买三送二"等方式，这种方式深受消费者的喜爱，并能吸引消费者积极参与。目前市面上一般通过黄色促销胶带捆绑，醒目地提醒着顾客优惠信息，如图 9-3 所示。

图 9-2　促销信息印制在商品包装上

图 9-3　捆绑促销胶带

现在国内的零售商越来越多地采用开架型自助式售货，营销人员也越来越相信消费者多数是在店内或货架前才做购买的决定，所以折价优惠在现今的营销活动中成为重要的促销手段。

二、赠送优惠券

赠送优惠券是指企业向顾客用邮寄、在商品包装中或以广告等形式附赠一定面值的优惠券，持券人可以凭此优惠券在购买某种商品时免付一定金额的费用。

优惠券可分为两大类，即零售商型优惠券和厂商型优惠券。

1. 零售商型优惠券

零售商型优惠券只能在某一特定的商店或连锁店使用。通常，此类型优惠券由总经销商或零售店策划，并运用在平面媒体广告或店内小传单、POP 广告上。运用此类优惠券的主要目的是吸引消费者光临某一特定商店，而不是吸引顾客购买某一特别品牌的商品。另外，它也被广泛用来协助刺激对店内各种商品的购买欲望上。虽然零售商型优惠券的种类繁多，但主要包括下列三种。

（1）直接折价式优惠券，即在某特定零售店的特定期间，针对某特定品牌，可凭券购买并享有某金额的折价优惠。这种促销方式也可运用在大量购买上。

（2）免费送赠品优惠券，即买 A 产品可凭此券免费获得赠 B 产品。

(3) 送积分点式优惠券,即购买某商品时,可获赠积分点,凭积分点可在该零售店兑换赠品。一般此券的价值常由零售商自行决定。

2. 厂商型优惠券

厂商型优惠券是由产品制造商的营销人员所设计发放的,通常可在各零售店兑换,并获得购买该品牌商品的折价或特价优惠。厂商型优惠券因发放方式的不同又可分为以下五类。

(1) 直接送予消费者的优惠券。直接送予消费者的优惠券是指通过挨家挨户递送,或用邮寄方式直接送到消费者手里。它既可采用单独寄送,也可附带介绍或宣传性资料。另外,还可采用在街头散发,置于展示台上任人自取,通过商店"欢迎取用"告示牌来吸引顾客索取,委托促销或直销公司代送等方式发送。

(2) 媒体发放的优惠券。媒体发放的优惠券是通过媒体来散发的优惠券。因各种媒体的读者对象不同,各类优惠券应选择对口的媒体。现在,我国消费者在报纸、杂志、周末或周日附刊等印刷媒体上均能看到各类优惠券。

(3) 随商品发放的优惠券。随商品发放的优惠券是吸引消费者再次购买时享受优惠的一种形式。它包括"包装内"和"包装外"两种方式。包装内优惠券是指将优惠券直接附在包装里面。当运用此方式时,商品的外包装上常以"标贴"的方式特别标明,以吸引消费者的注意。需要注意的是,在食品类商品中使用包装内优惠券时,因食品卫生管理的规定极为严格,要特别小心,在优惠券的形式、规格、纸张材料、印刷方式等方面均应符合规定。包装外优惠券是指在外包装上某处附有优惠券,它可以印在包装标签上或直接印在外包装上。

(4) 买返发放优惠券。买返发放优惠券简单地说就是消费者购买 X 元商品,商家返还 Y 元券(卡),比如消费者购买消费品满 400 元返 300 券,返还的券(卡)可以在顾客再次购买商品时使用。

(5) 特殊渠道发放的优惠券。特殊渠道发放的优惠券主要有:将优惠券印在收银机打出的收款条背面、商店的购物袋上、蛋桶盒上、冷冻食品包装袋上、街头促销宣传单上等。这类优惠券散发渠道多,运用灵活,但正因发放方法新颖,缺乏长期的记录轨迹,所以运用时要慎重。

三、集点优惠

集点优惠,又叫商业贴花,指顾客每购买单位商品就可以获得一张贴花,若筹集到一定数量的贴花就可以换取特定商品或奖品。消费者对集点优惠的偏好不一,但总的来说,集点优惠仍不失为一种重要且具有影响力的促销手段。此促销手段的最终目标是让顾客再次来购买某种商品,或再度光顾某家零售店。

集点优惠与其他促销方式最大的区别在于时间上的延后性。消费者必须先购买商品,在收集点券或购物凭证,在一定的时间后,达到了符合赠送的数量,才可获得赠品。

通常，如果消费者参加了某一集点优惠活动，他就会积极地去收集点券、标签或购物凭证，以兑换赠品，此时，他自然不愿意转而购买其他品牌的商品。可见，集点优惠对解决某些促销问题深具效力，尤其是对促使再次购买及保护现有使用者免受竞争品牌的干扰更具成效。

集点优惠通常可分为厂商型集点优惠和零售商集点优惠两大类。

1. 厂商型集点优惠

厂商型集点优惠可以划分为：点券式、赠品式和凭证式集点优惠。

（1）点券式集点优惠。点券式集点优惠，主要是厂商为鼓励消费者多购买其产品，而给予其特定数量的点券，消费者凭这些点券可兑换各种不同的免费赠品，或是凭此点券再次购买商品时享受折价优惠。

以厂商立场推出积分券、优惠券等的集点优惠，已不像从前那样受到消费者广泛喜爱，但目前仍有些厂商喜欢以该方式促销，且效果较好。比如，许多食品生产企业的促销活动就是运用此法，在每包食品中均有一张点券，消费者不断地收集点券，当达到某一数量时，即可根据赠品手册核对以兑换所喜爱的赠品。

（2）赠品式集点优惠。厂商型赠品式集点优惠是指在包装内、包装上附赠品的集点优惠方法。例如，某品牌洗衣粉就曾在包装上附送毛巾等赠品达数年之久，并且不同的容量包装附不同的赠品，消费者因而可以通过购买不同的包装收集到成组的赠品。

（3）凭证式集点优惠。凭证式集点优惠是指消费者提供某种特定的购物凭证即可获得厂家提供的某种特定优惠，如奖金、赠品等。

2. 零售商集点优惠

零售商集点优惠包括赠品式、积分券式和积点卡式集点优惠。

（1）零售商赠品式集点优惠。零售商赠品式集点优惠是在零售店或专卖店运用的集点优惠，以吸引顾客光顾购买。这种促销方式在食品店及超级市场中运用较为普遍，其方法是利用成组的赠品来招揽顾客。比如，有一家商店曾推出陶瓷餐具组赠送活动，每周从全套餐具中推出一种进行超低价特卖，消费者为得到不同餐具只得每周光顾一次，如此最终能集成全套餐具组。此外，为了向顾客提供更周全的服务，对在特价品之外的其他组合配件也减价供应，以方便顾客选购。

（2）零售商积分券式集点优惠。零售商积分券优惠是根据在零售店购物达到一定量的消费金额为基础赠送的。当消费者积分达到某一数量时，即可依赠品目录兑换赠品。

（3）零售商积点卡式集点优惠。零售商积点卡式优惠是指零售商根据某个特定标准向顾客发放积点卡，顾客根据其不同的累积购买量享受不同的优惠。例如，某商场发行的积点卡，每年消费5 000元的顾客可获得5%的优惠，每年消费5万元的顾客可获得10%的优惠，每年消费10万元的顾客可获得15%的优惠。

四、竞赛与抽奖

竞赛与抽奖是指零售业通过某种特定方式，以特定奖品为诱因，让消费者产生兴趣，并积极参与以期待中奖的一种销售促进活动。为了能吸引消费者，奖品的价值从普通商品到金银珠宝、高档数码产品和汽车等都可选用。实践证明，竞赛与抽奖的促销效果明显，因为它可以为消费者提供意想不到的收入机会。比如，让中奖者出国旅游，或获得名牌汽车等，获此大奖当然比获取样品或折价券更为诱人。因此，一个规划完善的竞赛或抽奖活动，能帮助企业达到既定的促销目的。

美国广告代理商协会认为，竞赛是一种请消费者运用和发挥自己的才能以解决或完成某一特定问题的活动。在现实中我们常见到这样的竞赛方式，比如，要求针对某些商品写一首诗，或给产品命名，或为配乐加上最后几个音符，等等。然后在所有参赛作品中，依优劣或摇号选出优胜者。因此，竞赛活动要靠才能和运气才可获胜。

竞赛活动的参与者必须提供购物凭证或必须符合某些合理的条件，方可参加该活动。因此，竞赛通常需要具备三个要素，即奖品、参与者的才能和学识以及某些参加条件限制，并以此作为评选优胜者的依据。

美国广告代理商协会认为，抽奖不是针对部分具有才能的消费者而办的，获奖者是从所有参加的来件中抽出来的，也就是说奖品的获取全凭个人的运气。可见，抽奖活动的优胜者通常是从所有的来件中抽出的，而不需要任何才能和学识。参加者只要填好姓名、身份证号码或其他一些个人资料即可。

最为流行的抽奖方式有两种：一种是直接式抽奖，即从来件中直接抽出中奖者；另一种是兑奖式抽奖，即由厂商事先选定好数字或标志，当一组奖券送完到指定的日期后，由媒体告知消费者，参加者若符合已选定的数字或标识即中奖。

另外还有一种受欢迎的抽奖类别被称为"计划性学习"。参加者必须首先详细阅读宣传材料，以便获得符合参加条件的答案，然后可在商品标签、包装或广告上回答某些问题，最后再由厂商在所有提供正确答案的参加者中抽出幸运中奖者。这一方式在家电类产品和营养保健品产品中运用较多。这主要是因为这类产品竞争激烈，厂商可运用这种既简单，又效果好的方式进行品牌识别。

五、免费赠送

免费赠送是指将产品免费送达消费者手中的销售促进方式，也称为赠送样品。在绝大部分的促销方法中，消费者须完成某些事情或符合某些条件，才可取得商品或获得馈赠。免费赠送样品则不同，消费者无须具备什么条件即可得到商品。实践证明，免费赠送样品是吸引消费者使用其产品的好方法，特别是当新品进入市场时更为有效。

但并非所有的商品均适合这种方式。对于特殊性的商品或目标市场小又有选择限制时，赠送免费样品效果不佳。而当产品差异性或特点优越于竞争品牌，并值得向消费者进行披露时，运用样品赠送的效果较好。根据时间经验，大众化消费品最适合运用此方法。因此，当广告都难以详尽表达产品的特性时，运用免费赠送样品来推广介绍产品的效果十分明显，因为只要展示产品的好处，即可获得消费者的认可。

在具体操作上，在新产品上市进行广告宣传前4~6周，先举办赠送免费样品的促销活动，不仅可以有效地刺激消费者的兴趣，同时又可提高其尝试购买的意愿。但有一点必须注意，那就是要保证货源充足，渠道顺畅，以避免出现消费者正式使用产品时却没有货品的情况，这会挫伤购买者的积极性。

赠送样品按发送方式的不同可分为以下七种。

1. 直接邮寄

直接邮寄，即将样品通过邮局邮寄，或利用专门的快递公司和促销公司，直接送到潜在消费者手中。

此方式除了邮寄费用昂贵以外，有时还会受到一定程度的限制。比如，新建小区、边远地区等，快递公司不能及时服务到位，这样就会影响快递效果。尽管如此，运用直接邮寄可称得上是样品发放的较好方式，调查表明，直接邮寄的成效是发放优惠券的3~4倍，尝试购买率可达70%~80%。

2. 逐户分送

逐户分送，即将样品以专人送到消费者家中的促销方式。通常是通过运送公司或委托专业的样品促销和直销服务公司完成。一般是将样品放在门外、客户信箱内，或是交给应门的消费者。此种方式因直接面对消费者，无中间的转折，所以效果很好。宝洁公司在这方面做得较为成功，1996年夏，宝洁公司委托大学生将150万袋40克包装的汰渍洗衣粉送到武汉市150万户居民家中，使汰渍洗衣粉在武汉洗衣粉市场的占有率由30%提高到50%左右。

但是，这一方式在某些高档社区已被禁止使用，不过仍适用于普通社区或人口密度较大的地区。

3. 定点分送及展示

分送及展示，即选择在零售店里、购物中心、交通要道、转运站或其他人流汇集的公共场所，将样品直接交到消费者手中的促销方式。同时向消费者宣传产品信息，使消费者更加了解产品。此法若再搭配送优惠券或其他购买奖励，则效果更明显。

4. 联合式选择分送

联合式选择分送是由专业的营销服务公司来规划各种不同的分送样品方式，以便有效地送到各个选中的目标消费者手中。比如，对新娘、军人、学生、婴儿、母亲或其他一些特定的消费群体等，根据其个别要求将相关的非竞争性商品集成在一个样品袋送到他们手中。因此法构思巧妙，样品袋组合精致，所以特别受受赠者的喜爱。另外，此法是针对特定对象分送组合样品，其最大的优点在于它能既迅速又直接地接触目标顾客，而且品牌分摊费用使成本无形中降低许多。

5. 媒体分送

部分消费者可经由大众媒体，特别是通过报纸、杂志将免费样品送给消费者。如果样品体积小且薄，就可附在或放入出版物里分送给各订户。此法的优点在于它能送到家庭和机构内部，同时能够传播商品信息。但是，此种方法制作成本较高，因此并不经济实用，所以不是一种理想的样品分送方式。

6. 凭优惠券兑换

消费者凭邮寄或者媒体分送的优惠券到零售店兑换免费样品，或是将优惠券寄给厂商，换取样品。这一促销方式效果往往不错，但是费用也比较高，因为厂商要承担零售商店样品兑换处理费。

7. 入包装分送

入包装分送，即选择非竞争性商品来附送免费样品的方法。该样品通常被认为是此商品的赠品。许多实例证明，因该商品消费对象的购买及尝试意愿往往不能充分地实现，所以此法的运用效果往往偏低，但费用也较低。例如，某药品公司与剃须刀公司联合，将一种感冒药样品装入剃须刀内，这样使双方相得益彰，各享其利。

六、包装促销

进行包装促销的主要目的是凭借特殊的包装在零售店的货架上显出产品的独特性，以吸引消费者。特别是当商品差异性不大时，更具有突出的效果。

通过包装内、包装上、包装外或可利用的包装等来进行促销，在激励消费者尝试购买方面特别有效。尤其是当消费者因赠品而买了本产品，经试用后深感满意时，他们自然会继续使用，从而成为这一商品的忠实顾客。

采用包装内、包装上、包装外或可利用包装等方式来促销的目的相同，情况各异，运用的产品类别也有差异。

1. 包装内赠送

包装内赠送是指将赠品放在产品包装内附送。此类赠品通常体积较小、价位较低，但目前也有将大规格、高价位的商品，如餐具、酒具等附在电冰箱的箱体内赠送的情况。

2. 包装上赠送

包装上赠送是指将赠品附在产品上或产品包装上。包装上赠品种类较多，比如，用橡皮筋将赠品与商品扎在一起，或用透明成型包装，也有的将优惠券、折价券等印在包装盒上或纸箱上，以便消费者剪下来使用。

3. 包装外赠送

当赠品体积较大，无法与产品包装在一起时，可在零售店内，将赠品摆放在产品附近，以便消费者购物时一并带走。

4. 可以用包装赠送

可以用包装赠送的最大特点是：产品通常被装在容器内，当产品用完后，此容器可再被用来装其他东西，是个很好的储物罐。这种方式在药品、保健品和饮料类产品中使用得比较普遍。

七、会员促销制

零售店在经营过程中，为了能够争取稳定的顾客群，常常采用会员制，会员制是很多连锁零售店普遍采用的一种促销方式。其具体做法是：把在某一零售店或连锁零售企业购物的消费者组成一个俱乐部，当消费者达到某一条件标准后成为该俱乐部的成员，在购买商品时可享受一定的价格优惠或折扣。例如缴纳会费、购物满一定金额、提供公司营业执照信息等。

1. 会员制对于顾客

（1）享受价格优惠或折扣。在很多连锁零售店内会对同一商品标识有会员价与非会员价，也常常会标注某些商品为会员专享，甚至一些会员制商店不接受非会员的消费，例如山姆会员店。对消费者来说，成为会员的代价远远低于以后享受到的价格优惠累计额，因此，它是一种非常具有诱惑力的促销形式。

（2）享受异业联盟商家优惠或折扣。往往大型连锁零售店还会和各相关行业达成异业联盟，互相给对方的会员提供优惠与便利。例如零售店的会员可以持会员卡到会员权益中联盟清单上的餐厅享受贵宾价等。通过异业联盟提供给会员更多的增值服务，同时可以增加异业联盟会员对连锁零售店的到店率。

（3）方便购买。消费者成为该零售企业会员后，会经常收到零售企业送来的新产品、促销商品的介绍资料，例如，某品牌新产品的性能、款式、价格、样品等，足不出户就可以了解到最新消费动态，为消费者在快节奏的现代生活中节省了宝贵的时间。

（4）有利于维系亲情。零售企业会发给会员一张精美的会员卡，而大部分会员卡除消费者本人外，家庭成员、朋友也可以用来购物并享受同样的价格优惠，这对于消费者维系与家庭成员、朋友之间的亲情有一定作用。

2. 会员制对于零售企业

（1）有利于建立并维系稳定的顾客群。对零售店来说，利用会员制不仅能促进商品的销售，而且可以为企业建立起长期稳定的顾客群，有利于零售店在维持现有市场占有率的基础上开拓市场。会员的资格一般为1~3年，在这一段时间内，会员可以享受到零售店提供的价格优惠、免费送货、免费提供商品信息等服务，这非常有利于培养顾客对零售店的忠诚感，使他们成为企业的回头客，为零售店节省大量的促销费用。

（2）便于零售店进行顾客调查。由于绝大部分会员都是零售店的老顾客，他们对零售店发放的调查问卷一般都会采取积极配合的态度，使零售店能够取得相对真实的资料，从而能准确把握市场需求的发展趋势，及时调整卖场内的商品结构和品牌结构，使企业在市场竞争中赢得先机。

（3）收集会员信息。零售企业一般会在顾客申请成为会员时要求顾客填写详细的顾客资料，例如姓名、联系电话、邮箱、QQ号、家庭住址等。会员信息的完善有利于零售企业更直接地将各类信息及时传递给目标顾客；同时能提供会员生日祝福等特色、温馨的情感关怀。会员信息还能帮助零售企业发现自己目前主要辐射商圈，从而为潜在顾客开发提供指导方向。

（4）便于零售店统计分析顾客消费情况。零售企业通过会员买单时会员信息的扫描，能准确捕捉会员到店频率、购买单价、消费项目等信息。通过持续跟踪会员消费情况的变化，能客观评价门店竞争力的变化。

3. 零售店会员种类

零售店会员制一般有公司会员制、终身会员制、普通会员制和内部信用卡会员制四种类型。

（1）公司会员制。公司会员制是指消费者不是以个人身份而是以所在公司的身份加入零售店的会员俱乐部，这种会员制的会员适合入会公司内部职员使用。在美国，消费者日常购物普遍使用支票，很少使用现金进行结算，因此经常发生透支现象。实际上，公司会员制是入会公司对持卡职员的一种信用担保。在发放会员卡时，应向持卡人讲明公司能够担保透支的最大额度，以减少不必要的麻烦。在国内公司会员制往往是一种企业在职员工福利，并在公司团购上享受更多的优惠与便利。

（2）终身会员制。终身会员制是指消费者是该零售企业的终身会员，可长期享受一定幅度的价格优惠，并且长年得到零售店提供的免费商品广告，还可免费享受电话订货、送货上门等服务。

（3）普通会员制。普通会员制一般会员身份限制有1~3年的有效期；有效期结束后需要适合一定条件或办理一定手续再给予会员身份的延续。

部分企业会再将会员细化为VIP会员、金卡会员、银卡会员等不同等级。不同等级会员享受不同的优惠力度与服务。

（4）内部信用卡会员制。内部行用卡会员制适用于大型零售店。消费者申请了某零售店的信用卡后，购买商品时只需出示信用卡，便可享受分期支付货款或购物后15~30天内免息付款的优惠，有时也可享受一定幅度的价格折扣。

4. 会员卡发放方式

（1）免费发放。零售企业一般会在门店开业前后，或针对指定联盟商家会员免费发放会员卡。免费办理会员卡能快速积累会员，提升零售门店的知名度；但往往因为免费发放导致顾客对会员身份重视度不够，或因为发放到非目标顾客手中，导致大量沉默会员产生，导致虚夸。因此如果采用免费发放的形式一定要特别规划发放点及联盟商家的匹配度。

（2）收取一定数额入会费。部分零售企业采用向消费者收取一定金额的会费或年费的方式来发放会员卡。此种方式对于潜在顾客起到第一次筛选作用，对区分目标顾客起到很大的作用；同时能为企业带来一定的会员费，便于企业提供更好的会员服务。但如果同一市场内其他零售企业没有收取入会费，顾客排斥感会比较强烈，需要配备有一支专业的会员卡销售团队。沃尔玛的山姆会员店就是一个很好的例子。

（3）购物满一定金额。消费者不用向零售店缴纳会费或年费，只要在零售店一次性购买一定金额的商品或在一定的时间范围内累计购买一定金额的商品，就可以申请到会员卡。这种会员卡发放方式比较常见。一方面可以起到刺激消费者单次或累计消费金额的作用，另一方面也能提供会员的身份感。

还有部分企业会将第2与第3点结合起来，在购物满一定金额的基础上，再收取一个相对低金额的入会费。

（4）提供公司营业证件复印件。要求提供公司营业执照复本一般是针对公司制会员，主要是核定企业的合法性。

八、售点广告

售点广告，英文为 point of purchase advertising，简称 POP 广告，也称为店面广告，是指在商品购买场所、零售商店的周围、入口、内部以及有商品陈列的地方设置的广告。根据定义，商店的招牌、商店的名称、门面装潢、橱窗布置、商店装饰和商品陈列等，都属于售点广告的范畴。

1. 售点广告的作用

实践证明，售点广告是零售业开展市场营销活动、赢得竞争优势的利器。它的作用表现在以下六个方面。

（1）传输产品信息。零售业利用售点广告可以使顾客充分了解产品的功能、价格、使用方式以及售后服务等方面的信息。

(2) 唤起顾客的潜在意识。经营者虽然可以利用报纸、电视、杂志、网络和广播等媒体把企业形象或产品特点传达给消费者，但媒体受众走入零售店，面对众多的商品时，消费者极可能将上述媒体广告传输的信息遗忘了。而张贴、悬挂在销售地点的售点广告则可以唤醒消费者对不同产品的潜在意识，使消费者根据自己的偏好选购商品。

(3) 诱使顾客产生购买欲望。当消费者经过产品销售地点时，五颜六色的售点广告会使他们放慢脚步，在欣赏各种宣传广告之后，他们会不经意地认为"这个牌子的产品看起来不错，可以试一下"。这就是最初的购买冲动，当购买冲动积累到一定强度时，就会产生购买行为。

(4) 能配合季节促销，营造节日气氛。售点广告可以配合不同季节，展开促销活动并在特殊的节日使用有特殊含义的售点广告，这对促进商品销售有非常大的作用。

(5) 吸引顾客的注意力，引发兴趣。售点广告可以凭借其新颖的图案、绚丽的色彩、别致的造型吸引顾客，使他们驻足观看，进而对售点广告中的商品产生兴趣。

(6) **塑造**企业形象，保持与顾客的良好关系。企业形象也称为企业视觉识别系统（CLS），它包括企业理念识别（MI）、企业行为识别（BI）和企业视觉识别（VI）三部分内容，而售点广告是企业视觉识别的一项重要内容。经营者可以将企业的名称、企业标志、标准字、标准色、企业形象图案、企业宣传标语、口号和吉祥物等印刷在店面的广告上，以塑造富有特色的企业形象。当顾客接触到这些图案时，就会立刻明白它们代表哪些企业。

2. 售点广告的设计原则

售点广告设计的根本要求就是独特。无论是采用陈列的形式，还是发放的形式，都必须新颖独特，能够很快地引起顾客的注意，激起他们"想了解""想购买"的欲望。具体来讲，零售店经营者在设计售点广告时，必须遵循以下原则。

(1) 造型简练、设计醒目。售点广告想要在琳琅满目的商品中引起顾客的注意，必须以简洁的形式、新颖的格调、和谐的色彩突出自己的形象，否则就会被消费者忽视。

(2) 重视陈列设计。售点广告不同于节日的点缀，它是商业文化中企业经营环境文化的重要组成部分。因此售点广告的设计要有利于树立企业形象，要注意商品陈列、悬挂以及货架的结构等，要加强和渲染购物场所的艺术气氛。

(3) 强调现场广告效果。由于售点广告具有直接促销的特点，经营者必须深入实地了解零售店的内部经营环境，研究经营商品的特色（如商品的档次、零售店的知名度、质量、工艺水平和售后服务状况等）以及顾客的心理特征与购买习惯，以求设计出最能打动消费者的售点广告。

3. 售点广告的设计制作材料

售点广告的设计制作材料非常广泛，从纸张、木料到金属、皮革、塑料等无所不包。随着科学技术的不断发展，新型材料大量涌现，售点广告的设计制作材料也向多元化方向发展。最常用的设计制作材料主要有以下七种。

（1）各种类型的纸。纸是设计售点广告最常用的、使用时间最长的材料之一。它的最大优点是成本低廉，质地稳固，便于印刷。经营者可以在纸上印刷各种图案，调配各种颜色，以突出广告宣传的视觉效果。利用新颖别致的图案、协调的色彩，纸材料可以将经营者的创意淋漓尽致地展示出来。季节发生变化时，经意者又可以低廉的成本迅速更换售点广告。纸还有一定的可塑性，中国和日本的叠纸广告以及剪纸广告都非常具有特色，使欧美广告专家惊叹不已。

（2）皮革。皮革也是设计售点广告常用的材料之一。皮革具有质地稳定、便于雕刻等特点。用皮革设计的售点广告给人一种高贵、雅致的感觉，它能充分体现广告产品的个性，增加产品的文化附加值。用皮革制作的售点广告还具有立体感。艺术品和一些高档商品常用皮革设计售点广告。

（3）木材。木材具有能抗拒外力、不易变形、可塑性强等特点。用木材设计的售点广告具有陈列时间长、可反复使用等特点。木材的天然纹理，可以给消费者一种自然的感觉，同时也可以体现广告产品的个性，符合追求"自然美"的趋势。用木材设计的售点广告给人一种厚重的感觉，它的陈列需要一定的空间，不如纸材料售点广告那么随意。

（4）金属。售点广告中使用的金属材料主要包括铁、铜、铝和不锈钢等，这些材料具有硬度强、不透水、陈列时间长等特点。金属材料的成本也比较低，最大的缺点是视觉效果差。用金属材料制成的售点广告遇到风吹雨淋时，就容易被侵蚀，广告表面会出现一层金属锈，严重影响效果。

（5）布。在售点广告的发展历史上，布是最早使用的设计材料。在《清明上河图》上，很多店铺的幌子就是用布制成的。布具有成本低廉、易于染色和便于运输等优点，也具有印刷质量不尽如人意、图案效果差等缺点。布适宜设计"写意"式售点广告，不适宜设计"工笔"式的售点广告。

（6）塑料。与上述材料相比，塑料是售点广告材料家族中的"新秀"。塑料具有防水、耐温、质轻、无毒、无味和不易破损等优点。塑料的使用比较广泛，大多数商品的售点广告都可以用塑料作为设计材料。

（7）LED或竖屏电视。LED或竖屏电视是21世纪初迅速崛起的方式，其优点是更换速度快、通过色彩及画面的变化强化顾客的识别度，缺点则是外形相对单一、相对固定不便移动。

 **项目实施**

学习商品促销可以从下列六个方面的步骤展开,如图 9-4 所示。

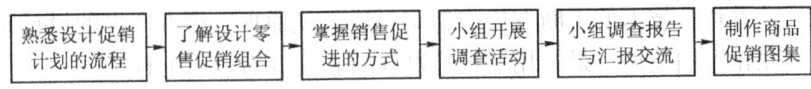

图 9-4 商品促销的学习程序

在相关知识学习的基础上,通过选择一家大型购物广场、一家传统百货进行调查,观察不同类型零售企业的促销呈现方式的异同点,访谈顾客以了解导致他们购买的原因包括哪些,有哪些促销信息吸引了他的注意,并访谈员工以了解企业最能产生业绩的促销方式是什么。通过小组讨论分析,进一步了解各类促销方式的优劣势,从而对商品促销产生感性认识。最后通过制作商品促销图集,深化认知。其学习活动工单,如表 9-2 所示。

表 9-2 商品促销的学习活动工单

学习小组			参考学时	
任务描述	通过相关知识的学习和实地调查分析,掌握商品促销的表现形式,了解各类促销形式的优缺点,熟悉零售企业设计促销计划的流程,从而全面理解和掌握商品促销的相关知识			
活动方案策划				
活动步骤	活动环节	记录内容		完成时间
现场调查	一家大型超市、一家百货促销呈现形式			
	访谈 20 名顾客购买商品的原因			
	访谈 5 名员工促销效果最好的五种形式			
资料搜集	中秋节陈列图片			
	夏季换季陈列图片			
分析整理	商品促销效果影响因素			
	设计促销计划的步骤			

项目总结

零售企业通过对竞争对手的调查了解、对顾客需求的访谈分析，从而制订周密的促销计划，具体包括确定促销目标、选择促销时机、确定促销商品、确定促销主题、选择促销方式、选择促销媒介和确定促销预算、评价促销效果等方面。再通过零售促销结合强化整个消费过程的渐进式购买欲，最后通过形式多样的促销呈现方式实现销售的最后"临门一脚"，最终实现销售的完成。

实战训练

一、实训目标

1. 通过实训观察能掌握多种促销商品呈现形式。
2. 通过访问调查顾客及员工，分析造成销售实现的各种诱因。

二、内容与要求

选择本地一家购物广场、一家传统百货商店进行实地调查。以实地观测、访谈调查为主，结合资料文献的查找，收集相关数据和图文。小组组织讨论，形成调查报告和班级交流汇报材料。

三、组织与实施

1. 以学习小组为单位进行实训，小组规模一般为 4~6 人，分组要注意小组成员的地域分布、知识技能、兴趣性格的互补性，合理分组，并定出小组长，由小组长协调工作。
2. 全体成员共同参与，分工协作完成任务，并组织讨论、交流。
3. 根据实训的调查报告和汇报情况，相互点评，进行实训成效评价。

四、评价与标准

实训评分指标与标准，如表 9-3 所示。

表 9-3 商品促销调研实训评价评分表

评分指标 \ 评分标准 \ 评分等级	好（80~100 分）	中（60~80 分）	差（60 分以下）	自评	组评	总评
项目实训准备（10 分）	分工明确，能对实训内容事先进行精心准备	分工明确，能对实训内容进行准备，但不够充分	分工不够明确，事先无准备			

续表

评分标准 评分指标 \ 评分等级	好（80~100分）	中（60~80分）	差（60分以下）	自评	组评	总评
相关知识运用（30分）	能够熟练、自如地运用所学的知识进行分析	基本能够运用所学知识进行分析，分析基本准确，但不够充分	不能够运用所学知识分析实际			
实训报告质量（30分）	报告结构完整，论点正确，论据充分，分析准确、透彻	报告基本完整，能够根据实际情况进行分析	报告不完整，分析缺乏个人观点			
实训汇报情况（20分）	报告结构完整，逻辑性强，语言表达清晰，言简意赅，讲演形象好	报告结构基本完整，有一定的逻辑性，语言表达清晰，讲演形象较好	汇报材料组织一般，条理不强，讲演不够严谨			
学习实训态度（10分）	热情高，态度认真，能够出色地完成任务	有一定热情，基本能够完成任务	敷衍了事，不能完成任务			

复习检测

一、名词解释

1. 销售促进
2. 零售公共宣传
3. 售点广告

二、简答题

1. 设计促销计划的步骤包括哪些？
2. 列举会员卡发放的方式，并评估各自优缺点及适用时机。
3. 售点广告的作用有哪些？
4. 列举不少于5种折价优惠方式。

三、能力训练题

制作父亲节促销计划书。

项目十
零售企业组织管理

 学习目标

1. 知识目标
◎ 掌握零售组织的含义
◎ 掌握零售组织的设立过程
◎ 了解零售组织的类型
◎ 了解零售组织文化的表现和内涵
2. 能力目标
◎ 学会零售组织的设立

了解零售企业的类型和零售组织结构的类型,掌握零售组织设计的步骤。了解零售企业人力资源管理的内容,掌握零售企业业务人员管理的要点。掌握在零售企业中常采用的几种现代化信息技术:条形码、电子订货系统、电子数据交换系统以及销售时点技术。理解供应链管理的含义,掌握供应链管理的方法,包括:快速反应、有效客户反应和协同规划。

 项目引导

对零售业而言,不论规模的大小、有无店面营业,或不论其贩卖的是商品还是服务,均需要一个组织来联结公司的每一成员,以使他们在共同的经营目标之下协调合作,发挥出最高的效率。不过随着组织规模的大小差异,其工作的内容、数量以及员工所需的专长和人数也会有所不同,所以组织阶层的安排,部门间的分工和职责划分以及整个协调和监督体系均需要合理规划。而组织内的人力配置,必须因事设人,切不可因人设事,而且必须透过组织机能,才能使各级员工能够顺利开展业务,达到组织目标。

任务一 零售组织的基本内容

任务分析

零售业组织结构的合理化是产业结构优化升级的重要内容。先进合理的组织结构对零售企业的发展起积极促进的作用，而不合理的组织结构必然阻碍零售企业的快速发展。因而，零售业的组织结构必须适应企业发展的需要，根据企业自身经营环境的变化及企业发展要求进行相应的调整。本任务主要阐述零售组织的含义及相关基本内容。

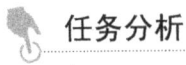

城市超市：商品经营的高端路线

上海城市超市是上海最大的一家专业经营进口食品、日用品的连锁超市。超市定位于高端市场，通过优雅的购物环境和贴心的服务留住客户。

中国自改革开放以来，引入外资的同时伴随着外籍人士的不断涌入。然而，在上海的零售业格局中缺乏主营进口食品、日用品的超市，外籍人士在上海生活购物颇感不适。城市超市正是瞄准了这样一个市场空白点，抓住了改革开放的大机遇，明确树立客户目标，另辟蹊径，定位于高端市场。其创新具体表现在以下五个方面：① 独特的经营理念——商品自己找、蔬菜自己种、面包自己烤、咖啡自己炒；② 一站式购物服务；③ 优雅的购物环境和超值的客户服务；④ 配合目标客户准确布店；⑤ 与客户的互动。

上海城市超市将市场细分化后，选择了空白的高端市场，产品、服务、经营等各个角度始终围绕着"高端"二字做文章，不仅企业获得了成功，更为提升城市超市形象做出了贡献。

 知识学习

一、零售组织的含义

零售组织是指处于商品流通过程的最后环节，将商品直接销售给最终消费者的商品流通组织。零售的含义包括三点：一是零售组织处于流通过程的最后环节，商品被消费者从零售组织那里购得后，即进入消费领域，而不是用于生产或转卖；二是零售的服务对象是最终消费者，它可以是个人，也可以是集体，无论购买数量大小,只要是非生产性消费,其性质就是零售;三是零售的销售对象一般限于生活消费品以及相关劳务。

二、零售组织的功能

零售组织位于商品流通的最终阶段,有直接满足消费者需求的功能,同时也承担着调节生产与消费在时间、空间和数量上的差异功能。具体来说,零售组织有以下六项功能:

1. 分类、组合、备货功能

零售商可代替个人消费者从制造商或批发商那里购进商品,并将这些商品按照个人消费者最适合的购买批量进行分类、组合和包装,以便于个人消费者购买。

2. 承担储存与风险功能

与批发交易一样,零售交易还具有承担风险的职能。零售商承担的风险,按风险性质分,同样包括静态流通风险(如运输、保管过程中商品的损坏、丢失等风险)和动态流通风险(如市场环境变化造成价格波动、积压、贬值等风险)。

3. 服务功能

商业劳动本身是一种服务劳动,而在零售环节中表现尤为突出。因为零售交易面对的就是广大消费者,而消费者在购买商品时都希望得到优质的服务。服务的好坏直接影响其购买情绪。因此,为满足消费者购买的需要,吸引更多的顾客,零售商应重视服务工作和提高服务水平。在售前、售中和售后过程中,有必要提供诸如电话订购、邮寄目录、送货、安装、维修、保修等全过程的服务以及设立停车场、休息室、餐厅、茶馆、游戏室等全方位的服务。

4. 金融功能

与批发交易一样,零售交易也具有融资职能。一方面是向它的上位企业提供融资便利,如向生产企业或批发企业融通资金,主要通过预购和预付货款的方式来进行;另一方面是向它的下位消费者提供融资便利,主要是通过赊销形式与发放信用卡、购物券等方式来销售商品,使消费者很方便地得到自己所需要的商品。

5. 传递信息功能

零售交易是商业活动的一种,因此,与其他商业活动一样,处于再生产的中间环节,连接着两头。就零售交易而言,一头连接着批发,一头连接着消费。由于直接连接消费,零售商对于市场上的需求状况了解得最快、最全,因此,通过其对批发商或生产企业的信息传递,往往对调整商品结构起着重要作用。同时,零售商通过广告媒体,及时将供给信息传递给消费者,对激起消费者的购买欲望、扩大商品销路也有重大作用。

6. 娱乐功能

由于零售业竞争的白热化、生活方式零售业的兴起、外出就餐需求的日趋强烈、娱乐业的无孔不入、娱乐业的扩张、城市的复兴等因素，开发商把娱乐、餐饮及零售设施整合在一起，创造了一种具有协同效应的休闲娱乐目的地，目的地项目一般是步行街、多功能环境，提供一种娱乐、餐饮和购物的组合服务，这种组合将会产生三位一体的协同效应。

三、零售组织演化规律理论

1. 零售轮转理论

零售轮转理论又被称作车轮理论，是美国哈佛商学院零售专家 M·麦克尔教授提出的。他认为，零售组织变革有着一个周期性的像一个旋转的车轮一样的发展趋势。新的零售组织最初都采取低成本、低毛利、低价格的经营政策。当它取得成功时，必然会引起他人效仿，结果，激烈的竞争促使其不得不采取价格以外的竞争策略，诸如增加服务、改善店内环境，这势必增加费用支出，使之转化为高费用、高价格、高毛利的零售组织。与此同时，又会有新的以低成本、低毛利、低价格为特色的零售组织开始问世，于是轮子又重新转动。超级市场、折扣商店、仓储式商店都是沿着这一规律发展起来的。

2. 手风琴理论

手风琴理论早在1943年就有人提出了，1960年又有人对其完善。它是用拉手风琴时风囊的宽窄变化来形容零售组织变化的产品线特征。手风琴在演奏时不断地被张开和合起，零售组织的经营范围与此相似地发生变化，即从综合到专业，再从专业到综合，如此循环往复，一直继续下去。拉尔夫·豪尔说："在整个零售业发展历史中（事实上，所有行业都如此），似乎具有主导地位的经营方法存在着交替现象。一方面是向单个商号经营商品的专业化发展，另一方面是从这一专业化向单个商号经营商品的多元化发展。"根据这一理论，美国等西方国家零售业大致经历了五个时期：一是杂货店时期；二是专业店时期；三是百货店时期；四是超市、便利店时期；五是购物中心时期。

3. 自然淘汰理论

这一理论的具体内容是：零售组织的发展变化必须要与社会经济环境相适应，诸如生产结构、技术革新、消费增长及竞争态势等。越是能适应这些环境变化，越是能生存至永远；否则将会自然地被淘汰或走向衰落。适者生存的思想，是公认的真理。对于某种零售组织来说，总是产生在一个与其环境相适应的时代，但环境不是一成不变的。当环境变化时，就极有可能与零售组织发生不协调。因此，任何一种零售组织都难以永远辉煌。要生存和发展，就必须不断进行自我调整，适应变化的环境。当然，调整也不是无限的，当调整冲破了原有零售组织的局限,就表明这一类型组织将消亡。

4. 辩证过程理论

零售业的辩证过程理论基于黑格尔的辩证法。就零售业来说,辩证模型是指各零售组织面对对手的竞争相互学习并趋于相同。因此,一个企业遇到具有差别优势的竞争者的挑战时,将会采取某些战略和战术以获取这一优势,从而消除了创新者的部分吸引力,而同时,这革新者也不是保持不变。更确切地说,这革新者总是倾向于按其否定的企业的情况改进或修正产品和设施。这种相互学习的结果,是两个零售企业逐渐在产品、设施、辅助服务和价格方面趋向一致。它们因此变得没有差别,至少是非常相似,变成一种新的零售企业,即合题。这种新的企业会受到新的竞争者的"否定",辩证过程又重新开始。辩证过程理论带有普遍性,它揭示了零售组织发展变化的一般规律,即从肯定到否定,再到否定之否定的变化过程。但是,这一规律描述得过于抽象,并把程度不同的变化等同起来。实际上,不少正、反、合的变化并没有引起组织形式的更替,只是各种零售组织自身进行了反向调整。

5. 生命周期理论

美国零售专家戴维森等人认为,零售组织像生物一样,有它自己的生命周期。随着时代的发展,每一种零售组织都将经历创新期、发展期、成熟期、衰退期四个阶段。这一理论分析了各种零售组织从产生到成熟的间隔期,并对各个阶段零售组织的特点作了描述,提出了处于不同阶段的各零售组织可采取的相应策略,包括投资增长和风险决策方面、中心业务管理方面、管理控制技术的运用方面和最佳的管理作用方面等。

6. 商品攀升理论

与手风琴理论有些类似,商品攀升理论也是从零售组织的产品线角度解释其发展变化的。不过,商品攀升理论说明的是零售组织不断增加其商品组合宽度的规律,当零售组织增加相互不关联的或与公司原业务范围无关的商品和服务时,即发生了商品攀升。例如,一家鞋店原先经营的品种主要有皮鞋、运动鞋、拖鞋、短袜、鞋油等商品,经过一段时间的发展,其经营的商品种类越来越多,又增加了诸如手袋、皮带、伞、帽子、毛衣、手套等商品,这就是攀升了的商品组合。

任务二　零售组织的设立过程

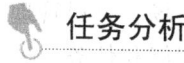

任务分析

虽然各种零售组织的工作内容或性质类似,但由于他们对顾客、员工、和管理的理念不尽相同,所以产生不同的组织形态与运作方式。

情境引入

日本百元店

日本百元店是属于单一价格的低价商店,所采购的商品其生产商多位于东南亚等生产成本低廉的地区,实施低价策略以吸引消费者。在店面数目增加后,更能以大量的进货方式压低成本。百元店的魅力除了价格低廉外,店内的商品种类丰富,从日常生活用品、南北杂货、化妆品、独特新奇的产品到特殊季节性的商品等,更提供了消费者购物的享受,使消费者能够充分地享受到购物的乐趣。基于消费者对于商品品质的需求,店内不缺乏物美价廉、物超所值的商品,使得消费者乐于在此选购适合自己生活的商品。

(收集整理:Money Guide)

 知识学习

一、零售组织结构设计要求

1. 目标市场的需要

企业是营利性的经济组织,零售商作为一种企业组织,其经营活动的根本目的以及其存在和发展的基本条件就是保持盈利。零售商通过向消费者提供品种繁多的商品和适当的服务来谋利,这些商品和服务能否满足消费者的需要,将决定该零售商是否有利可图,或者是否有存在的价值。另一方面,经营商品的结构和提供服务的内容又影响组织机构的设置,例如提供昼夜服务将要求设置几组店面经营人员轮班。因此,建立零售商的组织机构,必须认真研究目标市场的需要。

2. 公司管理部门的需要

从管理的角度理解组织,它是指管理的一种职能。组织机构的设置是为了保证组织这种管理职能的正常发挥。因此,组织机构的设置应该考虑管理部门提高经营管理水平的需要。

3. 员工的需要

对人的管理构成零售组织管理的一个重要组成部分。根据零售组织承担的职能和任务对人力资源做出具体安排,也是组织机构设计的重要方面。因此,满足员工的要求,以实现有效激励,也是组织机构设计应该考虑的问题。

总之,零售组织机构设计的目标应该是保证有效地满足目标市场、公司管理部门和员工的要求。目前市场的需要提出了零售组织应该完成的职能和任务,公司管理部门和员工则对保证有效完成这些职能和任务的组织机构提出了集体要求和限制条件。一方面，一个零售组织即使能成功地满足管理部门和员工的要求，如果不能满足目标市场需要，也不能继续生存和发展。另一方面，如果一个零售组织不切实际地为目标市场提供过多的附加服务，导致员工劳动强度的加大和经营管理成本的提高，也会降低自身的盈利能力。因此，关键是协调三者的要求。一种有利于保护或方便公司在人力资源方面的投资和降低经营管理成本，又能调动员工积极性，提高劳动生产率，并能满足目标市场需要和适应其变化的组织结构，正是值得追求的目标模式。

二、零售组织的设立过程

一般而言，一个适当的零售组织设计，必须要依循如图 10-1 所示客观的步骤：

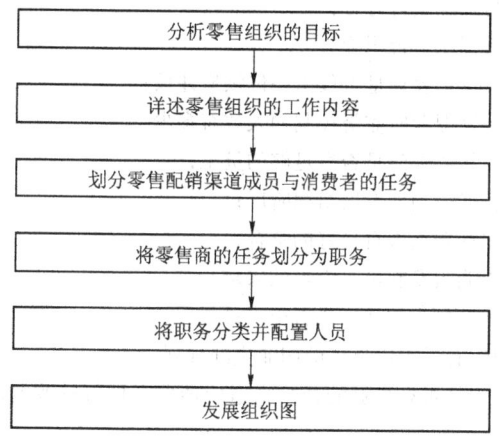

图 10-1　零售组织的设立过程

1. 分析零售组织的目标

组织只有在满足目标市场、管理者与员工的需求时才能长久生存。零售组织的目标分别列举，如表 10-1 所示（Berman & Evans. 2001）。

表 10-1　零售组织的目标

对象	目　　标
目标市场的需求	1. 在一定的服务水准下是否有足够的员工（销售、运送、出纳人员等）提供服务； 2. 商店员工是否有见识、有礼貌； 3. 商店设施是否有良好的维护保养； 4. 是否可满足分店消费者的特殊需求； 5. 当消费者需求改变时，是否能迅速地应变

续表

对象	目标
员工的需求	1. 员工的职位是否有足够的挑战性； 2. 晋升及奖励办法是否明确； 3. 员工是否参与决策； 4. 员工与上层主管沟通的管道是否清楚、开放； 5. 员工对工作是否满足； 6. 权责关系是否明确； 7. 是否从内部升迁； 8. 每一员工所受的待遇是否公平； 9. 是否有良好的绩效奖励制度
管理者的需求	1. 人力来源是否充足； 2. 人事程序是否明确； 3. 每一员工表现是否仅由一位领班评核； 4. 每一管理者所监督控制的人数有多少； 5. 每一作业部门是否有足够的员工； 6. 是否能适当地发展组织阶层； 7. 组织计划是否有良好的整合； 8. 是否能激发起员工学习的兴趣； 9. 罢工及怠工的情形是否很少； 10. 组织有无提供员工的职业生涯规划； 11. 组织是否有足够的弹性来适应消费者偏好的改变以及某一区域成长的模式

为了有效地满足目标市场、公司员工以及管理上的需求，就必须设立健全的零售组织来执行公司的政策，分配工作、资源、权力、责任，并给以工作报酬。但这些目标之间往往有相互冲突的地方，例如，组织可透过集中采购来降低成本，但却会导致零售商对不同区域的消费者偏好反应迟钝，这对组织就会产生不利的影响。

2. 详述零售组织的工作内容

零售组织的典型工作内容如表10-2所示。

表10-2 零售组织的典型工作内容

项目	内容
商品规划	1. 决定顾客对商品及服务的需求；　3. 规划商品和服务的组合策略 2. 评估商品和服务的选择方案；

续表

项目	内 容
商品采购	1. 寻找并联络商品供应商； 5. 发出订货单； 2. 评估商品供应商的商品条件； 6. 支付货款； 3. 评估商品供应商的供货能力； 7. 接收与检验货品； 4. 洽谈采购条件； 8. 商品标示与储存
商品订货	1. 决定售价； 2. 调整售货
存货控制	1. 规划销售数量； 3. 存货盘点 2. 决定安全存货量；
商店管理	1. 商店设施的规划设计与维护； 4. 监督管理员工； 2. 员工雇佣； 5. 确保商店安全 3. 员工训练；
促销活动	1. 规划广告； 3. 设计促销展示与人员解说； 2. 选择广告媒体； 4. 寻求公告报道
整体规划	1. 评估商圈、选择店址； 3. 销售预测与预算编订； 2. 调查、分析顾客； 4. 协调性工作

3. 划分零售配销渠道成员与消费者的任务

在零售渠道中的工作并不是仅由零售商来完成，而是由渠道中的成员（零售商、供应商、各领域的专家及消费者）一起完成。例如，零售商可完成步骤2所列的全部或部分工作；供应商可负责商品运送、标记、库存、管理、准备展示、研究及销售预测等工作；专家包括专业采购公司、货运公司、仓库、营销研究公司、广告代理、会计师、信用部门和电脑服务公司等。每一特定的工作皆由专门领域的专家来处理；消费者则能自助服务、产品自行组装（Do-it-Yourselves：DIY）及自行运送商品。

零售渠道间的工作是根据目标市场的需求而执行。但也有例外，例如某些连锁便利商店的消费者不喜欢用现金交易，而连锁便利商店基于成本的考虑仍不接受信用卡交易。此外，渠道间某些工作须由特定的团体或设备执行。

4. 将零售商的任务划分为职务

零售商需清楚地说明每一职位的工作内容，并设定权限。职位说明书可作为雇用、监督及评价员工的依据，而其优点可包括：提高专业技术、降低训练时间及成本、限定员工教育水平及经验，如此可使员工减少挫折，并了解他在该工作岗位的重要性。表10-3说明了典型零售职位与任务。

表10-3 典型的零售职位与任务说明

职位	任务说明
店长	员工管理、商品管理、卖场管理、买卖管理、消费者管理、销售预测、编订预算、定期检讨营运成果等
管理人员	员工管理、销售预测、协调、编订预算及售价等
理货员	补充货架商品、整理商品陈列、标识商品价格等
促销员	展示商品、与消费者接触及消费追踪调查等；橱窗布置、内部的展示及动态展示等
收银员	输入交易资料、处理现金收入及赊账等
服务台员工	修理、包装或加工商品、处理退换货、解决消费者的抱怨及消费者研究等
现金房员工	及时收取营业中大额现金、清点每日营业款、制作现金报表、支付零售报销等
称重台员工	给需称重商品准确计量
收货员	接收商品、进货检验、标记商品、存货管理及商品退回等
保洁员	清扫商店、运送垃圾、清洗购物车篮等

5. 将职务分类并配置人员

至于每一部门或工作单位到底要配置多少人，当然视实际情况而定，而无所谓的标准员额。但基本上可有两种做法：第一种做法是从员工的生产性指标来估算人数，例如从工资成本或劳动生产力计算；第二种做法则是从职位分析的工作量来推算。换句话说，可根据本公司过去的经验，或与其他同类比较，或参考标准化作业人力分析等方法来确定人员编制的多少。此外，对于有淡旺季营业或高低峰作业时段的部门，还需要考虑部门间的工作调度，或雇用兼职人员。

6. 发展组织图

在计划一个组织结构时，不能只从个别层面考虑，而必须从整体来规划。组织图的功用即在于画出组织内各部门间的关系，也标示了各层间的上下沟通管道。在构建零售组织的结构时，还应考虑组织中的权力层级关系问题。

超市员工懒散，不好管理怎么办？

权力层级是通过描述公司内部员工之间的报告关系（从最底层到商店经理或董事会），来说明职务关系。零售机构的层级可由最高层经理与最低层雇员之间的职位数量反映出来。若一家公司内管理分层较少，有大量的下级向同一个上级汇报工作，那么该公司是扁平式组织。这种组织结构的优点是沟通良好，问题能得到快速处理以及员工能较好地投入工作。这种组织结构的缺点是向同一位经理汇报工作的人数可能会过多。垂直式组织是有多层管理人员，实行分层汇报，分级管理。在这种结构下，可以密切监督、有效管理；它的缺点是沟通渠道太长，对员工缺乏个人的影响（基层员工无法接近组织内的高层人士）以及制度僵化。

综合以上因素，零售组织便完成了组织系统图。各类型的组织说明，若能配上组织图，则更能简单明确表达。

任务三　零售组织的类型

 任务分析

由于业态不同，所以实际上各零售业所采用的组织形态各不相同。除业态外，还有其他因素造成不同的组织设计与机能发挥。其他因素如企业的合资对象、企业文化、营业额高低、卖场面积大小、是否为连锁经营、重视店内人员服务品质的程度，甚至员工的专业素养或敬业态度之高低等，也都会影响到组织的设计与人员配置。

情境引入

全球第一家电脑直销商——戴尔电脑

创立于1984年的戴尔电脑，是首创革命式的"电脑系统直销模式"厂商，目前已是全球前三大的国际性电脑公司。在美国，戴尔更是企业用户、政府部门、教育机构和消费者市场排名第一的电脑供应商。其经营理念相当简单，依据顾客需求来制造电脑，并直接供应给顾客。因此，每一套电脑系统都是根据客户的个别要求量身定做的。这使得戴尔电脑掌握了顾客的第一手资料，能够更有效及明确地了解顾客的需求，并能迅速反应。近年来，戴尔电脑更是通过网络来扩大其直销模式，顾客可以通过网站上所提供的各种配备及价格资讯，直接线上订购其电脑系统，并获得相关的技术支援服务。

（资料来源：戴尔公司网站 www.dell.com）

 知识学习

不同的零售组织有不同的结构类型。例如，独立经营的零售商的组织结构要比连锁零售商的组织结构简单得多。独立经营的零售商不必管理其他的机构，所有者往往一个人就可以监督所有的雇员，员工在遇到工作有关的问题时随时可与商店所有者接触。相比之下，连锁经营零售商必须弄清如何委派任务，如何协调多个分店间的业务以及如何为所有员工制定统一的政策。

零售组织的类型有以下五种。

1. 小型零售业组织

小型零售业很少有专业化分工，员工经常必须身兼数职，因此大多只分商品职员和作业职员。商品职员主要负责产品销售、服务、广告等业务，而作业职员则负责商品储存和财务等工作。若其商品可分为几大类，则也可能由每个店员负责某一类的商品，集商品职员和作业职员的双重角色。

2. 百货公司组织

百货公司按其经营的规模可分为以下三种：① 社区型百货公司；② 全国型百货公司；③ 连锁百货公司。

许多中型或大型百货公司将零售活动分成以下四部分：① 商品部：销售、购买、进货计划和控制、促销；② 策划部：橱窗和室内装潢、广告、计划和执行营销活动、公共关系；③ 管理部：商品管理、顾客服务、存货设备和器具、作业活动；④ 财务管理部：信用搜集、预算控制。

由于连锁百货公司的设立，促使原来的单品组织方式产生了三种改变方式：① 母鸡小鸡店（Mother Hen with Branch Store Chicken Organization）：采中央集权方式，由总公司来监督管理分公司；② 分开经营的店（Separate Store Organization）：采分权方式，由各分公司自行负责采购与管理事宜；③ 平等经营的店（Equal Store Organization）：即前述两者之混合制，例如采购作业可集权化，但营运管理决策可由分公司做主。

3. 连锁商店

不同类型的连锁零售商，通常使用上述平等经营的商店组织形式。虽然不同种类的连锁店组织结构有所不同，一般而言具有下列的特性（Berman & Evans, 1998）：

（1）有大量的功能区分，诸如促销、商品管理、商品配销、商品经营、不动产所有权、人员和资讯系统。

（2）连锁总部握有集权化的整体权利和责任、个别商品管理者仅对该店的销售绩效负责。

（3）多数分店的经营是标准化，如建筑设计、商店招牌、内部装潢、商品陈设、顾客信用政策与商店服务。

（4）由一个严密的控制系统连接所有管理资讯。

（5）可从分店获得营业的数量资料，作为适应地区特性和扩大店长责任的依据，例如，连锁便利商店的商品包括有 60%～80% 的标准化商品以及 20%～40% 的地区性需求商品。

4. 超级市场

超级市场的组织可分为一般单店式的超级市场组织和连锁超级市场组织两种类型。前者多分为营业部门及管理部门，不过也有将商品采购业务自营业部门独立出来，或是不设管理部门，而另外分为总务及会计两部门。

当超级市场连锁经营时，可以考虑把单店共同作业的工作，集中在总部处理，如采购；或是将后场生鲜处理的工作集中在生鲜处理中心，甚至有的超市还拥有共同的物流中心。

5. 零售多角化

所谓多角化零售业者，是指在企业集团内借着中央共同的所有权，同时经营多种不同型态的零售组织。一个多角化的零售商可开展更多的销路，并降低经营风险。

零售多角化的例子很多，例如，美国的 Kmart，除经营折扣百货连锁店（Kmart），也经营连锁书店（Walden Books）、连锁大型百货超级市场（American Fare）、连锁会员仓储批发店（Pace）、连锁家庭装修用品店（Builders Square）、连锁运动用品与饰品店（Sports Authority）、连锁药局（Pay Less）等。

任务四　零售组织文化

 任务分析

中国最优秀的零售企业的纯利润率不到 1%，显而易见对零售业这样一个劳动密集型的、微利的零售终端行业，合理控制成本和强调服务是零售业的最重要的使命。因此，怎样自上而下宣传组织的使命、如何构建组织、组织内部和组织外部如何协作、从哪几个渠道控制成本、怎样赢得客流、适用什么样的制度和流程等，决定了零售企业文化的基础。本任务主要分析零售组织文化的相关内容。

情境引入

Microsoft：别具一格的文化个性

一、比尔·盖茨缔造了微软文化个性

比尔·盖茨独特的个性和高超技能造就了微软公司的文化品位。这位精明的、精力充沛且富有幻想的公司创始人，极力寻求并任用与自己类似的既懂得技术又善于经营的经理人员。他向来强调以产品为中心来组织管理公司，超越经营职能，大胆实行组织创新，极力在公司内部和应聘者中挖掘同自己一样富有创新和合作精神的人才并委以重任。比尔·盖茨被其员工形容为一个幻想家，是一个不断积蓄力量和疯狂追求成功的人。他的这种个人品行，深深地影响着公司。他雄厚的技术知识存量和高度敏锐的战略眼光以及在他周围汇集的一大批精明的软件开发和经营人才，使自己及其公司矗立于这个迅速发展的行业的最前沿。盖茨善于洞察机会，紧紧抓住这些机会，并能使自己个人的精神风范在公司内贯彻到

底,从而使整个公司的经营管理和产品开发等活动都带有盖茨色彩。

二、管理创造性人才和技术的团队文化

知识型企业一个重要特征就是拥有一大批具有创造性的人才。微软文化能把那些不喜欢大量规则、组织、计划,强烈反对官僚主义的程序员团结在一起,遵循"组建职能交叉专家小组"的策略准则;授权专业部门自己定义他们的工作,招聘并培训新雇员,使工作种类灵活机动,让人们保持独立的思想性;专家小组的成员可在工作中学习,从有经验的人那里学习,没有太多的官僚主义规则和干预,没有过时的正式培训项目,没有"职业化"的管理人员,没有耍"政治手腕"、搞官僚主义的风气。经理人员非常精干且平易近人,从而使大多数雇员认为微软是该行业的最佳工作场所。这种团队文化为员工提供了有趣的不断变化的工作及大量学习和决策机会。

三、始终如一的创新精神

知识经济时代的核心工作内容就是创新,创新精神应是知识型企业文化的精髓。微软始终作为开拓者——创造或进入一个潜在的大规模市场,然后不断改进一种成为市场标准的好产品。微软不断进行渐进的产品革新,并不时有重大突破,在公司内部形成了一种不断的新陈代谢的机制,使竞争对手很少有机会能对微软构成威胁。其不断改进新产品,定期淘汰旧产品的机制,始终使公司产品成为或不断成为行业标准。创新是贯穿微软经营全过程的核心精神。

四、创建学习型组织

世界已经进入学习型组织的时代,真正创建学习型组织的企业,才是最有活力的企业。微软为此制定了自己的战略,通过自我批评、信息反馈和交流而力求进步,向未来进军。微软在充分衡量产品开发过程的各要素之后,极力在进行更有效的管理和避免过度官僚化之间寻求一种新平衡,以更彻底地分析与客户的联系,视客户的支持为自己进步的依据;系统地从过去和当前的研究项目与产品中学习,不断地进行自我批评、自我否定;通过电子邮件建立广泛的联系和信任,比尔·盖茨及其他经理人员极力主张人们保持密切联系,加强互动式学习,实现资源共享;通过建立共享制影响公司文化的发展战略,促进公司组织发生着变化,保持充分的活力。建立学习型组织,使公司整体结合得更加紧密,效率更高地向未来进军。

(摘自《管理案例博士评点》代凯军编著 中华工商联合出版社)

知识学习

一、组织文化的表现和内涵

组织文化(Organizational Culture)是指一系列指导组织成员行为的价值观念、传统习惯、理解能力和思维方式。像部落文化中拥有支配每个成员对待部落

人及外来人的图腾和戒律一样，组织拥有支配其成员的文化。在每个组织中，都存在着随时间演变的价值观、信条、仪式、传说及对周围世界的反应。当遇到问题时，组织文化通过提供正确的途径来约束员工行为（"这就是我们做事的方式"），并对问题进行概念化、定义、分析和解决。

组织文化代表了组织中不成文的、可感知的部分，通过有丰富经验的雇员一批又一批地传授给年轻雇员，这些指导代替了一些书面的政策和程序。每个组织成员都涉入组织文化中，但通常不会感觉到它的存在。只有当组织试图推行一些违背组织基本文化准则和价值观的新战略或经营策略时，组织成员才会感受到文化的力量。

组织文化是一个非常抽象的概念，至今还没有人能够完全准确地给出一个定义。为了识别和解释文化的内容，需要人们基于可观察到的表象来做推断，例如公司的礼仪和仪式、被传说的故事、各种物化的表征（如某种图案）、口号和名言等。

二、强文化和弱文化

组织文化在组织中发挥两个关键的作用：一是整合组织成员，以使他们知道该如何相处；二是帮助组织适应外部环境。内部整合意味着组织成员发展出一种集体认同感并知道该如何相互合作以有效地工作。外部适应是指文化能帮助组织迅速地对顾客需求或竞争对手的行动做出反应。

组织文化作用的发挥有赖于该文化的强弱，因而组织文化有强文化和弱文化之分。文化的力量指组织成员间关于特定价值观重要性的意见的一致程度。如果对某些价值观的重要性存在普遍的一致性意见，那么该文化就是具有内聚力的且是强势的。如果很少存在一致意见，那么这种文化就是弱势的。当组织文化处于强势时，它会对组织施加强有力的影响，但并不一定总是正面的影响。

在强文化中，几乎所有的雇员都能够清楚地理解组织的宗旨，这使得管理当局很容易把组织的与众不同的能力传达给新雇员。像诺顿百货公司（Nordstrom）就具有强文化，这种文化包含着服务意识和使顾客满意的价值观，因此，比起那些只有弱文化的竞争对手来，能够在更短的时间里将公司文化的价值观灌输给新雇员。

在强文化中，即使没有一些约定成俗的规章制度，在意外情况发生下，员工也能非常清楚地知道什么行为是组织鼓励，并自我判断采取正确的行为。例如一个顾客在沃尔玛一家商店购买一套橡胶圈，商品包装上打着的价格是33美分，但当收银员扫商品时却显示37美分。顾客当即表示质疑，收银员在核对价格后对顾客说："很对不起，正确的价格应该是37美分。这是我们工作的失误，为了表示歉意，我们将这个商品免费送给您。"这个员工并没有接受任何指示在这种情况下该如何处理，但他凭着对公司价值观的理解，很容易地判断出一切让顾客满意是公司赞赏的行为。

三、重塑组织文化

1. 订立基本价值准则

要想建立一个适应企业竞争战略的组织文化，你首先必须告诉员工怎么做是对的，怎样的行为是不允许的。一部价值准则陈述了那些为管理者所期望的和那些不会被管理者容忍或支持的行为和价值观。美国商业伦理研究中心的一项研究表明，财富500强公司中的90%和其他公司中的半数都已订立了公司价值准则。准则表明了公司对员工行为的期望，阐明了公司的理念，即公司希望其员工能认识到公司鼓励的价值观与行为伦理方面。这是建立健康的强势文化的基础工作。

2. 建立组织架构和激励机制

设计并建立符合组织文化的组织架构，是重塑组织文化的另一个关键。即使公司的组织架构图只是表示方式的改变，它也意味着一种被鼓励的价值观。当然，也有一些公司建立了专门的组织文化办公室或精神伦理办公室，主要负责日常的伦理问题和两难选择，并征询意见，也负责根据价值观原则培训雇员，以指导其行为。一些公司会设置专门的伦理巡视官，处在这个位置上的人有权直接与董事长和首席执行官沟通，他们主要负责倾听抱怨、调查伦理指控、指出员工所关心的问题或高级管理者可能的伦理败坏行为。

另外，建立健全有效的激励机制也是不可缺少的一环。连锁商店由于专业化和标准化的管理，使得许多制度在组织内盛行，这些制度很容易压抑员工的创造性和主动性。如何提高员工的士气，使其感觉自己真正是组织的一分子，组织的事业也是自己的事业，这里，有效的激励机制将起到极大的作用。

3. 基于正确价值观的领导

在文化的塑造中，领导者扮演着重要角色。领导者必须牢记他的每一个表述和行动都会对组织文化和价值观产生影响，可能他们自己并没有意识到这一点。员工通过观察他们领导者的一言一行来学习组织的价值观、信念和目标。当领导者自己出现了非伦理性的行为或不能对别人的非伦理性行为做出果断、严厉的反应时，这个态度将会渗透到整个组织内部。如果领导者不去维护伦理行为的高标准，那么正式的伦理准则和培训计划就会毫无用处。

如果领导者一直是基于正确价值观来领导下属，尤其是在为组织价值观做出个人牺牲时，他就可以赢得员工的高度信任和尊重，利用这种尊重和信任，领导者可以激励员工追求优异的工作绩效并使他们在实现组织目标中获得成就感。这就是为什么在具有强势文化的组织里总会流传着有关创始人或最高领导者的故事和传说，这些故事和传说已成为该组织文化中的一部分。对员工而言他就是一个英雄，他象征着勤奋工作和正直，他的一举一动深深地影响着那些追随他的人，正因为有了领导者的榜样，组织文化才得以在员工中被贯彻和发展。

任务五 零售组织管理信息系统

 任务分析

零售组织管理信息系统是采用计算机技术、通信技术、数据库技术及其他相关技术，运用经济数学、系统科学、行为科学等方法，为零售企业实现商品流、资金流和信息流优化管理与控制目标的信息系统。

零售管理信息系统是零售自动化的重要组成部分。零售管理信息系统在零售行业的广泛使用，加速了零售业的信息化和全球化进程。特别是近年来互联网技术的快速发展，不仅带来了零售业在管理手段和方法上的变革，也带来了零售业管理理论和思维方式上的变革。

情境引入

永辉超市 CIO：用 IT 系统实施精细化管理

吴××从办公室出来到了卖场，径直走到销售西瓜的区域，一眼就发现，在货架上果然没有新进的一种独特的西瓜。

几分钟前，他在自己的电脑屏幕上，通过那个有着 600 多个字段，细化到单品的信息记录显示，发现一批西瓜在一小时内没有销量。原来，卖场的工作人员以为还没有到货，而吴××却明明从报表看到货物已经在仓库里，这是很多超市存在的假缺货现象。

因为发现及时，事情很快得到了解决：生鲜部的理货员马上将这批鲜货上架，凭借比外面便宜很多的价格，吸引了大量的顾客。

而在别的超市，事情也许将沿着另一条线索发展。因为不能从整个品类中区别分析和精细管理，这批西瓜很有可能错过最好的销售时机，最后只能打折销售，因为利润本来就不高，这一单商家很可能就要赔钱。

这是永辉超市股份有限公司用 IT 系统实施精细化管理之初的场景，现在，信息总监吴××和他的团队，仍然可以从只有 2% 毛利率的猪肉，甚至更便宜的生鲜产品身上赚到钱。

正是依靠从毛利率通常不过百分之几的超市生鲜业务中挤出 16% 的毛利率，永辉超市不仅在国际巨头的包围中活了下来，而且活得很好。2009 年，永辉年营业额达 100 亿元，已经开业的超市门店达 129 家。在其根据地福建，永辉已经成为全省最大的连锁超市,现在永辉正在北京、重庆等地进行全国性扩张,其杀手锏便是对生鲜的精细化管理,这是一场用 IT 手段和"新鲜"的衰退速度进行的残酷比赛。

(资料来源:http://cio.chinabyte.com/21/11423021.shtml)

 知识学习

零售组织管理信息系统中常采用的技术主要有以下几种。

一、商品条形码

条形码是由一组黑白相间、粗细不同的符号组成的识别码。每组条形码隐含着数字信息、字母信息、标志信息和符号信息,用以表示商品的名称、产地、价格及种类等,是世界通用的商品信息的表述方法。从形式上看,条形码是一组黑白相间的条形图案,这种条形图案由若干黑色"条"和白色"空"的单元所组成。其中,黑色条对光的反射率低而白色空对光的反射率高,再加上条与空的宽度不同,就能使扫描光线产生不同的反射接收效果,从而在光电转换设备上转换成不同的电脉冲,形成了可以传输的电子信息。由于光的运动速度极快,因此可准确无误地对条形码予以识别。

通用商品条形码一般由前缀部分、制造厂商代码、商品代码和校验码组成。商品条形码中的前缀码是用来标识国家或地区的代码,赋码权在国际物品编码协会,例如 69 代表中国大陆,471 代表中国台湾地区,489 代表中国香港特区。制造厂商代码的赋权在各个国家或地区的物品编码组织,中国由国家物品编码中心赋予制造厂商代码。商品代码是用来标识商品的代码,赋码权由产品生产企业自己行使,生产企业按照规定条件自己决定在自己的何种商品上使用哪些阿拉伯数字为商品条形码。商品条形码最后用 1 位校验码来校验商品条形码中左起第 1～12 数字代码的正确性。

条形码技术,是随着计算机与信息技术的发展和应用而诞生的,它是集编码、印刷、识别、数据采集和处理于一身的新型技术。

1. 店内码系统

在商品经营销售过程中,有些商品(如生鲜果蔬、肉禽蛋鱼等)是在零售商的卖场里完成最后的包装、称重,这些商品的编码不由制造企业承担,而由零售商完成。零售商进货后,对商品进行整理、包装,用专用设备进行称重,并自动编制成条码,然后将条码粘贴或悬挂在商品上。由零售商编制的商品条码系统,应用于企业内部的商品自动化管理。因此,这种条形码被称为店内码,即商店内生成的条形码,它必须要有和通用条形码相同的结构。相对于店内码,在生产企业生成的条码又称为自然码。

2. 条形码的作用

条形码由于自身携带了大量的信息，又便于快速准确地读取，在零售企业经营中所起的作用十分明显。其作用主要有：① 准确度高、输入速度快、操作简便，使销售过程更畅通、迅速；② 条形码所包含的商品信息是唯一和独有的，相当于商品的"身份证"，用于商品类别、原产地、生产厂家的识别；③ 销售者利用条码系统进行库存更新、销售分析、商品订货与商品管理，可以降低差错率；④ 商品标准化程度高，便于机器读取识别；⑤ 使用成本低、可靠性强，并且在原有13位码基础上可扩充至16位码，供物流环节使用。

3. 条形码技术的应用过程

（1）收货。收货员通过扫描货物自带的条形码，与主机中所记录的订单货物的种类、数量等进行比较，从而立即显示此货物是否与订单所订的商品相符合，如果符合，便将货物入库。

（2）入库与出库。入库和出库其实是仓库部门重复以上的步骤，增加这一步只是为了方便管理，落实各部门的责任，也可以防止有些货物在收货后需直接进入商场而不入库所产生的混乱。

（3）查货。查货是仓库部门最重要，也是最必要的一道工序。仓库管理人员可以利用手持终端来扫描货品的条形码，确认货号和数量，所有数据都会实时地通过无线网络传送到主机。

（4）查价。查价是零售企业一项烦琐的任务。因为货品经常会有特价或调整，混乱也容易发生，所以售货员可利用主机提供的货品变动的种类、变动价格的大小来即时修改商品的条形码。

（5）销售。销售时主要是通过POS系统对商品条码识别，进行结账交易。但要注意的是，条码标签一定要质量好，一是方便售货员扫描，提高效率；二是防止顾客把低价标签贴在高价货品上结账，造成损失。

（6）盘点。盘点是零售企业收集销售数据的重要手段，是必不可少的一项工作。它一般分为抽盘和整盘两部分。抽盘是指每天几次的抽样盘点，电脑主机将随机发出指令，要求售货员到几号货架清点某种货品。而整盘是指整店盘点，这是一种定期的盘点，也是通过主机的指令，按指定的路线、指定的顺序，把零售店内分成若干个区域，分别由不同的售货员负责清点货品。然后，不断把清点资料传输回主机，盘点完全不影响企业的正常运作。

二、电子数据交换系统

电子数据交换系统（Electronic Data Interchange，EDI）是指计算机与计算机之间的数据交换，它是通信技术、网络技术与计算机技术的结晶，能将经营得到的数据和信息规模化、标准化，并在计算机应用系统间直接以电子方式进行数据交换。

1. EDI 的特征

国际标准化组织（ISO）将其定义为：将商业或行政事务处理按照一个公认的标准，形成结构化的事务处理或信息数据格式，从计算机到计算机的数据传输。它包括以下三个特征。

（1）信息交换。EDI 系统是信息进行交换和处理的网络化、智能化和自动化系统，它将远程通信、计算机及数据库三者有机地结合在一个系统中，实现数据交换、数据资源共享。EDI 也可以作为管理信息系统（MIS）和决策支持系统（DSS）的重要组成部分。

（2）标准化传输方式。EDI 是一种计算机应用技术，使用者之间根据事先达成的协议，对经营产生的信息按照一定的标准进行处理，并把这些数据通过计算机通信网络，在电子计算机系统之间进行交换和自动处理。这是现代高科技和经济结合的一个案例，极大地改变了传统的贸易和管理手段，不仅使零售业运作方式和操作方式得到根本改观，而且也影响了企业的决策行为和效率。

（3）通信工具。EDI 是一套报文通信工具，它利用计算机的数据处理与通信功能，将交易双方彼此往来的商业文件（如询价单或订货单等）转成标准格式，并通过通信网络快速准确地传输给对方。

2. EDI 的作用

EDI 是在现代电子技术基础上产生和发展起来的。使用 EDI 对零售企业，特别是对大型连锁企业可产生以下四个方面的作用。

（1）提高工作效率。供需双方的信息经由计算机通信网络传输，瞬间即达，可大大缩短业务运作时间。

（2）降低差错。由于信息处理是在计算机上自动完成的，无须人工操作，所以除节约时间外，还可大幅降低订货和补货处理过程中的差错率，从而降低资料出错的业务成本。

（3）降低库存费用。由于使用 EDI 后可缩短供需双方的业务处理时间，因而需求方可减少库存，降低库存资金占用，从而使商品售价降低，提高产品的市场竞争力。

（4）节省管理费用。由于使用 EDI 后不再需要人工填表、制单、装订、发送等一系列工作，可节省人力，使零售企业经营过程中的管理开支大幅下降。

3. EDI 的工作过程

EDI 主要是建立一种能被广泛认可的标准化通信和传输方式，其工作的过程表现为如下三个步骤。

（1）翻译。传输信息方首先将需要传输的信息形成普通的文字数据信息，用计算机处理，形成符合 EDI 标准格式的、可被计算机通信传递的计算机数据文件。

（2）传递。将经过翻译的、可被计算机网络系统传送的数据文件，经过 EDI

数据通信和交换网，登录传送到 EDI 服务中心，再发送到对方登录的 EDI 服务中心，由对方的 EDI 服务中心再传送到对方的计算机网络系统上，供对方阅读。

（3）使用。对方的计算机系统收到 EDI 服务中心传来的标准资料后，按照设定的程序，自动处理翻译成可被理解和阅读的普通文字和数据信息，即通常所说的纸质文件，这样就可以作为信息被使用了。

在 EDI 的工作过程中，需经过将信息资料翻译—传送—再翻译的过程。但计算机的翻译和通信，是高效和快捷的。使用 EDI 系统，企业需要做的工作只是输入一次原始信息，后续的识别、翻译处理及传送都是由计算机系统自动完成的。从使用过程看，EDI 在传递商业信息时，比普通传递方式速度快了 80%，而传递文件的成本降低了近 40%，并大幅减少了传递过程中产生的差错，是提高零售企业经济效益和工作效率的最佳工具。

三、电子订货系统

随着市场竞争的日趋激烈，如何能有效地获取信息、使用信息来进行销售、订货、库存等经营管理，以便及时补足售出商品的数量，做到无缺货，提高企业资源的利用效率已成为企业竞争制胜的关键。在这种情况下，电子订货系统（Electronic Order System，EOS）应运而生。EOS 是一种高效、快捷的系统，它包含了许多先进的管理手段和方法。

1. EOS 的构成基础

EOS 不是由单个的零售店与单个的供应商组成的系统，而是由许多零售店和许多供应商组成的大规模的整体运作系统，它建立在某种网络的基础上，在特有的网络系统基础上展开工作。EOS 作为一种电子运行系统，可以运行多种网络系统，常用的是商业增值网（VAN）运行电子订货系统，其工作原理表现为：① 零售商在进行 EDI 格式转换以后将订单发给供应商开展订货业务；② 供应商在 EDI 格式基础上接收订单，发送交货通知，将信息反馈给零售商；③ 零售商和供应商之间传递商品查询信息、报价信息，以及开展搜寻商品供应商工作；④ 将查询信息、报价信息存入 MIS 系统作为历史资料，供以后进行检索和信息资料管理使用。

2. EOS 的作用

EOS 能准确及时地产生订货信息，并传递到供应商的计算机系统中，其在企业订货管理中的作用如下：

首先，比较传统的订货方式，如邮寄订货，上门订货，电话、传真订货等，EOS 可以缩短从产生订单到发出订货的时间，缩短供应商从接收订货信息到发出商品的交货期，减少商品订单的差错率，节省费用。

其次，由于快捷的订货系统可减少订货下单和传递的时间，有利于减少企业库存，提高企业的商品周转效率，同时也能防止商品缺货，特别是畅销商品缺货现象的出现。

最后，对于生产商和供应商来说，分析零售商的商品订货信息，可以准确判断畅销商品和滞销商品，有利于企业调整商品生产活动。

3. EOS 实施的关键

（1）商品数据库。EOS 的顺利运作取决于商品数据库的建立和维护。对于零售商而言，建立商品数据库及更新（如删除滞销商品、增加新商品、价格、包装、单位数量的变动等）的制度，发送订单传票、制作标签、商品货架卡、商品目录等，关系到 EOS 实施和商店自动化订货的成败。

（2）商品代码。EOS 要求为交易各方的商品建立一套代码体系，零售企业可自行建立与供应商的企业代码或商品代码的对照表，但随着 EOS 往来规模的增大，企业的条码环境必须向着社会化的方向发展。

（3）网络通信。增值网中心设立的目的是居中担负各企业硬件环境、代码体系间的转换功能。因此，通过国家、协会或增值网中心统筹建立公共性的企业代码和商品代码，可节省零售商和供应商之间的转换成本，化繁为简。在我国，目前由国家级搭建的 EOS 订货系统平台已经开始运作，可极大地方便企业订货。

四、销售时点技术系统

销售时点技术（Point of Sale，POS）系统，是由电子收款机 ECR 和计算机联机构成的商场前台网络系统，它对商场零售的所有交易信息进行实时的收付款服务、信息收集、加工处理、传递反馈，为商场的经营决策提供商品销售数据。它最早应用于零售业，现在逐渐扩展至金融业和其他服务行业。利用 POS 系统的范围也从企业内部扩展到整个供应链。现代 POS 系统已不仅仅局限于电子收款技术，它已将计算机网络、电子数据交换技术、条形码技术、电子监控技术、电子信息处理技术、远程通信、电子广告、自动仓储配送技术、自动售货和备货技术等一系列技术和经营活动与促销手段融为一体，从而形成一个综合性的信息资源管理系统。

1. POS 系统的内容

POS 系统包含前台 POS 系统和后台 MIS 系统两个部分。在前台 POS 系统建立的同时，对商场的管理信息系统（Management Information System，MIS）提出了需求，而 MIS 实际上是 POS 系统的后援支持部分。在商品销售的全过程中，商品的经营决策者都可以通过 MIS 了解和掌握 POS 系统的经营情况，实现商场库存商品、收款、存货量的动态管理，使商品的存储量保持在一个合理的水平，可以减少不必要的库存，能及时补货，避免脱销。

（1）前台 POS 系统。前台 POS 系统是指通过自动读取设备（主要是扫描器的读取），在销售商品时直接读取商品的销售信息，实现前台销售业务的自动化，对商品销售过程进行服务和管理，并通过通信网络和计算机系统传送至 MIS 系统。通过 MIS 系统的计算、分析与汇总，掌握商品销售的各项信息，为企业管理者分析经营成果、制定经营决策提供依据。

（2）后台 MIS 系统。后台 MIS 系统又称管理信息系统，负责整个零售业订货、销售、库存管理以及财务管理和考勤管理等。它可根据商品进货信息对厂商进行管理；又可根据前台 POS 系统提供的销售数据，控制进货数量、合理调度周转资金；还可分析销售报表，快速、准确地计算成本与毛利；也可以对售货员、收款员的业绩进行考核；同时也是计算员工工资、奖金的客观依据。因此，在零售企业的 POS 系统中，前台 POS 系统与后台 MIS 系统是密切相关的，两者缺一不可。

2. POS 系统的构成

（1）POS 系统硬件的组成。就零售业而言，POS 硬件系统的基本组成可分为：单个收款 POS 系统，收款机与微机相连构成 POS 系统以及收款机、微机与网络构成 POS 系统三种，目前连锁经营企业大多采用第三种类型的 POS 系统，它的硬件结构如下。

① 前台收款机。前台收款机即通称的 POS 机，由顾客显示屏、借款单打印机和条码扫描仪等设备组成，具备这些功能的 POS 机型有 XPOS、PROPOS 和 PCBASE 等几种。它可以使商品库存信息共享，保证了对商品库存的实时处理，便于后台随时查询销售情况，进行商品的销售分析和管理。条形码扫描仪可根据经营商品的特点选用手持式或台式，以提高数据录入的速度和可靠性。

② 网络应用。零售企业信息交流的特点是内部信息的使用和交换量大，对外的信息交换量也较大。因此，计算机网络系统最好是选择以高速局域网为主，以电信系统提供的广域局域网为辅的网络系统。如果考虑到系统的开放性及标准化的要求，则建议选择 TCP/IP 协议较为合适，而操作系统则选用开放式标准操作系统为佳。

③ MIS 系统。零售企业的商品进、存、销的管理过程非常复杂，账务结算的数据量大，需要频繁地进行管理和检索，所以应选择先进的客户机或服务器，以提高工作效率，保证数据的安全性、及时性和准确性。

（2）POS 系统软件的组成。POS 系统的软件组成主要是前台的 POS 销售系统和后台支援的 MIS 信息管理系统两大部分，两者的主要功能如下。

① 前台 POS 系统的功能，主要有以下四项。

a. 日常销售。完成日常的售货收款，记录每笔交易时间、数量、金额，并将销售资料保存在收款机上或同步传输到 MIS 系统中，为系统管理创造基础条件。

b. 退货。退货功能是销售商品的反向操作。当顾客因在购买中买错商品或顾客发现商品出现问题要求退换时,就需使用顾客退货的功能。此功能记录退货时的商品种类、数量、金额等,便于结算管理。

c. 支持付款方式。可用于顾客现金、支票、信用卡等不同的付款方式,以方便不同顾客的要求。

d. 即时纠错。在销售过程中出现的收款员操作错误,在相关授权人的授权下,可立即修改更正,保证销售数据和记录的准确性。

② 后台 MIS 系统的功能,主要有以下八项。

a. 商品入库。对入库的商品进行登录,建立商品数据库,便于实施即时库存的查询、修改,以及报表和商品入库验收单的打印等功能。

b. 商品调价。在激烈的市场竞争中,商品的价格经常会随着季节和市场等情况的变化而变动,此系统提供对这些商品进行的调价管理功能。

c. 商品销售。根据商品的销售记录,实现对商品的销售、查询、统计和报表等管理,并能对各收款机、收款员和售货员进行分类统计管理。

d. 单据票证。实现商品的内部调拨、残损报告、变价调动、库存验收盘点、报表等各类单据票证的管理。

e. 报表打印。打印内容包括:时段销售信息表、营业员销售信息报表、部门销售统计表、退货信息表、进货单信息报表和商品结存信息报表等,实现对商品销售过程中各类报表的分类管理功能。

f. 分析功能。POS 系统的后台管理软件应能提供完善的分析功能,分析内容涵盖进、销、存过程中所有主要指标,并可以图形和表格方式提供给管理者。

g. 数据维护。完成对商品资料、营业员资料等数据的编辑工作。商品资料包括:商品资料的编号、名称、进价、进货数量、核定售价等内容。营业员资料包括:营业员编号、姓名、部门和班组等内容。

h. 销售预测。预测内容包括畅销商品分析、滞销商品分析、畅销商品排名、滞销商品排名、某类商品销售预测及分析等。

项目实施

认识零售组织可以从下列六个方面的步骤展开,如图 10-2 所示。

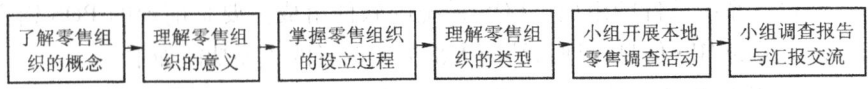

图 10-2　零售组织的学习程序

在相关知识学习的基础上,通过选择本地的零售企业开展调查活动,分析调查企业的类型,并对调查企业的组织设立过程进行分析。其学习活动工单,如表 10-4 所示。

表 10-4 零售组织的学习活动工单

学习小组			参考学时	
任务描述	通过相关知识的学习和实地调查分析,明确零售组织的意义及基本原则,掌握零售组织的设立过程,熟悉零售组织的类型,从而全面理解和掌握零售组织的相关知识,为后续学习打好基础			
活动方案策划					
活动步骤	活动环节	记录内容		完成时间
现场调查	零售组织的类型			
	零售组织的特征			
资料搜集	不同企业的相关资料与图片			
	不同企业的零售组织类型			
分析整理	比较不同零售企业的组织类型			
	分析各零售企业的组织设立过程			

项目总结

管理的基本功能可以分为计划、组织、执行和控制。简而言之,任何一个好的规划,如果没有一个合理的组织来妥善地执行,则规划的效果会大大降低。本项目主要分析零售组织的基本内容,零售组织的设立过程,评述了零售组织的类型,最后对组织文化进行阐述,从而对零售组织管理有更全面的认识。

实战训练

一、实训目标

1. 通过实训能理解零售组织的类型及其设立过程。
2. 访问调查本地某些熟悉的零售企业,了解其组织的类型。

二、内容与要求

选择本地一些具有代表性的零售企业的选择进行实地调查。以实地调查为主，结合资料文献的查找，收集相关数据和图文。小组组织讨论，形成调查报告和班级交流汇报材料。

三、组织与实施

1. 以学习小组为单位进行实训，小组规模一般为 4～6 人，分组要注意小组成员的地域分布、知识技能、兴趣性格的互补性，合理分组，并定出小组长，由小组长协调工作。

2. 全体成员共同参与，分工协作完成任务，并组织讨论、交流。

3. 根据实训的调查报告和汇报情况，相互点评，进行实训成效评价。

四、评价与标准

实训评分指标与标准，如表 10-5 所示。

表 10-5 零售组织调研实训评价评分表

评分标准＼评分等级＼评分指标	好（80～100分）	中（60～80分）	差（60分以下）	自评	组评	总评
项目实训准备（10分）	分工明确，能对实训内容事先进行精心准备	分工明确，能对实训内容进行准备，但不够充分	分工不够明确，事先无准备			
相关知识运用（30分）	能够熟练、自如地运用所学的知识进行分析	基本能够运用所学知识进行分析，分析基本准确，但不够充分	不能够运用所学知识分析实际			
实训报告质量（30分）	报告结构完整，论点正确，论据充分，分析准确、透彻	报告基本完整，能够根据实际情况进行分析	报告不完整，分析缺乏个人观点			
实训汇报情况（20分）	报告结构完整，逻辑性强，语言表达清晰，言简意赅，讲演形象好	报告结构基本完整，有一定的逻辑性，语言表达清晰，讲演形象较好	汇报材料组织一般，条理不强，讲演不够严谨			
学习实训态度（10分）	热情高，态度认真，能够出色地完成任务	有一定热情，基本能够完成任务	敷衍了事，不能完成任务			

一、名词解释
1. 零售组织
2. 组织文化

二、选择题
零售组织的类型包括（　　）。

A. 小型零售业组织　　　　　　　　B. 百货公司组织

C. 连锁商店　　　　　　　　　　　D. 超级市场

三、简答题
1. 简述零售组织的含义。
2. 请说明零售组织的设立过程应有哪些步骤？
3. 简述组织文化的表现与内涵。
4. 何谓零售管理信息系统？零售管理信息系统中常见的工具有哪些？各有什么优缺点？

四、能力训练题
试分析本市某家超市的组织及其设立过程。

项目十一

零售消费者

 学习目标

1. 知识目标
◎ 掌握消费者的特征及市场划分
◎ 掌握消费者的购买动机及决策过程
◎ 了解顾客忠诚与顾客关系管理
◎ 了解未来的消费趋势

2. 能力目标
◎ 能根据消费者的特征进行市场分类
◎ 学会分析消费者的购买动机

 项目引导

现代社会越来越体现为围绕消费组织起来的社会。因此，零售企业观察和理解消费方式随时间的变化趋势具有重要的意义。消费趋势是消费群体随时间变化的情况，是对这些人在将来如何消费的预测。所以零售企业应尽量多地收集关于消费者的信息，保证提供的商品和服务符合消费者的需要，符合零售企业的利益。本项目主要从消费者的特征及市场划分、消费者的购买动机及决策过程、顾客忠诚与顾客关系管理以及未来的消费趋势等方面进行阐述，使学生对消费者有更为全面的认识。

任务一 消费者的特征及市场划分

 任务分析

虽然所有消费者都是零售企业的潜在顾客，但零售管理人员应当做的是识别可能成为实际顾客或在商店购物的顾客群体。可以根据地理位置界定这个群体，也可以更方便地按照他们需要的产品或服务进行区分。零售企业可能提出的关于顾客的问题有：他们是哪些人，他们在哪里，他们喜欢什么，他们多大年龄，他们会花多少钱，他们喜欢怎样购物。因此本任务主要分析消费的特征及市场划分的相关内容。

情境引入

我国老年人消费行为分析

在我国14亿人口中，老年人占总人口数的比例已经超过10%，这是一个庞大的市场。为了掌握老年人消费心理特征、购买行为规律的第一手资料，我们对600位老年人进行了调查。调查中发现，老年消费者的消费心理主要有以下几个方面。

（1）有51.2%的老年消费者是理智型消费者。随着年龄的增加，他们的消费经验也不断增加，哪些商品能满足自己的需要，他们心中有数。因此，他们会多家选择，充分考虑各种因素，购买自己满意的商品。

（2）有20%左右的老年消费者属于习惯型消费者。他们经过反复购买与使用某种商品，对这种商品已经有了深刻的印象，逐渐形成消费、购买的习惯，并且不会轻易改变。

（3）随着时代的进步和生活节奏的加快，老年人把商品的实用性作为购买的第一目的。他们强调质量可靠（29.8%）、方便使用（26.4%）、经济合理（25.8%）、舒适安全。至于商品的品牌、款式、颜色、包装，则放在第二位。

（4）一部分老年人有消费补偿动机。在子女成人独立、经济负担减轻之后，一些老年人尝试补偿性消费。他们随时寻找机会补偿过去由于条件限制未能实现的消费欲望，在美容美发、穿着打扮、营养食品、健身娱乐、旅游观光等方面，有着强烈的消费兴趣。

调查中也发现，老年消费者的购买行为主要有以下特点。

（1）在购买方式上，老年人多数选择在大商场和离家较近的商店购买。这是由于大商场商品质量能够得到保障，并且老年人体力有所下降，希望在较近的地方买到商品，同时，他们希望得到如导购、送货上门等服务。对于电视直销、电话购物等新型的购物方式，部分老年消费者能够接受。

（2）子女由于工作等原因闲暇较少，所以老年人多选择与老伴或同龄人一道出门购物，老年人之间有共同的话题，在购买商品时可以互相参考，出谋划策。所以，影响老年人购物的相关群体主要还是老年人。

（3）在进行广告对老年人的影响程度的调查中，大多数老年人选择"影响一般"（41.9%）及"没有什么影响"（22.7%），其余部分的老年人对广告有反感情绪。由于老年人心理成熟、经验丰富，他们相信通过多家选择和仔细判断才能选出自己满意的商品，当然，他们也希望通过广告了解一些商品的性能和特点，作为选择商品时的参考，但要注意避免夸大性广告，更应避免虚假广告。

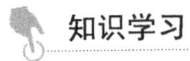 知识学习

一、影响消费者行为的主要因素

消费者行为受到许多外在环境及个人特质的影响，主要的影响因素可分成四大类：① 文化因素，包括文化、次文化、社会阶层；② 社会因素，包括参考群体、家庭、角色与定位；③ 个人因素，包括年龄与生命周期阶段、职业、经济收入、生活习惯、消费观念；④ 心理因素，包括动机、直觉、学习、信念与态度。

二、消费者特征与市场划分

综合分析，共有九种主要的市场划分方式可用作描述消费者特征：地理区域、人口统计、心理、社会文化、情境因素、使用行为、生活习惯、利益、混合区域。销售人员可利用以下各种市场划分的方法（见表11-1），来描述消费者的特征，了解消费者是谁、如何过生活、如何做购买决策，依照不同的喜好及特性作市场划分，将消费者予以分类，并针对不同类别的消费者展开不同的营销方案，以及提供适当的产品与服务。

表 11-1 市场划分基础及分类

划分基础		分　类
地理区域	区域 城市大小 地区稠密度 气候	东部、中部、西部 大城市、城镇 都市、乡村 温暖、湿热、多雨
人口统计	年龄 性别 婚姻状况 年收入 教育程度 职业	12岁以下、12～18岁、19～34岁、35～49岁 男性、女性 未婚、同居、已婚、离婚、丧偶 100 000元以下、100 000元以上 初中、高中、大学、研究生 学生、农民、公务员、教师等

续表

划分基础		分类
心理	需求—动机 人格 知觉 学习—涉入 态度	安全、保障、情感、自我价值知觉 外向、内向、追求新奇者、积极、低调 低度风险、中度风险、高度风险 低度涉入、高度涉入 正面、负面
社会文化	文化 宗教 次文化 社会阶层 家庭生命周期	中式、美式、日式 佛教、天主教、基督教、回教、犹太教 亚洲人、白种人、非裔、亚裔 高、中、低 单身、新婚、满巢期、空巢期
使用情境	时间 目的 地点 人员	工作时、休息时 自用、送礼、娱乐 家中、工作场所、户外、室内 亲人、朋友、老板、同事
使用行为	使用率 知晓程度 品牌忠诚度	未使用过、轻度使用、中度使用、重度使用 不知道、知道、有兴趣、热衷 无、些许、强烈
	生活型态	经济考虑者、户外活动爱好者
	利益	便利性、社会接受程度、持久性、经济、金钱价值
混合区域	人口统计/心理统计/地理人口统计 SRI 价值与生活型态	（如上所述） 都市的专业人员、城乡的农民

营销人员可单独使用一种划分方式，或者将不同的划分方式加以搭配、混合使用，以描述更准确的消费者特征。其中，"人口统计"（Demographics）是有关人口的重要统计变项，可分为主要人口统计变数（Primary Demographic Variables）及次级人口统计变数（Secondary Demographic Variables）。前者系指个人无法改变的人口特征，如性别、年龄及种族等；后者则是可以改变的人口特征，如收入、教育程度、婚姻状况、国籍、职业等。人口统计变数的缺点是只采

用平均值，如平均收入、平均年龄、平均教育程度等。另一项分析方法称为地理人口统计，这种分析方法结合了传统人口统计分析方法及地理分析方法，它可提供更详细的信息供营销人员使用，而零售商可透过这种信息来了解是什么样的顾客来店惠顾。

三、市场划分策略

一个公司通常无法为市场中的所有顾客服务，因为顾客若非人数过多，分布太广，就是他们购买要求差异很大。有些竞争者可能只是在某特定的顾客区隔中占有优势的地位。任何公司都不应处处与人竞争，甚至与优势产品对抗。相反地，一个公司必须确认市场中最具吸引力，且能有效提供服务的市场。

在适当的市场划分后，零售商根据公司的目标及所拥有的资源考虑，选择采用集中化策略、差异化策略等。各种策略的选择必须视零售商本身的能力而定，以确定出适合于各区域市场的营销组合。

四、顾客需求的内容

无论顾客需求的种类有多少，在消费过程中，顾客需求的内容基本上是统一的，也就是说顾客在消费过程中所追求的东西是一致的，多姿多彩的顾客需求具有统一性。

他们到底要什么

在广泛借鉴和综合前人研究成果的基础上，紧密结合顾客的消费实践，将顾客需求的内容划分为以下八个方面。

1. 对商品基本功能的需求

商品基本功能指商品的有用性，即商品能满足人们某种需求的物质属性。商品的基本功能或有用性是商品被生产和销售的基本条件，也是消费者需求的最基本内容。

任何消费都不是抽象的，而是有具体的物质对象的。而成为消费对象的首要条件就是要具备能满足人们特定需求的功能。例如，小汽车要能高速灵活驾驶，冰箱要能冷冻、冷藏食品，护肤用品要能保护皮肤，这些都是消费者对商品功能的最基本要求。正常情况下，基本功能是顾客对商品诸多需求中的第一需求。

顾客对商品基本功能的需求具体有如下特点。

第一，要求商品的基本功能与特定的使用用途相一致。例如，健身器材应有助于强身健体，倘若附带办公、学习功能则属多余。因此，商品功能并非越多越好，而是应与消费者的使用要求相一致。

第二，要求商品的基本功能与顾客自身的消费条件相一致。就消费需求而言，商品功能的一物多用或多物一用的优劣不是绝对的，评判的标准只能是与顾客自身消费条件的适应程度。

第三，顾客对商品功能要求的基本标准呈不断提高的趋势。基本标准指商品最低限度应具备的功能。随着社会经济的发展和消费水平的提高，顾客对商品应具备功能的要求标准也在不断提高。以小汽车为例，20世纪五六十年代的功能标准是安全、高速、灵活、省油；而到20世纪80年代以后，人们不仅对原有功能要求更为严格，而且要求同时具备娱乐、舒适、通信、适应流动性生活等多种功能。

2. 对商品质量性能的需求

质量性能是顾客对商品基本功能达到满意或完善程度的要求，通常以一定的技术性能指标来反映。但就消费需求而言，商品质量不是一个绝对的概念，而是具有相对性。构成质量相对性的因素，一是商品的价格，二是商品的有用性，即商品的质量高低是在一定价格水平下，相对于其实用程度所达到的技术性能标准。

与此相适应，顾客对商品质量的需求也是相对的。一方面，顾客要求商品的质量与其价格水平相符，即不同的质量有不同的价格，一定的价格水平必须有与其相称的质量；另一方面，顾客往往根据其实用性来确定对质量性能的要求和评价。某些质量中等，甚至低档的商品，因已达到消费者的质量要求，也会为消费者所接受。例如，甲、乙两种品牌的洗衣机，乙品牌在容量、耗电量、洗净率、磨损率、振动噪声等技术指标方面均逊于甲品牌，但甲品牌的价格远高于乙品牌，且更适合于多人口家庭使用，因而对于中低收入、单身或人口少的家庭的消费者来说，乙品牌洗衣机的质量即是令人满意、可以接受的。这种相对特性，对于企业正确进行产品市场定位具有重要意义。

3. 对商品安全性能的需求

顾客要求所使用的商品卫生洁净，安全可靠，不危害身体健康。这种需求通常发生在对食品、药品、卫生用品、家用电器、化妆品、洗涤用品等商品的购买和使用中，是人类追求安全的需求在消费需求中的体现。具体包括如下要求。

第一，商品要符合卫生标准，无损于身体健康。例如，食品应符合国家颁布的食品卫生法、商品检验法等法规；在保质期内出售或食用；不含任何不利于人体健康的成分和添加剂。

第二，商品的安全指标要达到规定标准，不隐含任何不安全因素，使用时不发生危及身体及生命安全的意外事故。这种需求在家用电器、厨具、交通工具、儿童玩具、化妆品等生活用品中尤为突出。

第三，商品要具有保健功能，能防病祛病，调节生理机能，增进身体健康。近年来，消费品市场上对健身器材、营养食品、滋补品、保健品的需求强劲，形成新的消费热点。这表明现代顾客对商品安全的需求已不仅仅局限于卫生、无害，而是进一步上升为有益于身体健康。

4. 对商品消费便利的需求

消费便利的需求表现为顾客在购买和使用商品过程中对便利的要求。在购买过程中，顾客要求以最少的时间、最近的距离、最快的方式购买到所需商品。同类商品，质量、价格几乎相同，其中条件便利者往往成为顾客首选的对象。在使用过程中，顾客要求商品使用简单、易学好懂、操作容易、携带方便、便于维修。实践中，许多商品虽然具有良好的性能、质量，但由于操作复杂、不易掌握，或不便携带、维修困难，导致不受顾客的欢迎。

5. 对商品审美功能的需求

对商品审美功能的需求表现为顾客对商品在工艺设计、造型、色彩、装饰、整体风格等方面审美价值上的要求。对美好事物的向往和追求是人类的天性，它体现在人类生活的各个方面。

在消费活动中，对商品审美功能的需求，同样是一种持久性的、普遍存在的心理需求。在审美需求的驱动下，顾客不仅要求商品具有实用性，同时还要求商品具备较高的审美价值；不仅重视商品的内在质量，而且希望商品拥有完美的外观设计，即实现实用性与审美价值的和谐统一。

6. 对商品情感功能的需求

对商品情感功能的需求是指顾客要求商品蕴含深厚的感情色彩，能够体现个人的情绪状态，成为人际交往中沟通感情的媒介，并通过购买和使用商品获得情感的补偿、追求和寄托。情感需求是顾客心理活动过程中的情感过程在消费需求中的独立表现，也是人类所共有的爱与归属、人际交往等基本需求在消费活动中的具体体现。

顾客作为拥有丰富情绪体验的个体，在从事消费活动的同时，会将喜怒哀乐等各种情绪体验映射到消费对象上，即要求所购商品与自身的情绪体验相吻合、相呼应，以求得情感的平衡。例如，顾客在欢乐愉悦的心境下，往往喜爱明快热烈的色彩；在压抑沉痛的情绪状态中，经常倾向于暗淡冷僻的色调。

此外，顾客作为社会成员，有着对亲情、友情、爱情、归属等情感的强烈需求。这种需求主要通过人与人之间的交往沟通得到满足。许多商品如鲜花、礼品等，能够外现某种感情，因而成为人际交往的媒介和载体，起到传递和沟通感情、促进情感交流的作用。有些商品，如毛绒玩具等，被赋予独特的情感色彩，可以帮助顾客排遣孤独和寂寞，获得感情的慰藉和补偿，从而也具有满足消费者情感需求的功能。

7. 对商品社会象征性的需求

商品的社会象征性是指顾客要求商品体现和象征一定的社会意义，使购买、拥有该商品的顾客能够显示出自身的某些社会特性，如身份、地位、财富、尊严等，从而获得心理上的满足。

在人的基本需求中，多数人都有扩大自身影响、提高声望和社会地位的需求,有得到社会承认、受人尊敬、增强自尊心与自信心的需求。对商品社会象征性的需求,就是这种高层次的社会性需求在消费活动中的体现。

应当注意的是,社会象征性并不是商品本身所具有的内容属性,而是由社会化了的人赋予商品的特定的社会意义。某些商品由于价格昂贵、数量稀少、加工制作难度大、不易购买、适用范围狭窄等,使消费受到极大限制,因而,只有少数特定身份、地位或阶层的消费者才有条件购买和拥有,由此,这些商品便成为一定社会地位、身份的象征物。通常,出于社会象征性需求的消费者,对商品的实用性、价格等往往要求不高,而特别看重商品所具有的社会象征意义。社会象征性需求在珠宝首饰、高级轿车、豪华住宅、名牌服装、名贵手表等商品的购买中,表现得尤为明显。

8. 对享受良好服务的需求

在对商品实体形成多方面需求的同时,顾客还要求在购买和使用商品的全过程中享受到良好、完善的服务。

良好的服务可以使顾客获得尊重、情感交流、个人价值认定等多方面的心理满足。对服务需求程度与社会经济的发达程度和顾客的消费水平密切相关。

在商品经济不发达时期,由于商品供不应求,顾客首先关注的是商品的性能、质量、价格,以及能否及时买到,因而对服务的要求降到次要地位,甚至被忽略。随着市场经济的迅速发展,现代生产能够充分满足人们在商品质量、数量、品种方面的需求,顾客可以随时随地购买到自己所需求的各种商品,因此,服务在消费需求中的地位迅速上升,顾客对在购买和使用商品过程中享受良好服务的需求也日益强烈。

生意火爆的生鲜加强型高端生活超市

任务二　消费者的购买动机及决策过程

 任务分析

零售商非常有兴趣知道消费者购买产品的动机何在,以便了解消费者购买行为的原因,来提升对零售策略的制定及执行效果。本任务主要分析消费者的购买动机及决策的形成过程。

情境引入

关注购后行为

购后行为是消费者购买产品以后的一系列可能行动的总称。消费者可能对购买的产品满意或不满意,这是他们购后的认知或者感受,而他们把这种感受告诉周围的人(甚至建议他们购买或不要购买)、重复或不再重复购买、把买来的产品经常使用或者搁置不用、买来的产品用于出租或者交换其他产品等都是购后行为的表现。所有的购后行为都和购后的满意程度有直接的关系。当满意程度高时,传播的正面语言就多,重复购买的可能性就大,多次使用产品的概率就高,反之则相反。

关注消费者的购后行为,能够帮助企业改进产品创新营销。当海尔发现有些消费者利用洗衣机来洗土豆而弄坏了洗衣机后,它们改进了自己的洗衣机,推出了一款既适合洗衣服也适合洗土豆的洗衣机;当番茄酱公司发现装番茄酱的瓶口太狭小,消费者很难把汤匙伸进去大量食用时,就设计了瓶颈较大的包装,结果满足了消费者使用时求爽、求快的心理,也促进了产品的销售;当宝洁公司就洗衣粉开展中国消费者调查时,深入居民家中了解他们如何洗涤衣服、如何使用洗衣粉或其他除污剂,并因此而推出相应的锌矿产品和营销策略;音响公司会通过录像、拍照等方式了解消费者如何陈列音响、如何使用自己的产品,通过这些研究,公司可以改进音响的规格、色彩、性能等。类似这样的购后行为研究都将有助于企业更好地满足消费者的需求。

(资料来源:陆军,周安柱,梅清豪. 市场调研. 北京:电子工业出版社,2004:224.)

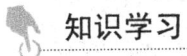
知识学习

一、消费者的购买动机

动机(Motive)是由某种刺激所形成的内在驱动力,此驱动力将导致个体的行动。刺激可以是心理的或生理的,会促成个体去行动以满足自己的需要。在任何一个时间,个体有可能同时受到数个动机同时驱动。在这些动机中,我们或许察觉到其中几个动机,而对另外几个只察觉到一部分而已,可能还有一些动机,却完全不自知。动机之间的强度也不尽相同,一个较强的动机有可能减弱其他的动机;或是一个较弱的动机会被其他相同方向的动机增强;有时候相反方向的动机会造成一个人内部的冲突与挣扎。

Tauber(1972)是最早提出"人们为什么购物"这个问题的研究人员之一,他认为人们并不只是因为必须购买才购买产品。他发现消费者的购买动机源于多种因素,有些与购买产品联系不大,而与个人的社交动机有密切的联系。零售商要想了解顾客购物的动机应当考虑消费者从购物活动本身以及所购产品的效用获得的满足感。

消费者购物动机可区分为感性动机(Emotional Motives)及理性动机(Rational Motives)。感性动机是由人的情感发展而来,包括爱、虚荣心等;理性动机则基于判断、逻辑的思考或是良好的推论，例如产品的功能多及操作简便、产品耐用性、保养及维修容易等，应与人的逻辑思考配合良好；反之，若产品的感性诉求重点在于挑起人们的骄傲感、罗曼蒂克的想象等，则其是针对消费者的情感而来。零售经理人愈能正确地掌握购物者的动机，则愈有机会以适当的产品及服务来满足购物者的需要。

二、消费者的决策过程

零售商除了要辨别其目标商品的特性之外，还必须对顾客如何做决策有所了解，这需要些"消费者行为"的知识，即人们如何决定要不要购买、购买何物、从谁购进以及何时、何处、如何、多久购买一次，这些行为都受顾客背景、特征喜好所影响。

消费者决策过程由两个部分组成，过程本身与影响因素。影响决策的因素包括顾客的人口统计变数与生活型等，而决策过程有六个基本步骤，如图11-1所示。

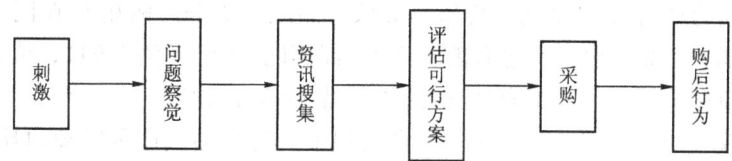

图 11-1　消费者购买决策过程

在某些情况下，上述六个步骤都会使用，有时则只执行几个步骤，例如一个已习惯在某一家熟悉的商场采购的顾客，所采用的步骤就不会和首次来采购时一样。而在这些步骤中的任何一个时点，消费者都可能会停止其购买行为，表示这种产品或劳务可能是不必要的、太贵或是不能满足消费者所需。

1. 刺激

所谓刺激是一个暗示（社会的或商业的），或是一种动力（实际上的）去激发一个人的行动。当一个人和朋友、同事、邻居等聊天时，就已经接收到了一个"社会暗示"，例如，"明天是星期四，我们约在天虹百货的超市见面""阿美，我发现一家新的美发店很不错，你有空应该去试试""我发现万达影院有部电影很不错，明天一起去看吧！"。这些暗示会引发一些行为，可能是忽略、认为不重要或是照着去做，社会暗示的属性是来自人与人之间且并非商业性。

"商业暗示"，是由零售商、制造商、批发商，或其他商人所产生及传达，主要的目的在激起消费者对零售商、产品或服务的兴趣。广告、销售信函和销售点展示都是商业暗示，例如，"我们的店将结束营业，如果你需要一件冬天外衣，现在止是购买的好时机"。

当商业暗示被用来做消费者决策过程中的第一步骤，以创造出对零售商的产品或服务的兴趣时，因为是由商人控制，所以并不比社会暗示来得被重视，消费者比较容易接收到来自朋友的建议，而非销售人员。

第二种类型的刺激是"实质动力"，这发生在人的一个或一个以上的感官受到影响时，例如饥饿、寒冷、炎热、疼痛或恐慌都会造成实际的动力，例如"我的车坏了，恐怕会延误我的工作面试""我们已经开了5小时的车，我真的好渴，我们最好停下来喝点饮料"。强烈的动力会导致行为的产生，然而，如果刺激是微弱的就可能被忽略，行动与否视动力大小而定。

一个潜在的消费者会在任何一种或全部的刺激之下，如果他有被激发，就会继续决策过程的下一个步骤；如果他没有感觉，就会忽略这些刺激而停止决策过程。

2. 问题察觉

在问题察觉阶段，消费者不仅会受到社会的暗示、商业的暗示或实质的刺激，也会辨认考虑其中的产品或服务是否可以解决其短缺或实现其未实现的愿望。有时很难去了解要多少刺激才可使消费者进入问题察觉阶段，因为许多消费者为了不同的理由（如便利、价格、形象、品质、服务、耐用）在同一家店购物或买相同的产品、服务，也有消费者不明白自己动机（潜在的），或者不愿意告诉零售商在某一家店购买商品或买固定产品的真正原因。

短缺欲望的确认就是发生在消费者发现某一种产品或服务需要再次购买时，产品可能因磨损而无法修复（汽车、冰箱、衣服），或是消费者会消耗完的项目（牛奶、面包、纸张、发胶）；服务则是因为产品维修或耗损而产生。无论是哪种情况，消费者都会再补足产品或服务的可能需求存在。以下是几个例子："今天太阳好强，需要保护眼睛，但是我的太阳眼镜破了""为什么我的车子会爆胎？我连轮胎都没有"。

未实现欲望的确认则发生在消费者开始察觉到某些曾购买过的商品或服务，或是未曾光顾过的零售商，该商品或服务可能提升一个人的生活形态、自我形象、社会地位或外表到一种新的、未曾经历过的境界，或是提供一种新的、未曾听过的功能。在这些情况下，消费者被刺激去自我提升而且考虑满足这些欲望的必要性，例如，"我们的朋友一星期至少会上一次很好的餐馆大吃一顿，而我们只去速食店吃，偶尔我也想要去有服务生领位的高级餐厅，喝瓶好酒，享受美味大餐""天气这么热骑摩托车又要戴安全帽，真羡慕开汽车的人"。

大部分消费者对未实现欲望的反应不及短缺欲望来得迅速，这是由于风险较高且收益难以确定，特别是当消费者有替代方案或物品时，对未实现欲望更不会有所反应。只有当消费者察觉到该问题有必要去解决时，消费者才会有所行动，否则决策过程就会中止，一个强烈刺激并不意味着一个值得考虑的问题，例如："太阳好大，我需要一副太阳眼镜，我的旧太阳眼镜破了，但我可以把镜框缚在一起""这些露天别墅又大又漂亮，我的公寓房子虽然小，但也住习惯了"。

3. 资讯搜集

资讯搜集包含两部分：一是选择可以用来解决手中问题的相关产品或服务；二是探究每一种选择方法的特质。

首先，消费者搜集可以解决前面察觉到问题的不同产品或服务清单，这清单并不需要很正式或写下来，只要能简单地成为消费者可行方案的组合即可，关键在于消费者举出解决问题的潜在方法，搜集资讯可以是内部或外部的。

有许多购买经验的消费者将很自然地利用他自己记忆内部的搜寻，来决定可以满足且解决目前问题的产品或服务。而缺乏购买经验的消费者经常会用外部搜寻去发展出可能的解决方案。在这种情况下，消费者从他的记忆以外去寻找资讯。外部的搜寻包括商业来源（大众传播媒体、销售人员）、非商业来源（消费者报道、政府公报）以及社会来源（家庭、朋友、同事）。

接下来就要谈到消费者所考虑的可行方案的特征，一旦知道了可能的方案清单后，消费者就要决定他们的属性，这类资讯可能会由内部或外部获得，就如同搜集可行方案清单的方法一样。

一个有经验的消费者会由自身的记忆去寻求可行方案的属性，而没有经验的人则会去外部搜寻。消费者搜寻资讯的范围视其对购买该项产品或服务的知觉风险而定，风险又视个人情况而有所不同，有些风险是微不足道的，有些却相当重要。

零售商在消费者搜寻过程中扮演的角色，是要提供足够的资讯使其做出决策时觉得舒服，进一步减少其知觉风险。

一旦完成资讯的搜寻，消费者必须决定是否能从可行方案中选出一个，来解决短缺的问题或未实现的欲望。若可以选择出一个可行方案，消费者便会进行下一个步骤，否则将会中断决策过程。

4. 评估可行方案

到评估可行方案阶段，消费者已有足够的资讯来选择可行方案中的产品或服务，当其中有一项优于其他可行方案时，这阶段就会很容易通过，像一个高品质、低价格的方案就优于低品质、高价格的方案。

但是情况通常都不会这么简单，所以消费者在作决策前必须小心地做可行方案的评估。当有两个或两个以上的选择时，消费者就要决定评估的属性以及属性的重要性如何，然后将产品或服务分类，才能做出一个决策。

评估的属性包括有：价格、品质、品牌形象、制造商国别、规格、适合度、色彩、耐久性、担保及其他，消费者为这些特征设立标准，然后根据每一个可行方案符合标准的程度多少来评估，而每项标准的重要性也是由消费者决定。产品或服务的属性对不同的消费者有不同的重要性，例如，对某些消费者而言，一台空调的最初价格比能源效率要来得重要些，因此，在选择品牌方面，这类型消费者将选择较便宜而耗电的型号，而不是较贵而更省电的空调。

消费者有时去评估某些可用商品或服务的属性，是因为它们是技术性的、无形的、新的或标示不良的，当这些情况发生时，消费者通常使用价格、厂牌名称为判断的指标，作为选择的基础。采购地点可能是店面或无店面，较多的商品是在商店中购买的，采购地点的评估和产品、服务的评估方法是一样的。

一旦消费者研究过可行方案的属性并作分类之后，就可以选择最满意的产品或服务，若是没有适当的方案，则就会拖延决策时机或做出不购买的决策。

5. 采购

随着最佳选择的出现，消费者已经准备进行采购行动。就零售观点而言，采购行动是决策过程中最具决定性的一个阶段，因为消费者考虑三个因素：采购地点、采购条件、采购有效性。

（1）采购地点的选择要素包括店面位置、消费者服务、销售协助、商店形象、价位水准。而无店面则以形象、价位水准、时间和便利为选择考虑因素。消费者会在提供特性组合的商店或无店名商店购物。

（2）采购条件指的是价格和付款方式，付款方式是指付现、短期偿付、长期偿付等。

（3）采购有效性与手中存货及运送有关，手中存货是指一个购买点所拥有的存货量，运送则是指一项物品从订购至收到货品的时间以及货物送达的难易与否。

一旦消费者在上述三要素得到满足，商品或服务就会被购买。

6. 购后行为

随着购买一件商品或服务后，消费者通常会有购后行为，这种行为分为两类，进一步购买或是再评估。在很多情况下，买了一件产品或服务之后都会进一步购买别的东西，例如，买一部汽车后，会使消费者又买保险；买一套西装后通常会再买新衬衫或领带；购进一台计算机，就会再买音响、软件等。所以有些购买行为会提供刺激和决定，直到最后的购物行为完成。零售商推出特价商品，也能刺激购物者在买入基本商品之后，再进一步购买特价商品。例如，百货公司提供枕套半价特卖，消费者往往在买了枕套后，会进而买同组的床单及床罩。

零售商应该仔细评估产品源的扩充，要进一步购买的技术并不像原始购买一样。例如房地产交易和不动产保险包含不同的技能，数码产品销售和服务保险合约需要不同的零售商活动，而汽车的消音器维修和变速装置检修也是不同的。

消费者也可以再次评估其所购买的产品或服务，它和原先所承诺的一样吗？它真正的属性与消费者的期望吻合吗？零售商提供的功能是原先所期望的吗？若是评估满意，能使顾客满足，当产品或服务用完时消费者会再次购买此产品，并对有兴趣的朋友介绍此项产品或服务。不满意则会带给顾客不快乐，当产品或服务用完时消费者会到别家购买，也不会对别人称赞。

不满意的情况来自于知觉上的不协调，也就是说怀疑所做的决策是否正确，消费者会懊悔已购买的东西或希望做另一个选择。要克服知觉上的不协调和不满意，零售商必须了解消费者的决策过程并不是结束于购买，售后服务和销售一样重要。对消费者而言，当产品是昂贵或重要时，则售后服务就更加重要，因为消费者希望自己所做的决策是正确的。此外，若可供选择的替代方案越多，则购后行为的怀疑就越大，故售后服务就更重要。

超市面对客诉的处理方法

任务三　顾客忠诚与顾客关系管理

 任务分析

随着顾客对产品可选择范围的不断扩大、市场竞争的日趋加剧及顾客争夺成本的日益提高，培育和维护忠诚客户群成为企业生存和发展的关键。制定与实施顾客忠诚管理策略，为顾客提供综合性、差异化的服务，提高顾客让渡价值，履行高度顾客承诺，塑造品牌形象是企业保持与顾客长期、双向互动关系的重要保障。因此如何建立和保护顾客忠诚已经成为顾客关系管理理论和企业界关注的一个焦点。

情境引入

卓越的业务运作与顾客管理——特易购（Tesco）

特易购是英国最大的超市业者，也是全球获利最佳的综合杂货业者，卓越的业务运作是其竞争优势之一。Tesco 直接在商店内处理订货，而非另外设立一个订货的仓储中心，因而大大地降低了库存成本，并使顾客能随时地买到新鲜的产品，且不论是由网络订货还是至店中购买，消费者所支付的价格皆相同。此外，Tesco 持续地追踪每个家庭顾客所购买的产品内容，并利用这些资料对顾客做分析，借以掌握顾客的消费习惯、改进顾客消费时的便利性及购物经验，再根据消费者行为来调整存货，满足消费者的需求，且绝不把这些资料提供给其他的供商以确保顾客的隐私。

 知识学习

一、顾客忠诚

保有具有忠诚度的顾客对企业的益处不仅在于可以降低企业交易及沟通成本，忠诚的老顾客还会将消费满意的口碑传达出去，形成强力的广告效果，代表了许多潜在的商机。稳定现有客户的做法包括：
（1）做好客户基本资料的收集；
（2）充分地利用现有的客户资料；
（3）不断地做促销活动；
（4）多元化的服务，以加深顾客的印象。

对于电子商务零售商而言，消费者与该网站所维持的关系越久，忠诚度会越高，消费者所会花费的采购金额则越高。而原有顾客口耳相传的口碑效果，对于电子商务零售商的销售成长，是最经济、最快、最具效果的方式。

建立线上购物忠诚度的关键要素包括：
（1）网站的功能完善；
（2）提供丰富的资讯和选择空间；
（3）网站的可靠性；
（4）提供公道而合理的价格；
（5）订单的确实履行；
（6）资料及交易的安全性；
（7）良好的顾客服务。

二、顾客关系管理（CRM）

1. 顾客关系管理的概念

以现今的竞争环境看来，任何建立在产品或服务创新上的企业优势都是短暂的，唯有与客户建立长期的关系，才是企业在市场上制胜的关键。顾客关系管理也就是"管理与客户间的关系"，是企业通过有意义的沟通来了解客户需求，寻找适合的顾客，提供整合性服务，协助其以最有效的方式购得产品，并有效掌握交易信息，以调整营销策略，确保顾客满意。

为了达到良好而真实的顾客管理，企业和顾客间的沟通是必须双方向的、整合的、有记录和有管理的。如果没有对顾客的历史资料做整理、分类、分析与有效的沟通，就无法有效地维持与顾客间的关系。企业通过顾客管理的过程不但能改善、调整及整合各项营运功能与流程，例如，产品流动与发展管理、存货控制、渠道管理以及对顾客的服务，并且可以从顾客的购买行为中获得第一手的宝贵资料及建议，有助于企业对目标顾客的掌握，精准地满足顾客需求，以增加商机。良好的顾客关系管理，应是被整合、融入企业的运营之中，而且被所有的员工彻底地执行，达到提供"卓越的顾客服务"这个目标。

2. 顾客关系管理的优点

顾客关系管理的优点包括：
（1）降低目前的各项管理成本以及与顾客沟通的成本；

（2）降低为开发新顾客所需的各项成本（营销、邮寄、联系、追踪、满足和服务）；

（3）由顾客满意口碑所带来的新顾客，得到更高的利润，提高对现有顾客的占有率；

（4）提高顾客的忠诚度及重复购买行为；

（5）让企业能更确认其目标或主要的顾客群。

3. 顾客关系管理的内容

整体性的顾客关系管理包含了售前、销售与购后行为三个部分：

（1）在售前方面：寻找与认识顾客，针对顾客的历史消费数据作分析，传达有效的信息给正确的顾客，协助顾客做出消费上的判断。

（2）在销售方面：将产品配合不同的顾客需求来进行销售。

（3）在购后行为方面：顾客的消费经验将决定其忠诚度，企业应与顾客保持联系，以掌握其使用状况及满意程度、确认顾客确实得到其所需要的、确认顾客确实得到企业所允诺的、确保顾客会再度消费。

4. 顾客关系管理的步骤

顾客关系管理的程序可以分为三个步骤：

（1）确认顾客：要鉴定顾客的特征之前，从各方面收集资讯是首要的事，包含顾客的回信或主动询问的资讯。

（2）区别顾客：鉴定顾客特征后，就可以依据顾客对企业的终生价值给予差异化营销，"20%的顾客提供80%的企业利润"，这种20/80原则说明了企业必须将资源有效地运用到这些"正确"的顾客身上。不过，该如何使剩下的80%的顾客成为高价值的顾客，又是另外一个问题。

（3）营销组合顾客化：区别顾客之后，接下来就要将行销组合依照不同顾客的特性给予差别化、顾客化。

在这注重长期顾客关系管理的年代，信息科技的进步让企业可以依不同的顾客需求增进顾客价值，做出个人化的营销活动及服务，以更有效的沟通来创造竞争优势。然而，信息科技只是协助零售经营管理更具效果及效率性的工具，业者的策略重点应在于与消费者做沟通，提供并满足消费者更高层次需求的产品，让消费者能以更便利的方式，在任何的时间或任何地点享受其购物的乐趣。任何零售商欲建立世界级顾客满意水平，不能不重视执行与检讨，唯有正确且有效地推动顾客满意方案，并不断地检讨与改进，才能在激烈的竞争环境中立于不败之地。

任务四　未来的消费趋势

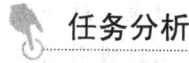
任务分析

世界经济的发展呈现出两大趋势：一是全球化，二是市场化。经济发展、科技进步和信息革命一浪高过一浪,将世界带入了前所未有的全球化时代,而市场化则使全球性竞争更加激烈,给企业的发展带来了全方位的挑战。此外社会经济飞速发展,也将给消费者的消费观念和消费方式带来多方面的深层影响,并使消费者需求的结构、内容和形式发生显著变化。本任务主要分析未来的消费趋势。

情境引入

e时代消费:支付通可在家刷卡 未来前景乐观

随着移动互联网的发展,人们的消费方式已经不局限于出门购物了。足不出户便享受到各种便利已经成为未来消费的趋势。因此,第三方支付正迎来巨大的"蓝海",行业洗牌也一触即发。近日,海科融通公司高层深谈了第三方支付行业的现状及未来发展。

无须网银在家刷卡有多方便?

未来,我们真的会在家里刷卡,省去了出门的时间和精力吗?答案是肯定的。网络时代带给人们的便利日趋明显。那么,各大支付公司都力推自己的产品,那么支付通的特色是什么?副总经理侯云峰认为,支付通与其他第三方支付公司的区别就是,用户人群不再只有开通网银的人群,而是只要有银联标识银行卡的人都可以成为支付通的用户。

支付通问世,而用户在使用过程中也不免出现一些麻烦。例如,无法用信用卡缴纳水电费,针对这些问题,副总经理侯云峰解释称,在这个过程中我们内部在不断地优化用户体验,比如说从支付公司的角度来讲安全和便捷要取得平衡,这一块我们也在大大提高。短期之内我们会把信用卡打开,支付流程优化,会做得更好。

另外,随着移动互联网的迅速发展,移动互联网代表移动电子商务、移动商务需求越来越明显。在清结算的过程中是移动电子商务里面最大的短板,支付通今年年底准备花最大的力气在移动互联网进行展业。移动互联网市场空间非常非常大,今后公司将会关注针对微小商户、欧洲商户做细分市场的发力。

支付公司会被电商吞噬吗?

10月底,京东收购第三方支付企业网银在线。随着越来越多的企业进军第三方支付行业,未来格局或许生变。今后电商收购支付公司会成为业内常态吗?对此,副总经理侯云峰认为,电子商务市场是支付通不可或缺的重要服务内容,今后也将会跟更多的电子商务公司去合作。

同时,总经理孟立新也称,跟电商这块结合是我们商业模式里很重要的一块,比如说我们第一步先通过缴费,增值服务能够把这些用户吸引过来,这一块是在替政府做公益,从企业来说没有太多的盈利点。第二块是我们通过吸引用户以后,能够让他们使用我们终端的支付达到电商实现他的网购,这是我们一直致孜以求的可能许多公司都在做的支付通道。单纯地做支付通道是支付习惯的培养问题，支付习惯本身对大众有吸引力才会落地生根和被大家接受。同样，我们希望在跟电商连接的时候不是简单的连接跳转的方式，希望能够加大新的服务内容。

未来"钱"景如何？

终端刷卡免费，未来会面临收费吗？对于这个问题，总经理孟立新称，支付通目前提供的服务还没有向个人收钱的打算。希望真正提供货真价实的服务，提高与用户之间的黏合度，使用户将来再购物时就不愿意去别的地方，那么，对于个人终端来说，有三五十万用户就算成功了。

关于公司的盈利模式，副总经理侯云峰表示，这是比较大的课题，公司现阶段在不断地调整，盈利模式比较多，盈利不来自于个人，更多的是来自服务的商户，比如，缴水缴电，除了能够拓展客户应用之外也会有一定的服务费、手续费收益。

其次，支付公司给服务的电商带来客户，它们也将会给予相应的费用。将来做O2O的模式也会在广大市场里面有手续费、服务费的分成。当然，在这之上的其他增值服务都是我们的来源。广大的第三方支付公司，除了支付手续费和其他的附加金融服务类的服务进去，可能有更高的收入在里面，这一块我们在接下来的阶段会涉及，现在还没有完全成型地投入到市场里面，更多是在内部的产品设计、流程梳理、产品的原型设计。

（资料来源：http://www.chinadaily.com.cn/hqcj/lc/2012-11-05/content_7431890.html）

 知识学习

零售管理的第一步就是把握未来消费的发展趋势。研究中国未来消费的发展趋势，对于公司的产品生产、产品定位、产品销售以及公司的长久发展都是至关重要的。

一、中国的现状及特点

中国已经步入了消费主义的时代，中国消费者日常使用的产品、服务和品牌已达成千上万种。预计到2020年，中国的个人消费总额将达到4.8万亿美元，比现在翻一番。届时，中国将成为仅次于美国的全球第二大消费市场。然而，在某些方面，中国的个人消费支出水平依然十分低下。中国人依然热衷储蓄，与美国4.4%的储蓄率相比，中国家庭的储蓄率比例超过三成。在中国，个人消费支出占国内生产总值的比例远低于其他国家。这个数据在2010年是33%，而同期美国和英国的比例分别高达71%和65%。实际上，由于投资占国内生产总值的比例在过去十年中的不断攀升，个人消费占比因此而减少。中国政府已经将扩大内需作为首要任务，这其中包含了一系列刺激消费的措施，例如，对购买高效节能的汽车进行补贴，对农村消费者购买消费电子产品进行补贴，提高最低工资水平等。

拉动 GDP 增长的三驾马车是消费、投资和进出口。西方经济学中分为消费、投资、政府支出、进出口四个部分。消费是国民经济发展最重要、最根本的动力之一。2006 年，我国社会消费品零售总额为 332 316 亿元人民币（以下简称元），较上年同比增长 14.6%，城镇居民人均可支配收入 33 616 元，农民人均收入 12 363 元，年末个人储蓄存款余额 597 751 亿元，老百姓有钱了，失业率 4.02%，新增就业机会 1 070 万人，GDP 744 127 亿元，增长 6.7%，CPI 2.0%，房屋销售作为一种投资不记入 CPI，消费占 GDP 的比重 46.4%。而美国是 85%，日本 87%，欧洲 91%。

以往，中国消费者的采购次数是美国消费者的 5 倍，然而单次消费金额却只有美国消费者的四分之一。然而如今，他们的采购频率正在减少，与此同时他们的单次采购金额却有所增加。总体而言，中国消费者减少采购次数但增加采购金额，符合其趋于西化的消费习惯。但是，中国消费者并不是"全盘"接受西方的消费方式，他们也有其独特之处——对"零售娱乐"情有独钟，即一家人把外出购物当作是与孩子在商场或超市欢度一天的娱乐活动（由于大多数中国城市的公共娱乐设施或绿地资源不够丰富，这种现象可能不足为奇）。调查发现，73% 的受访者将购物视为休闲活动，45% 受访者认为这是他们最喜欢的活动之一（在美国和法国比例分别为 25% 和 17%），而超过一半的受访者觉得购物是与家庭欢聚的最佳方式之一——远远高于西方消费者。因此，中国消费者在"购物"时往往没有明确的目的性。有时，他们仅是浏览一下橱窗或比较一下价格；而有时，他们可能将购物当作与朋友的"比赛"，凸显自己寻找价廉物美商品的能力。

二、未来的消费趋势

随着人民收入水平的提高、高消费时代的来临以及信息科技的日新月异，消费者的偏好转移、购物行为有所调整。消费趋势与零售形态正面临不断的变革，各种变革的趋势如下：

（1）小家庭的数目与比例急剧增加，轻薄短小型商品的需求大增。

（2）由于职业妇女的增加，妇女自由化及独立性的趋势日益明显，使其在家庭中的地位获得改善，并逐渐获得家庭的购买决策权。在商品上的追求，则趋于较具个性或独立线条者，或男女两用之中性商品。

（3）由于人民收入水平逐渐地提高，家庭可支配收入增加，因此许多"第二次购买"的市场亦逐渐发展起来，如一个家庭拥有两部以上汽车、摩托车、个人计算机、电视机等家庭用品。

(4) 购买时间的转变，零售频率较密集的时间，逐渐集中于中午、傍晚与周末等时段。

(5) 一般人的休闲活动逐渐增加，从而扩展了休闲设备、服装、假期旅游、化妆美容及减肥、舞蹈等休闲市场之潜力。

(6) 人民因平均寿命的延长，使得结婚年龄改变，中、老年人口数量的增长，扩大了老年娱乐、保养补品、补药、健康医疗等市场容量。

(7) 由于人际关系趋于复杂，而人际交往却又趋于淡薄，使得以礼物来填补交往缺憾之市场需求大增，带动了礼品业之发展。

(8) 消费者之教育程度已普遍提高，对商品广告的分辨力益趋丰富，使得对于消费性广告的完整性与正确性之要求大增。

(9) 消费者由于生活日趋忙碌，加上有些地区的交通拥塞，愈来愈多的消费者选择在家购物，因此，网络购物、电视购物、直接销售等方式日益流行。

(10) 用车阶层逐日增多，使其选购日常便利品之商圈距离逐日扩张。

(11) 由于购买次数的减少与集中化，消费者单人、单次的购买量因而大增。

三、中国零售消费市场攻略

全球管理咨询公司麦肯锡在上海发布了最新的消费者调查，并发现日渐富有的中国消费者正变得越来越自信，这对消费产品的营销和零售企业提出了新的挑战。麦肯锡公司全球董事合伙人陈有钢表示："我们见证了日渐成熟和精明的消费群体的崛起，调查还表明，在华运作的企业应根据消费者的独特偏好，调整其市场营销计划的重要性。"

这家超市东西拿了就走……

在谈到中国消费市场的战略时，松野丰给出了以下四点建议：第一，新中产阶级对商品的品质要求不断提高，消费潜力巨大，不容错过；第二，随着中国全国高铁和高速公路网的不断建设，其对相邻城市间的消费习惯也会有巨大的影响，大城市周边的地带会产生连带消费现象，应予以重点关注；第三，中国消费者有一种心理，是给人看的东西喜欢用名牌，用贵的，针对这一点消费心理开发的商品会大有市场；第四，社交网络的力量巨大，应最大限度地发挥。

面对未来的消费者趋势变化，企业面对中国市场可能的四条路径：第一是关注中国正在不断崛起的城市新富市场，按照新生代市场监测机构的预测，从2015年起至2020年，中国城市中产阶级及以上家庭预计将从8 100万户增至1.42亿户，这将带来亿万消费市场。第二是从现有的一、二、三线市场的大众消费中寻找产品升级换代的机会，比如住房、家电、汽车等耐用消费品的升级消费。第三是向下走，新生代市场监测机构报告显示，中国庞大的县域和农村市场存在巨大的新产品品类的空白，一些在城市中流行的产品在这些市场普及率还比较低，县域和农村将是下一个亿万级的消费市场。第四是深度市场细分,在新生代的中国中产阶级及以上市场与媒体研究数据库中,将中国中产阶级及以上细分为政府高级官员、政府中层及一般公务人员、专业技术人员、企业主、个体户、金领、精英白领、普通白领、销售先锋等9大群体,这9大群体在消费心理、消费欲望、消费偏好上都是有差异的,完全可以成为企业值得关注的细分市场,同时目前处于95后和00后的大学生市场也被提出来作为企业可以关注的细分市场,这一市场每年的市场规模在3 000亿元人民币。

冷食抢占"风口"正当时!

认识零售消费者可以从下列六个方面的步骤展开,如图11-2所示。

在相关知识学习的基础上,通过选择本地消费者群体

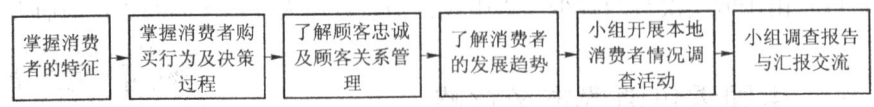

图11-2 零售消费者的学习程序

开展调查活动,分析调查消费者的特征及其购买行为,并分析了解影响消费者忠诚度和顾客关系的主要因素。其学习活动工单,如表11-2所示。

表11-2 零售消费者的学习活动工单

学习小组			参考学时	
任务描述	通过相关知识的学习和实地调查分析,明确零售消费者的特征,掌握零售消费者的购买行为及其决策过程,熟悉提高顾客忠诚度和顾客关系的方法,从而全面理解和掌握零售消费者的相关知识,为后续学习打好基础			
活动方案策划				
活动步骤	活动环节	记录内容		完成时间
现场调查	零售消费者的特征			
	零售消费者的购买行为			
	如何提高顾客忠诚及顾客关系			

续表

活动步骤	活动环节	记录内容	完成时间
资料搜集	不同消费者的相关资料与图片		
	不同类型的消费者的消费习惯		
分析整理	比较不同类型零售消费者的特征		
	比较不同类型消费者的购买行为		

项目总结

不论作为群体还是作为个人,顾客都对零售企业有重要意义。深入了解顾客对产品和商店的偏好,零售企业可以针对顾客开展业务,使他们提供的产品和服务比竞争对手更有吸引力。本项目主要分析零售消费者的特征,分析消费者的购买行为及其决策过程,阐述顾客忠诚及关系的相关知识,最后预测未来的消费趋势,提出中国零售消费市场战略,从而对零售消费者有更全面的认识。

一、实训目标

1. 通过实训能理解零售消费者的类型及其特征。
2. 访问调查本地某些有代表性的零售消费者,了解其购买行为。

二、内容与要求

选择本地一些具有代表性的零售消费者的选择进行实地调查。以实地调查为主,结合资料文献的查找,收集相关数据和图文。小组组织讨论,形成调查报告和班级交流汇报材料。

三、组织与实施

1. 以学习小组为单位进行实训,小组规模一般为4～6人,分组要注意小组成员的地域分布、知识技能、兴趣性格的互补性,合理分组,并定出小组长,由小组长协调工作。
2. 全体成员共同参与,分工协作完成任务,并组织讨论、交流。
3. 根据实训的调查报告和汇报情况,相互点评,进行实训成效评价。

四、评价与标准

实训评分指标与标准，如表11-3所示。

表11-3 零售消费者调研实训评价评分表

评分标准 评分指标 \ 评分等级	好（80~100分）	中（60~80分）	差（60分以下）	自评	组评	总评
项目实训准备（10分）	分工明确，能对实训内容事先进行精心准备	分工明确，能对实训内容进行准备，但不够充分	分工不够明确，事先无准备			
相关知识运用（30分）	能够熟练、自如地运用所学的知识进行分析	基本能够运用所学知识进行分析，分析基本准确，但不够充分	不能够运用所学知识分析实际			
实训报告质量（30分）	报告结构完整，论点正确，论据充分，分析准确、透彻	报告基本完整，能够根据实际情况进行分析	报告不完整，分析缺乏个人观点			
实训汇报情况（20分）	报告结构完整，逻辑性强，语言表达清晰，言简意赅，讲演形象好	报告结构基本完整，有一定的逻辑性，语言表达清晰，讲演形象较好	汇报材料组织一般，条理不强，讲演不够严谨			
学习实训态度（10分）	热情高，态度认真，能够出色地完成任务	有一定热情，基本能够完成任务	敷衍了事，不能完成任务			

复习检测

一、名词解释

1. 消费者行为
2. 顾客关系管理

二、选择题

顾客忠诚度依赖于（　　）。

A. 零售商—客户关系　　　　　　B. 价格
C. 商品或服务质量　　　　　　　D. 以上都不是

三、简答题

1. 影响消费者行为的主要因素有哪些？
2. 请简述消费者决策过程的步骤。
3. 什么是顾客忠诚？零售商如何建立起顾客忠诚度？
4. 顾客管理的程序中包含哪些步骤？
5. 中国未来零售消费市场发展趋势如何？结合实际情况谈谈中国零售消费市场的战略。

四、能力训练题

选择一个家庭作为调查单位，了解家庭的消费行为决策状况及行为特征。

参 考 文 献

[1] [美]迈克尔·利维,巴顿·韦茨. 零售管理 [M]. 4 版. 俞利军,王欣红,译. 北京: 人民邮电出版社,2004.
[2] 窦志铭. 连锁经营管理理论与实务 [M]. 北京: 中国人民大学出版社,2007.
[3] 肖怡. 企业连锁经营与管理 [M]. 大连: 东北财经大学出版社,2009.
[4] 陈新玲. 连锁经营管理原理 [M]. 北京: 电子工业出版社,2009.
[5] [英]保罗·弗里西. 零售管理 [M]. 文红,吴雅辉,译. 北京: 中国市场出版社,2006.
[6] 任锡源,杨丽. 零售管理 [M]. 2 版. 北京: 首都经济贸易大学出版社,2011.
[7] 王耀球,万晓. 网络营销 [M]. 北京: 清华大学出版社,2004.
[8] NAGLE T T,HOLDEN R K. 定价策略与技巧 [M]. 北京: 清华大学出版社,2003.
[9] 成栋. 电子商务概论 [M]. 北京: 中国人民大学出版社,2001.
[10] 郑毅. 零售管理 [M]. 北京: 科学出版社,2005.
[11] 孙晓燕. 现代零售管理 [M]. 北京: 科学出版社,2005.
[12] [美]罗伯特·F·勒斯克,帕特里克,M·邓恩,詹姆斯,R·卡弗. 零售管理 [M]. 北京: 清华大学出版社,2010.
[13] [英]罗玛丽·瓦利,莫尔曼德·拉夫. 零售管理教程 [M]. 胡金有,译. 北京: 经济管理出版社,2011.
[14] 周泰华,杜富燕. 零售管理 [M]. 2 版. 高雄: 台湾华泰文化事业公司,2002.
[15] 张保隆,伍忠贤. 零售业个案分析 [M]. 台北: 台湾全华图书股份有限公司,2011.
[16] 许英杰,黄慧玲. 零售管理(卖场规划)[M]. 台北: 美商麦格罗·希尔国际股份有限公司,普林斯顿国际有限公司经销,2006.
[17] 侣玉杰,邵正芝. 零售管理 [M]. 北京: 中国人民大学出版社,2010.
[18] 任锡源,杨丽. 零售管理 [M]. 2 版. 北京: 首都经济贸易大学出版

社，2011.
［19］周筱莲，等．零售学［M］．北京：北京大学出版社，2009.
［20］吴健安．市场营销学［M］．4版．北京：高等教育出版社，2011.
［21］柴少宗．零售营销学［M］．北京：清华大学出版社，北京交通大学出版社，2008.